自然再生事業

生物多様性の回復をめざして

鷲谷いづみ＋草刈秀紀［編］

築地書館

土壌シードバンクの
調査を行なう小学生
（提供　わたらせ未来基金）

はじめに

本書は、これから日本各地で始まろうとしている「自然再生」事業について、主として科学（保全生態学）と社会活動（NGO、市民）の視点から、その理念、基本的な考え方、実践例の他、関連する理論的、技術的な諸問題を幅広く紹介したものです。

二〇世紀の最後の四半世紀には、ヒトの生活と生産に欠かせない多様なサービスを提供してきた生態系の急激な喪失・劣化がめだつようになりました。そのため、従来の自然資源管理のあり方への深い反省が生じ、一九八〇年代以降、欧米諸国を中心に、生態系の持続可能性の維持を目的とした新たな政策が取り入れられはじめました。同時に、損なわれた生態系を修復して持続可能性を確保することこそ、二一世紀の人類の最優先課題であるとの認識も広がっています。「生物多様性の保全と持続的な利用」あるいは「健全な生態系の維持」という新たな社会的目標とその実現に向けた生態系修復の取り組みは、現在では大きな世界的潮流をなしているともいえます。

遅ればせながら日本においても、二〇〇一年に首相の私的懇談会「21世紀『環《わ》の国』づくり会議」において、失われた自然を積極的に再生する取り組みを公共事業のテーマとする方針が打ち出されました。そして、二〇〇二年三月に閣議決定された「自然と共生する社会」実現のためのトータルプランともいうべき「新・生物多様性国家戦略」にも、生物多様性の保全と持続可能な利用のための主要な施策方向として「自然再生」、すなわち「生物多様性の保全に寄与する生態系の修復」が掲げられました。さらに、二〇〇二年一二月には自然再生を実行することを担保するための「自然再生推進法」が成立し、二〇〇三年一月から施行されています。

これら新たな環境政策については、その望ましいあり方に関する科学的指針や具体的モデルが強く求められています。従来のような固定的な管理目標や、短期的な便益の最大化をめざす管理手法は、長期的な生態系の持続可能性のための「生物多様性の保全」、「持続的な利用」、「自然再生」、などの新たな目的にたいし、まったくといってよいほど無力だからです。そのため、現在、森林、河川、農地、沿岸域の管理などの手法と体制の根本的な見なおしが強く求められています。そのための模索のなか、生態系というきわめて複雑で予測の難しいシステムを賢明に扱っていくための新しい手法が提案されました。それは、順応的管理といわれるもので、多様な主体が協働し、「仮説・実験・検証」といった科学的なプロセスを重視して事業や実践に取り組むという手法です。

現在では、順応的な手法にもとづくいくつもの生態系修復の事業が、アメリカ合衆国をはじめとする欧米諸国で実施されています。それらから学ぶべきことを学びつつ、日本独自の自然、文化、社会によく馴染んだ、目標設定、参加・連携（＝協働）、合意形成を促す仕組み、推進体制、再生技術を模索していかなければなりません。日本は、南北にまたがる国土の地史的要因や豊かな生物相を誇る二次的自然（里地・里山、水辺など）の形成などにより、比類ない高い生物多様性を誇っています。しかし、その保全にたいする社会的認識が必ずしも十分ではなかったため、生態系の健全性喪失と生物多様性の低下は、最近ではきわめて急なものとなっています。江戸時代の大都市、江戸が驚くほど豊かな生物相を誇っていたこと、また、近年にいたるまで里山における持続的な利用管理の伝統が継続されていたことを考えると、それはたいへん残念なことといわなければなりません。このような事態が生じたのは、社会と技術の西欧化・近代化にともない、かっての持続的な管理を支えた伝統的な生態学的知識、知恵、技術のいずれもが価値の低いものとして疎んじられたことと無関係ではなさそうです。それらを再発掘し、新たな形で現代に活かすことができれば、日本のみならず、アジア、そして、地球規模の生態系修復に、理論的、技術的に大きく寄与しうるのではないでしょうか。

順応的な手法で進められる自然再生は、生物多様性と生態系の健全性の持続に大きな価値を置く社会（＝自然と共生する社会）を築くための大切な「学びの場」です。ヒトは実践を通じてはじめて自然をより深く理解し、その価値に目覚めることができるからです。

本書では各章の執筆者がそれぞれ独自の視点から自然再生について論じています。もちろん一貫した哲学に貫かれているものではありませんし、体系的な記述をめざしたものでもありません。それは、やや混沌とした現在の日本における自然再生をめぐる状況をそのまま反映しているといえなくもありません。ただし、本来の理念に適う効果的な自然再生事業を通じた生物多様性の保全と「自然と共生する社会」の構築を願う心は、すべての執筆者に共通しているはずです。本書が、自然再生に関心を寄せる読者に、持続可能性への確かなメッセージと何らかの有益な情報を提供できれば幸いです。

鷲谷いづみ・草刈秀紀

目次

3　自然再生事業計画のためのツール

1　今なぜ自然再生事業なのか

今なぜ自然再生事業なのか

鷲谷いづみ

大喪失時代の私たちと自然再生

何が失われたか

熟年以上の年齢の人びとなら、子どものころはあたりまえだったのに今は見たり聞いたり触れたりすることができなくなっているものを、数多く思い浮かべることができるはずだ。潮干狩りの日の夕餉のハマグリ、小川を泳ぐメダカの群れ、足下一面に可憐な春の花咲き敷く明るい雑木林、田んぼから聞こえてくるカエルの大合唱、夏休みに川で泳ぐ河童たち、原っぱでの虫取り、フジバカマやキキョウが咲く秋の野原、鳴く虫の音が胸にしみ入る秋の草原、トンボ釣り、夕陽にシルエットをなす雁行……。年齢や住んでいた場所によって思い浮かべるものは異なるだろうが、誰もが相当多くのものを思い浮かべることができるにちがいない。

それは、この数十年のあいだに、日本列島の歴史においてかつてなかった速いスピードで人為的に自然が変化させられたからである。ここではそれによって失われたものについて考えてみたい。人為がもたらす自然の急激な変化は、日本列島だけでなく世界中で進行している。ヒトという生物種が分化してからこれまでに何万世代、何十万世代を経たと推測されるが、今日の世代ほど急激な自然の変質とそれにともなう「喪失」を経験した世代はなかっただろう。

さまざまなものが失われたなかで、もっとも重大な喪失は、心の拠り所と絆の喪失だろう。自然の変質は、連綿とつづいてきた土地と人のあいだの結びつき、そしてそこに成り立つ文化の断絶をもたらすものである。「原風景」という言葉がある。幼いころに馴染んだ自然の風物・風景は、原風景としてとくに重要なもので、老齢にいたるまで人の心の拠り所となる。それらの喪失は文化の継承をもむずかしくしている。人類は、家族や部族での語らいや協働を通じて、厳しくも豊かな自然のなかで生きるための知恵と文化を後継世代に伝えつづけてきた。それぞれの地域の自然に根ざした文化は、それによって次第に豊かになり磨きをかけられながら継承されてきた。だからこそ、私たちは縄文の人びとの心を理解でき、その時代の人びとが生きた痕跡には、強い関心を寄せる。ところが、今、大きな断絶が生じようとしている。若い世代は、心の拠り所ともなるような「自然の」原風景を失い、世代間での自然に根ざす文化の継承もむずかしくなっている。今日の日本は、かつて人類が経験したことのないほど深刻な喪失の時代を迎えているともいえる。しかし、心の問題を論じる前に、目前の機能的な損失にも目を向けなくてはならないだろう。安全な水や食べ物を確保することにすら支障が生じているのだから。

日本列島本来の自然の豊かさ

　私たちが失ったもの、それを客観的、正確に記述することはそれほど容易ではない。そのためには、本来の日本の自然の豊かさというものの特性について認識しておく必要があるだろう。

　日本の自然は豊かである。数万年前はある意味ではもっと豊かであったかもしれない。その豊かさは、由来の異なるいくつもの地塊がユーラシア大陸の東端に集合し、その後、日本海を形成しながら大陸から離れて現在のかたちをとるにいたったという日本列島の歴史にもよるものである。豊かさはまた、現在の日本列島に集中するさまざまな自然のエネルギーが生み出すものでもある。日本列島は、地球史全体から見ればごく最近になって、海のプレートと陸のプレートのぶつかり合いがつくり出した島弧である。その形状は南北に長い。日本列島は、地球の陸地面積の四〇〇分の一を占めるにすぎないのだが、ここに世界の火山の一〇分の一以上（約八〇〇のうちの八六）が集中する。当然のことながら、造山運動が盛んで山は高い。モンスーンの強い影響のもとにある気候は、豊かな降水量をもたらすが、それは梅雨や台風期などに集中する。山地に降った大量の雨は急流河川をつくって海に下る。それが山を削る作用も世界に類を見ないほど大きく、削られた大量の土砂が河口に堆積する作用もきわめて大きい。これらは、人間生活にとっては厄介な災害をもたらすものだが、自然を豊かにする自然の攪乱を保障するものでもある。概して温暖で降水量に恵まれていること、変化に富んだ気候、活発な地形形成作用、それらが日本列島の自然を活力に満ちた多様性の高いものとしているといえるだろう。

日本列島は、いくつもの由来の異なる地塊が集合してつくられたため、場所によって地質がモザイク状に異なる。そのため、隆起、火山の噴火、水による浸食・堆積など、さまざまな作用によって形成される地形は、場所によって微妙に異なり、入り組み、複雑な様相を呈する。さらに、季節風が地形の複雑な脊梁山脈にぶつかってつくり出す気象条件も場所によって微妙に変化する。温暖多雨の気候は、旺盛な植物の成長と、高い生物生産性を保障する。面積では取るに足らない日本列島であるがこれらの地史的、生態学的な理由により、ここに生息・生育する動植物の種類の多さは、同程度の面積の温帯の他の島国とは比べものにならない。とくに、森と水辺の国としての面目躍如ともいえるのはカエルなどの両生類とトンボ類の多さである。

伝統的な農業生態系における稲作は、攪乱に依存した自然の要素を増やしたが、日本列島の自然全体を大きく損なうものではなかった。いにしえの豊かさのある側面が若干失われたものの、別のタイプの豊かさはむしろ増進されたともいえるだろう。北アメリカでの農地開拓が砂嵐地帯化（「アメリカの自然再生事業」の章参照）のような重大な環境問題を生じさせたのとは対照的である。日本列島で、水田で稲を育て米を主食にして生活するかぎりでは自然と調和的に人が生活することもそれほどはむずかしくなかったのである。水田と里山という人の営みの場でありながら動植物の生息・生育の場としても優れたシステムは、日本列島の自然の特性ゆえの「自然の恵み」ということもできる。ところが現在は、それが損なわれはじめ、生態系全般の劣化が進みつつある。

厳しくも豊かな自然が日本人をつくった？

日本列島には、縄文時代、あるいはそれ以前から何回にもわたって、ユーラシア大陸から人びとが移住してきたと考えられている。異なる時代に日本に入ってきた由来の異なる人びとは、次第に融合し、やがて「日本人」集団が成立したという。系統の異なる人びとを融合させ、日本人という同質性の高い集団を形成させたのは、火山と森と水辺が入り組んだ日本列島の厳しくも豊かな自然であったのではないだろうか。

日本人あるいは日本の文化のひとつの原形がつくられたとされる縄文時代は、世界的には農耕が始まり広がりつつあった時代である。しかし、日本列島では、人びとは比較的大きな集落をつくって暮らすようになっていたものの、いぜんとして採集・狩猟を中心とする生活を送っていた。自然の恵みをふんだんに提供してくれる豊かな自然がそれを可能にしたのであろう。

日本においては、食の一部を野山や海川の野生の命に頼ることは、農業社会になってもさらに工業社会になってすら絶えることはなかった。少し前までは、山菜をとり、淡水魚をつかまえ、潮干狩りをすることなどは、ある人びとにとっては生業であり、また誰にとっても慣れ親しんだ年中行事や遊びであった。田んぼですら、そこはたんなる稲だけが育つ場所ではなく、魚や貝をとる漁労の場でもありえた。

人びとはたんに衣食住などに利用するためだけに野生生物を意識していたわけではない。それに心を寄せ、ときにはそこに神を見ることが歴史時代以前から文化の根底にあったともいえる。縄文の土器には、カエルやオオサンショウウオ、トンボ、イノシシなどの姿がうつされている。また、野生の動植物や自然の風物なしには、万葉時代以来、和歌や俳句はありえなかっただろう。近代化以前の日本人の心の中のいかに大きな領域を自然が占めていたかは、いにしえからの詩歌を鑑賞すれば疑う余地がない。万葉時代から人びとにとって身近な存在であった「秋の七草」であるが、今では、フジバカマもキキョウもオミナエシも絶滅が心配される普通には目にすることのできない植物になっている。

本来豊かな自然とそれと調和して生きてきた日本人の心が失われつつあり、少なくとも数千年間、ある程度の同質性を保ってつづいてきた文化と精神が消滅しようとしているのが現代である。若い世代は、すでに和歌や俳句を鑑賞して作者と心を交わすことができなくなっているのではないだろうか。熟年以上の年齢層にある人びとは、万葉の心だけでなく、縄文の心を朧気ながらにでも理解できる。しかし、自然体験の量も質も著しく異なる若い世代の人たちにはそれはむずかしそうだ。

レッドリストの動植物、その意味、そして自然再生

今、急速に日本列島から失われつつある自然を、部分的には、数字で確認することもできる。レッドリストは絶滅が危惧される動植物の種をリストアップしたものだが、それによれば、日本の哺乳類は二四・〇%、両生類は二一・九%、汽水・淡水魚類は二五・三%、陸・淡水産貝類は二五・一%、維管束植物（シダ植物・種子植物）は二三・八%、すなわち、これらの分類群については、日本に生息する種の四分の一程度が絶滅危惧種となっているのである。それらの絶滅危惧種が本来どのような場所で生活

するものかを考えれば、現在、どのような生態系が損なわれており、生態系の修復、すなわち自然再生が必要とされているかが明瞭となる。溜池、用水路、水田、湖沼、河川を含む淡水生態系、そこから湿った草原を経て森林へとつながる移行帯、海と陸を結ぶ移行帯ともいえる汽水生態系や干潟などがとくに危機的な状況にあることは、かつての身近な生物の多くが絶滅危惧種になっていることが雄弁に物語っている。それら、身近な自然が損なわれることで、私たちの生活や生産活動を支える生態系のサービスなどを惜しみなく与えてくれる「健全な生態系」の存続が危うくなり、他方で、その土地で連綿と途絶えることなくつづいてきた自然と文化の相互作用の歴史の断絶が生じようとしているのが現代である。

自然再生は、そのような喪失、断絶がさらに深刻化していくことをくい止め、自然そのものだけでなく、自然と人のつながり、豊かな自然に支えられた人と人とのつながりを回復させるための「試み」である。それを通じて、本当の豊かさとは何か、本当の安全とは何か、本当の幸せとは何かを、地域の人びとが考える契機がつくられることも重要である。自然再生の主役は、それぞれの地域を特徴づける自然であり、野生動植物、すなわち「生物多様性」である一方で、その地域の広範な人びとでもある。生態学などの科学の知識、伝統的かつ斬新な土木技術ほか、さまざまな科学技術を適切に調和的に活かしながら、土地と人びととの絆、人と人との絆を取り戻すことによって、その地域で人びとが「末永く幸せ」に暮らしていくための見通しをつけようというのが「自然再生」である。

二一世紀を環境再生の世紀に

復帰可能性から地球を検証すると

人類が「末永く幸せ」にこの地球上で暮らせるように、というのが持続可能性という目標である。そのためには、現世代が地球の環境の限界をよく見きわめて、人間活動の環境へのインパクトが限界を超えないようにすることが何よりも肝要である。環境の限界を認識するにあたって重視しなければならない生態学的概念が「復帰可能性」である。生態系は、外力によって変化しても時間がたてばあるひとつの平衡点に復帰するというような予定調和的な存在ではない。現代生態学は、古典的な生態学が遷移説によって描いたような予定調和的な現象の連鎖を否定し、ダイナミックでときには他の平衡点に大きく飛躍するような生態系をイメージする。そこからは、自然の利用にあたっては、自然と人の営みにおける調和が成り立つ範囲を逸脱することのないように「生態系を管理」すべきであるとの考えが導かれる。じつはその考え方は、人類に広く共通する伝統的な自然利用に関する知恵そのものであるから、現代生態学は「伝統の知恵」を科学の言葉で語っているのだともいえる。白神山地で生活をするマタギの人びとが森を利用するにあたっては、翌年まで痕跡が残らないように植物を採集したり、狩猟のための仮小屋もそこが何年か後にまたもとの森林に戻るように建てたという。自然の持続的な利用のための伝統的な知恵は、「もとに戻りうる範囲を逸脱しない」ということであるが、それは新しい生態学における

「復帰可能性」という概念そのものでもある。

生態系は、復帰可能な範囲であれば、たとえその状態を見かけ上、大きく変化させたとしても、やがてひとつの平衡点、すなわち落ち着くべき状態に戻る。そのような変化であれば、一時的には変化が生じたとしても、そのうちにもとのしかるべき状態に戻り、人びとはこれまで通りなんら支障なく自然の恵みを享受しながら、その土地特有の生活をつづけていくことができる。しかし、あまりにも大きな人為的影響を与えて生態系を復帰可能な範囲を超えて変化させてしまうと、もとの状態に戻ることが期待できなくなる。広大なプレーリーの森と草原を無配慮に農地に変えたことで、砂嵐によって農業を営むこともできない広大な不毛の土地をつくり出してしまったことなどは、復帰可能な範囲からの逸脱の例である（「アメリカの自然再生事業」の章参照）。生態系は複雑なシステムであるから、復帰可能性はもちろんさまざまな面から検討しなければならない。

地球生態系の限界については、その規模の大きさや複雑さから、多様な面からの復帰可能性の検討が必要である。今日ある程度広く認識されているのは大気組成の変質である。すなわち、二酸化炭素濃度の上昇による温暖化やフロンガスによるオゾン層破壊の問題がこの範疇に含まれる。しかし、それらに関しては、復帰可能性という視点からの検討が十分にはなされないままに、対策が著しく遅れているといわなくてはならない。

二酸化炭素濃度の上昇に関しても、どこかに地球生態系を健全に保つうえでの臨界点があるはずである。地球生態系がきわめて複雑なシステムであることを考えると、二酸化炭素濃度の上昇にたいして、気候変動などの変化が線形の応答をするとは考えにくいからである。すなわち臨界点ともいうべきある濃度レベルを超えたところで、別の平衡点を中心とする変動域にシステムが転移し、現在のシステムの研究や分析からは予測不可能なさまざまな帰結がもたらされる可能性を否定できない。あるいはカオスともいえる不安定な状況が生じるかもしれない。そのような予測不能で深刻な変化を避けるためには、二酸化炭素濃度をここ数十万年間にわたる変動域内に少しでも近づけることが必要であるだろう。その範囲における復帰可能性はすでに証明ずみだからである。

すでに赤字経営に陥った地球生態系

一方、生物生産性の面から地球生態系の限界を考えることも必要である。光合成にもとづく生物生産は太陽から地表面に到達する光のエネルギーに依存するため、地球表面の面積と比べることで明瞭な面積あたりの限界値を推定することができるからである。最近、ワッカーネゲルらは、その限界を推定し、二〇〇二年七月にアメリカ合衆国科学アカデミー誌に発表した。「人類の経済の生態学的赤字をたどる」という表題のその論文は、持続可能性の確保に関心を寄せる人びとのあいだで大きな反響を呼んでいる。その推定結果は、人間活動がすでに地球の限界を大きく超えつつあることを明確に示すものだからである。

地球上の生物は、植物が光合成によって生産した有機物を、直接・間接に利用して生活している。太陽光のエネルギーを利用した生物生産は、太陽光が十分に届く地球表面のごく薄い層においてのみ可能である。地表面に到達する光エネルギーに依存する生物生産は、面積あたりの限界値をもつ。したがって、地球の生物生産を通じた制約を量的に把握するには、気候帯や生態系による生産性の違いを若干補正したうえで生産に必要とされる地表面積を推定すればよい。ワッカーネゲルらは、作物、畜産物、材木、水産物など、人類がその生活に必要としている主要な資源を調達するに利用する農耕地、植林地、漁場などの面積を推定した。また、生きるのになくてはならない淡水を確保するために利用する土地、さらに市街地や道路など、インフラ整備のためにも使われる土地面積も、人口が増加し、都市化が進んだ今日、地表の相当の面積を占めている。現在、人類は大量の化石燃料を利用しているが、それは蓄積されていた過去の生物生産の産物である。その利用にともなって放出される二酸化炭素がそのまま大気中に急速に蓄積していけば、人類にとってのさまざまな危険をもたらすことにもなる。それを避けるためには吸収源となる森林面積を確保することが必要である。

ワッカーネゲルらは、地域による生物生産性の違いを考慮しつつこれらの主要な人間活動に利用される土地の面積を積み上げて評価した。すると、主要な人間活動のための総面積需要は、一九八〇年代前半にすでに地球の面積を超え、一九九九年にはほぼ二〇％の「赤字」になっていることが示された。赤字が可能なのは、現代の人類は地球の過去の遺産ともいうべき化石燃料を急速に食いつぶしながら生きているからである。その食いつぶしにかかわっている人口は地球の全人口から見ればごく一部、先進国だけであるということは、人口ひとりあたりの面積需要であるエコロジカル・フットプリントを計算してみると明瞭となる（巻末のウェブ・サイト参照）。とくにアメリカ合衆国のエコロジカル・フットプリントの巨大さは、群を抜いている。

さて、ワッカーネゲルらの計算に取り入れられているのは、主要な資源の獲得および二酸化炭素の処理のための生物生産に必要な土地面積、および居住や輸送など生活に直接必要なスペースだけである。本来、私たちにさまざまな自然の恵みを与えてくれる生物多様性を維持しようとすれば、そのためにもある程度の面積を残しておかなければならない。それを考慮すれば、実際の生態学的赤字はいっそう大きな値になるはずだ。地球に生息する哺乳類の種の四分の一、霊長類にいたってはその半数が絶滅のおそれがあるほどの危険の高まりも、人類の「生態学的赤字」と無関係ではない。

「末永き幸せ」のために今なすべきこと

地球の現状がもはや人類が「末永き幸せ」を期待することなどとうていできないほど厳しいものとなっていることは、明瞭である。エコロジカル・フットプリントをすでに巨大化させてしまった先進国の私たちがなすべきことは明らかだろう。あらゆる努力を払って私たちに責任のある「生態学的赤字」の解消につとめることである。それは「経済」よりも「環境」に優先権を置いてさまざまな判断や選択ができるようにすることなしにはむずかしい。一方で、安全で豊かな生活を将来の人類に保障するため、著しく損なわれた生物多様性の維持と回復にもつとめなければならない。地球の環境は、すべての人類と地球上に生きるすべての生物の共有物であるはずだが、一部の先進国における節度なき利潤と利便性の追求によって限度を超えた利用がなされ、その結果、著しく損なわれつつあるのである。

エコロジカル・フットプリントの大きさは、世代内の地域間における不公平さを明瞭に示している。一方、世代間の関係に目を向ければ、現世代に責任のある生態学的赤字は、将来世代の人びとから「恵み豊かな環境」が確実に奪われつつあることを意味している。私たちは意図するしないにかかわらず、のちの世代の人びとにたいして、「我が亡き後に洪水よ来たれ」ともいうべき敵対的な態度で臨んでいることになる。それを改める唯一の途は、地球規模でも地域においても、損なわれた環境の再生に真剣に取り組むことではないだろうか。地球の大気組成から、特定の地域において絶滅しかかっている動植物の種まで、「再生」の課題は多様でさまざまな分野に及ぶ。

繰り返しになるが、もし、持続可能性を標榜するのであれば、二一世紀の前半には環境保全と修復を最優先課題とし、二〇世紀に大きく損なわれた生態系を再生していくことが必要である。すなわち、一方で化石燃料に頼ることのない生産と生活のシステムを早急に確立しつつ、他方でさまざまな人間活動のインパクトにより物理的、化学的、生物的に変質させられ、その健全性を大きく損なわれた生態系において、生物多様性を指標あるいは目安として、地域固有の健全な生態系の回復を図ることである。それは現世代のみならず将来世代の人びとのために、安全で恵み豊かな環境を保障するためのもっとも確実な途であるといえる。

生物多様性の保全で築く持続可能性と自然再生

新・生物多様性国家戦略と自然再生

生物多様性、それはこの地球上には数十億年の生命の歴史がつくり出した夥しい種類の生き物が互いにかかわりながら生きており、ヒトもその一員であることを表わす含蓄の深い言葉である。私たちヒトにとって、それは、自然の恵み、すなわち生態系を構成する多様な生物の連携プレーによって生み出される財やサービスの源泉であり、それぞれの地域に固有な文化がよって立つところでもある。一方で、生物多様性に綻びが生じるような事態は、ヒトの安全で健康な生活を脅かすような環境の悪化を意味する。その意味では環境の安全性の指標であるともいえる。今では、地球全体で、人間活動の強い影響のもとに多くの生物の種類が絶滅したり、絶滅の危険にさらされ、急激にしかも全般的に生物多様性が損なわれ、自然の豊かさが失われつつある。そのことは、エコロジカル・フットプリントによって認識される大幅な「赤字」とともに、人類の将来に暗い影を投げかけるものである。

生物多様性の急激な減少にたいする危機意識の高まりから、一九九二年の地球サミットでは、気候変動枠組み条約とともに、「生物多様性条約」が採択された。それは、生物の絶滅と生き物豊かな森林やウェットランドなどの喪失を防ぎ、自然の恵みを持続的に利用できるようにするための条約である。現在では一九〇近い国がこの条約に加わり、それぞれが自国の生物多様性の保全、つまりそれぞれの国に固有な自然を大切にする義務を負っている。

条約はその第六条で、それぞれの国が生物多様性の保全と持続可能な利用を目的とした「国家戦略」つまり、国をあげて取り組むための方針と計画をつくることを求めている。

我が国ではそれに応えるための最初の「国家戦略」は一九九五年に策定された。条約発効から二年という早期に策定し、生物多様性というキーワードを国の政策のなかに位置づけたという積極的な面があったが、各省庁がすでに実施している政策を集めたものという性格が強く、鋭い現状分析にもとづいた実効性の高い戦略にはなりきっていなかった。まだ、機が熟していなかったのである。

その見なおしにより、新たな国家戦略が二〇〇二年三月に策定された。それに先立ち、一年余の時間をかけて現状分析や具体的な方策が検討された。その議論には、各省庁だけでなく自然保護団体や関連する分野の研究者も参加した。そして、日本の自然環境施策のトータルプランであり、しかも実践的な行動計画としての性格をあわせもつ新しい生物多様性国家戦略（新・戦略）が策定された。前戦略が策定された七年前に比べると、自然と共生していくことにたいする意識がおおいに高まっている一方で、危機そのものはいっそうの深まりを見せているなか、新・戦略をめぐる議論は熱を帯び、そのような社会と自然の状況にあわせて、前戦略よりもいっそう強力な戦略をつくることがめざされた。何が生物多様性を脅かしているのか、人と自然の共生をむずかしくしているのかを明確にすることは、有効な戦略をつくるためのもっとも重要な前提となる。新しい戦略では、危機の原因や背景をより深く分析し、次の三つの危機として整理した。

第一の危機は、開発、利用のための乱獲など、人間活動の強い影響のもとで、絶滅の危険にさらされ、豊かな自然が失われるという、従来も意識されていたが、最近いっそう深刻化している危機である。第三の危機とともに、世界中で問題となっているユニバーサルな危機であるといってよい。

第二の危機は、伝統的な農業や生活とかかわる自然への働きかけがなくなったり、里山や田園の自然の手入れが不十分になったり変質したことによるものである。日本のように伝統的な人の営みの場にも豊かな自然が維持されていた地域に特有な危機であるということもできる。

第三の危機は、日本の自然に馴染まない、新たにもたらされた生物、外来種や、自然界には存在しない化学物質によってもたらされる問題である。

これらの危機が重なり合って、しばらく前までは普通に見られた身近な動植物、メダカやタガメやキキョウやフジバカマまでが絶滅の危険にさらされるようになった。トキやコウノトリは、日本産のものはすでに絶滅してしまっている。

日本列島の背骨をなす山脈から海にいたるまで、それぞれの場所にふさわしい自然の豊かさが失われ、人びとと自然との関係も疎遠になりつつある。それぞれの地方の独特の自然が劣化するとともに、それに支えられてきた私たちの生活や文化までもが貧しいものとなってしまうという深刻な危機が進行している。とくに秋津島、豊葦原の国、日本の特徴的な自然ともいえる水辺の生物多様性の危機の進行が著しい。あとで紹介するが、私の研究室でボランタリーに実施している絶滅危惧植物のモニタリングにおいても、モニタリング対象としている植物の株数が数年間のうちに二桁も三桁も減少して絶滅寸前になってしまうという急激な変化が、アサザ、カワラノギク、カッコソウなどで認められた。おそらく、多くの動植物において急激な衰退が進行しているものと思われる。調査がなされていないために気づかれないだけだろう。

これらの危機を乗り越えるにはどうしたらよいのか、国家戦略には、そのための道筋や方針・方策が述べられている。危機は多様な原因から生じ、産業構造の変化、伝統的な営みの喪失なども深くかかわっている。そこで、従来のように保護区などで自然を守ることに加えて、里山や農村地域の自然の保全や管理の活動をさまざまな面から多様な手法で支援することに加えて提案されているのが、自然がすでに失われてしまった場所でその再生をめざし、官・民・学が協力して進める自然再生事業である。それは、身近な自然や環境について学び合う、生物多様性保全のための学習や、これまで十分とはいえなかった自然環境についてのデータを飛躍的に増やすことなどとともに重要な方針のひとつとして新・戦略のなかに位置づけられている。

現状をしっかりと科学的に把握し、その情報を広く国民が共有することなしには、生物多様性の保全は不可能である。したがって、自然環境に関するデータを充実させ、日本列島における生物多様性の変化を広く監視するため、全国一〇〇〇カ所に国営のモニタリングサイトを設けるプランなどが提案されている。

本書のテーマである自然再生事業は、すでに自然が失われてしまった場所で、NPOや市民と行政が協働し、「生物多様性の保全」という目標に適う健全な生態系を取り戻すことをめざし、順応的手法にもとづいて実施する取り組みである。

今日、さまざまなタイプの生態系のなかで、もっとも生物多様性の喪失や機能不全が著しい生態系は、湖や沼や河川などの淡水生態系であるとされる。日本においてもほとんどの水辺がコンクリートで護岸され、ウェットランドが埋め立てられ、水質の悪化もあいまって、水辺の植生帯が壊滅に近い状態に陥っている。日本の水草の三分の一が絶滅の危険にさらされている。そのような水辺の再生をめざす自然再生事業はすでに霞ヶ浦で進められている。多くの市民や学童の参加を得て進められているアサザプロジェクトである（「公共事業と自然の再生」の章参照）。シンボルとされている水草のアサザは絶滅危惧種である。失われた生育場所を再生し、科学的な知見にもとづきながら個体群の回復が図られている。そこでは、生態学の知見を踏まえながら、種個体群、水辺の生物群集、そして湖沼、流域の生態系の再生がめざされている。

自然再生に関しては、二〇〇二年一二月に「自然再生推進法」が成立した（第3部参照）。それは自然再生の基本理念やその実施の方針や体制などを定める法律である。「自然再生」は、「過去に損なわれた自然環境を取り戻すことを目的として、関係行政機関、関係地方公共団体、地域住民、NPO、自然環境に関し専門的知識を有する者等の地域の多様な主体が参加して、河川、湿原、干潟、も場、里山、里地、森林その他の自然環境を保全し、再生し、もしくは創出し、またはその状態を維持管理すること」と定義され、その基本理念として、①健全で恵み豊かな自然が将来の世代にわたって維持されるとともに、生物の多様性の確保を通じて自然と共生する社会の実現を図り、あわせて地球環境の保全に寄与する。②多様な主体が連携しつつ、自主的かつ積極的に取り組む。③地域における自然環境の特性、自然の復元力および生態系の微妙な均衡を踏まえ、かつ、科学的知見にもとづいて実施する。④自然再生の状況を監視し、その監視の結果に科学的な評価を加え、これを事業に反映する。⑤自然環境の保全に関する学習の場としての活用も図る、ことなどが挙げられている。今後、このような仕組みを正しく活用して、それぞれの地域の人びとの発案により、真に生物多様性の保全に、つまり持続可能性に寄与する自然再生事業が実施されることを願いたい。一方で、生物多様性の保全とは矛盾するような事業が、「自然再生事業」と銘打って実施されることがないよう、十分に監視の目を光らせる必要もあるだろう。

生物多様性保全の場としての田んぼと農の自然再生

日本の生物相はじつに豊かであるということは、すでにこの章の冒頭で述べた。日本と同じ温帯地域にあり面積も同程度の島国であるイギリスやニュージーランドなどと比べると、その際だった豊かさがよくわかる。豊かさの理由としては、すでに述べた南北に長く複雑な地形をもつ日本列島における環境の多様さに加えて、最終氷河期に氷河の影響をそれほどには受けなかったために古い時代の生物相が温存されていることなども挙げられる。しかし、それだけでなく、農耕が始まって以来の人の営みのあり方もその理由のひとつであるといえそうだ。

それは、日本を特徴づける生き物ともいえる両生類とトンボ類の豊かさにも現われている。イギリスには七種、ニュージーランドには三種しか両生類が生息していないが、日本には六一種が生息しており、しかも日本だけに生息する固有種はその七四％の四五種にも上る。日本には一九七種のトンボが生息しているが、それはイギリスの五三種をはるかに凌ぎ、ヨーロッパ全体のトンボの種数一六〇種よりも多い。

両生類とトンボの大部分に共通する生活史特性は、幼生期を水のなかで過ごし、成体が森のなかで生活することである。地形が変化に富み雨量の多い日本列島には森林がよく発達し、水はけの悪い場所は池沼や湿原になりやすい。森と水辺の組み合わせは、山地、低地を問わず日本列島のどこにでも見られるありふれた景観であるが、両生類とトンボ類はそのような環境によく適応した生き物である。稲作が水田で行なわれてきた日本では、農耕が始まったのちにもこれら生物の生息の条件が失われることはなく、むしろ広がったといえなくもない。たとえば、本州、四国、九州に生息するカエル一四種のうち九種は田んぼを産卵場所として利用している。

水田の生き物のにぎわいは両生類とトンボにかぎったものではない。近代的な土木工事が一般的になるまでは、水田は大小の河川がつくる谷筋や沖積平野の氾濫原にその場所の自然的な条件を活かしてつくられていた。川と田んぼは水路でつながっており、淡水魚は田んぼを産卵の場として川や湖とのあいだを行き来する。田んぼは川の氾濫原の湿地そのものであるといえた。水田のまわりには、溜池や水路のほか、肥料や燃料を得るための雑木林、屋根をふく茅、牛馬の飼料、肥料などを調達する草地などが配され、多様性の高いモザイク的な環境となっていた。水田とそこでの農業と人びとの暮らしを支える里山が、森と水辺を行き来しながら生活する生物の絶滅を防ぎ、豊かな生物相を今日にまで伝えてきたったともいえるであろう。

といえそうだ。多少、美化して表現するならば、自然と調和した人間の生活のひとつの模範的な例であったともいえるであろう。

しかし、そのような伝統的な農業生態系の価値が広く認識されるようになったのはごく最近のことである。日本が工業化社会になって以来、自然と調和した農業生態系はむしろ疎まれ、その価値をほとんど認められることなく、工業を規範とした農業の「近代化」が進められたからである。明治初期に日本を訪れた西欧圏の知識人は、自然と調和し、しかも大きな生産性を誇る水田を中心とする農業生態系を賞賛した。たとえば、化学教師として来日し、その著書で日本の歴史を欧米に紹介したグリフィス（Griffis 1883）は、灌漑と昔ながらの施肥によって維持され高い生産性を誇る水田が広がり、サギやツルなど大きな白い鳥が優美に舞う農村風景の美しさを言葉を尽くして讃えている。しかし、そのような水田や農村の美しさと豊かさは、工業化と経済発展を最優先課題とする世相のもとでは、ほとんど評価されず、工業化の象徴としての都市に比べて価値の低い空間と見なされた。

当然のことながら、蔑まされた農業生態系からは、その豊かさと輝きが失われていくことになる。近年になると、水田そのものを消失させる開発、耕作の放棄による植生遷移の進行、圃場整備による乾田化、用水路のパイプライン化と排水路のコンクリート三面張り化、農薬や過剰な化学肥料による汚染によって田んぼや水路で生活する生物の生息条件は悪化し、かつてはめずらしくもなんともなかったメダカやタガメやダルマガエルやトノサマガエルが姿を消し、トンボや他の水生昆虫の種類も数も激減した。しかし、そうなってはじめてその価値が再評価されることとなった。田んぼとそれを取り巻く環境が貧しく不安定なものになってきたことへの危惧が広がり、今では生き物豊かな田んぼや里山を取り戻すためのさまざまな取り組みが始まっている。田んぼの生き物調査（52ページ）はその重要な一環であるといえるだろう。生き物のにぎわいのある田んぼであれば当然そこには消費者が安心して口にすることのできる農作物が育つ。田んぼの生き物のにぎわいは消費者にとっては食の安心の保証でもある。

ところが、そのような取り組みを支える科学研究は大きく立ち遅れている。農業とかかわる応用科学の分野では、農業を近代化し工業化するための研究だけが価値あるものとされてきたからである。ようやく田んぼや水路などの物理的条件を生物の生息可能性にあわせるための研究は始まったが、生態系としての田んぼや生き物のにぎわいを保ちながら効率よく作物をつくるための技術の研究に取り組んでいる研究者はごくわずかである。それは、今、流行の遺伝子組み換え作物、遺伝子組み換え生物農薬、「環境改善用の」遺伝子組み換え微生物などの研究に大挙して取り組んでいる研究者の数に比べれば皆無といってもよいほどである。そのため、現在の研究者と研究費の投入先が農業の将来にそのまま反映すると仮定して日本の農業と農業生態系の将来像を描いてみると、次のようなものとならざるをえない。

水田は省力化のためさらに大規模化し、そこには多国籍企業の種苗会社から毎年種子を購入して栽培される遺伝子組み換えイネが育ち、トンボもカエルもドジョウも水草も畦の野草もすっかり姿を消している。遺伝子組み換えイネには除草剤抵抗性が組みこまれており、特定の除草剤を使って管理される田んぼからはイネ以外の植物が排除されるからである。そこはイネだけが整然と育つ、いわば稲作のための工場であり、市場における競争だけを目途に効率性が最大限追求される。さらに、水田から転換された大豆畑やそのほかの畑にもさまざまな目的の遺伝子操作を施した遺伝子組み換え作物や花卉などが栽培されている。溜池や水路などの水辺からは在来の水草が姿を消し、水質浄化用に遺伝子操作されたヨシの単調な群落に置き換えられている。視覚的には確認できない多様な遺伝子組み換え微生物が土壌改良や水質改善という名目でさまざまな場所にまかれ、土壌の微生物相も従来のものとは大きく変えられている。そのような農業と農業生態系を誰が望んでいるのだろうか。

遺伝子組み換え技術など先端的な科学を駆使して農業の効率性をさらに高めることを追求することは、自然と人との調和をめざす方向とは逆の方向へ農業と農業生態系を導いていくだろう。「農業の工業化」がもたらすものは、生態系の単純化・不健全化と生物多様性の否定であることは、これまでの世界中での苦い経験からすでに明らかになっている。農業の場としての農村は、自然との調和の伝統を活かしながら、都市とは異質の豊かさと美しさを追求してはじめて、魅力ある生活の場となりうるのではないだろうか。

農業の場における自然再生は、伝統的な技術やシステムに学びながら、農業生態系を豊かな生物多様性が育まれる場へと復元するものでなくてはならない。それは、農業にたずさわる人びとと自然との豊かな関係の修復であると同時に、農産物を生産する人びとと消費する人びととの絆の再生でもあるだろう。生物多様性を否定しない農業、さらに進んで生物多様性を目標のひとつともする農業は、自然の恵みというにふさわしい安全な食べ物を消費者に届けることができる。そこに、絆の回復とその強化の契機が存在する。それは、市場における競争原理に振りまわされ、豊作になれば農産物を大量に廃棄するような生産者にも消費者にも冷たい農業ではなく、豊作を生産者と消費者がともに喜び合えるような人間的で暖かい農業である。そのような農業が営まれる場所では、田んぼや溜池、雑木林や草原の生物多様性は、生産者と消費者の絆の証ともいうべきものであるだろう。

農業の場における自然再生事業は、生物多様性を蘇らせるとともに、市場を介さない生産者と消費者の人間的な関係の構築に寄与するものとなるだろう。再生された自然そのものを内に宿らせるともいえる農作物の真の価値を知るには、消費者がその場を訪れ、四季折々の自然に触れることが一番だからである。都市においては、たとえば鎮守の森のような見かけ上の原生的な自然の模倣は可能だろうが、農業生態系を模倣した自然をつくり出すことはできない。人の営みに調和し、むしろ適切な人の働きかけによってはじめて豊かさと美しさが保たれるのが農業生態系の自然だからである。

なぜ保全生態学は自然再生を提案するのか？

絶滅に向かう悪循環への突入

生物多様性保全のもっとも中心的な課題は生物種の絶滅を防ぐことである。生物多様性の保全と健全な生態系の持続に科学の面から寄与することをめざす保全生態学においても、「いかに生物種の絶滅を防ぐか」はもっとも重要な研究課題であるともいえる。

私たちの研究グループ（現在は東京大学農学生命科学研究科生圏システム学専攻保全生態学研究室）

は、絶滅が危惧される植物の保全のためにそれらの植物の生態を研究してきた。しかし、一九九〇年代のなかばあたりから、研究対象としている植物が急速に減少し、数年のうちに絶滅寸前の状態に陥るという「心塞がれる」現状を何度も目のあたりにしなければならなかった。

たとえば本書の第2部でくわしく紹介される霞ヶ浦のアサザは、一九九五年から二〇〇〇年までのあいだに群落面積が一〇分の一に減少し、良好な種子生産を誇っていたもっとも大きな群落はまたたくまに消滅してしまった。多摩川や鬼怒川で研究していた河原固有種であるカワラノギクも急激に減少した。鬼怒川では一九九〇年代の後半に、ほぼ一〇万株あったものが数年で一〇〇~数百株にまで減少した。

生物は一般に個体数がある程度まで減少すると、絶滅へ向けての悪循環に巻きこまれる。それは、個体数が減少すると生存や繁殖がむずかしくなりさらに個体数が減少するという絶滅へ向けての悪循環である。調査をつづけている私たちの目前で、急激な個体数の減少が起こりはじめたのは、その個体群や種がまさにそのような悪循環の渦にのみこまれはじめたことを意味する。そのような状況に陥った種の保全を図るためには、生息・生育に適した環境を取り戻すと同時に個体数の回復を図ることが必須である。たんに、現在残されているものを厳重に保護するだけでは回復がむずかしい。その理由をカワラノギクを例に説明してみよう。

カワラノギクは、自然の攪乱によって砂礫質河原に一時的につくられる裸地を生育適地とする植物である。その個体群（局所個体群：空間的にまとまりある個体の集団）が河原で生育に適した裸地を探しながら流浪の民のように渡り歩く植物ともいえる。個体数、あるいはメタ個体群（局所個体群がつくる集団、まれな遺伝子交流で結ばれている範囲）を構成する局所個体群の数が少なくなると、種子が新たに形成された生育適地に到達することがむずかしくなる。そのため新たな局所個体群がつくられなくなって、急激に衰退する。このような衰退は、一般にある特定の原因によってのみ起こるというよりは、いくつもの原因が複合的に作用して生じる。すなわち、治水・利水のために河川が人為的に制御されたことにともない、河原の冠水パターンが変化し、その結果、河原の微地形が変化してカワラノギクの生育に適した場所が空間的にも時間的にも減少した。さらにそこに、シナダレスズメガヤのような競争力の大きい外来牧草が蔓延し、競争によってカワラノギクの衰退を加速する。

私たちが研究対象としていた絶滅危惧種のうちの何種かについては、緊急の対策の必要性と必要な対策を提案し、市民や行政とともに保全のための実践を開始することができた。しかし、私たちの研究対象だけが例外的に厳しい状況にあるという楽観的な見方は許されない。実際には絶滅への悪循環が加速されていても、その生物の現状が調査・研究されていないため、危機的な状況が十分に認識されていないものも少なくないだろう。これまで環境悪化にもどうにかもちこたえてきた絶滅危惧種が、ここのところにきて、いっせいに絶滅への悪循環が起こりはじめる臨界点を超えた、と思えてならないのである。

そのような種の絶滅を回避することは、その地域の人びとにとっても多様な価値ある健全な生態系を取り戻すことを意味する。生物の絶滅を加速するような環境の変化は、生態系の復帰可能性という視点から見て、その健全性を損なう可能性が大きいからである。したがって、十分な生態学的な検討にもとづき、絶滅要因の解明とともに保全のための対策を同時に進める自然再生事業が実施されることは、絶滅危惧種の回復だけではなく、生態系の健全な状態を取り戻すことで、地域の人びとにとっての多様な恩恵の確保につながるはずである。絶滅危惧種を十分な科学的配慮のもとに絶滅の渦から救い出す努力をすることは、私たち自身にとっての安全性と物心両面での豊かさを保障する環境の再生を図ることともいえる。

なお、現在、絶滅危惧種を脅かしているのは、主として開発による生息・生育場所の喪失や分断孤立化、汚染などによる環境条件の悪化、それに加えて外来種の侵入である。これらがどのように作用し合いながら絶滅危惧種や保全すべき生態系の要素やプロセスの衰退をもたらしているかを客観的なデータによって把握し、作用・効果の連関に関するスキームとしての仮説を立てることから自然再生事業を始めるべきであろう。そして、問題と思われる要因をどのように取り除いていくのが有効かを検討し、実践に移す。再生事業の効果は、絶滅危惧種や保全すべき要素やプロセスがどの程度回復したかをモニタリングすることで客観的に評価する。その手順について、絶滅危惧種の生息・生育条件の回復が主要なテーマとなるような自然再生事業を例に挙げてもう少しくわしく記してみよう。

仮説の検証によって進める自然再生事業

現在、絶滅に向けての悪循環に巻きこまれている種は、ほとんどの場合、ある特定の要因だけによってその衰退がもたらされているわけではない。把握のむずかしいものも含めていくつもの絶滅要因が複合的に作用しているはずである。自然再生の事業においては、絶滅要因と考えられるもののなかから主要なものをひとつずつ取り除きながら、絶滅要因に関する仮説を検証していくことになる。まず、その種が置かれた生態的状況をできるだけ正確に把握し、絶滅要因の作用やその絡まり合いに関しての仮説を立てる。次に、その仮説を明瞭なかたちで検証できるような生育場所の再生や生育条件改善のための計画を立てる。それにもとづいて実施される事業は、その仮説を検証するための実験に相当する。対象とする種の定着、成長、繁殖などをモニタリングしながら、その仮説の妥当性を見きわめる。同時に新たな仮説を立てて次の計画に進む。それは、慎重に確かめながら問題をひとつひとつ取り除いていくことを意味する。

このように、自然再生事業によって絶滅危惧種の回復を図るさいには、再生のための取り組みや保全策を仮説検証のための実験と見なし、科学的なモニタリングを実施してその結果を正確に評価しながら進めることが重要である。このような進め方は順応的管理というシステム管理の手法でもある。

鬼怒川のカワラノギクの保全については、次のように仮説が立てられて事業が進められている。カワラノギクの絶滅に向けての悪循環についてはすでに説明したが、砂礫質の河原が外来牧草のシナダレスズメガヤに占有されてカワラノギクの生育適地が失われたことが、複合的な要因のなかでもとくに重要なものであると推測されている。その仮説の妥当性を確かめるためには、シナダレスズメガヤを除去し、この外来種が侵入する以前の河原の物理的な状況を復元した実験区をつくって、そこに導入したカワラノギクの種子の発芽、定着、成長、繁殖をモニタリングすればよい。そのような小規模な再生実験により、仮説を検証し、より進んだ仮説へと発展させていく。そのような手順で保全・再生に取り組むことで、絶滅要因への理解が深まると同時に、ある程度の保全が実現されることにもなる。そして、上流域でのダムの運用、砂防工事など、相当大きな社会的なシステムの変更によらなければ回復不可能な流域規模の河川管理の問題が、残された問題として明確になるかもしれない。それはたんに絶滅危惧種の絶滅を回避するためだけでなく、生態系の健全性を取り戻すのに重要な意味をもつ問題であるだろう。そのような問題を科学的な面からも明確にし、解決に向けての検討や議論をより広範な関係者で進めるきっかけをつくることができれば、自然再生事業の最初の段階は成功といえるであろう。

霞ヶ浦のアサザと植生帯再生の事業における仮説とその検証

アサザは夏から秋にかけて人目を引く黄色い花を湖面一面に咲かせる植物である。やがて果実が実ると、なかから黒い種子が放出される。種子は扁平で水に浮きやすい。種子は岸辺に打ち上げられたのち、春に発芽する。種子は冬の低温を経験した後、春先の裸地の地表面に特有の温度の日変化にさらされると休眠から覚めて発芽するような生理的な性質をもっているからである。そのような発芽特性からは、水面に浮いたり水底に沈んでいるときには発芽せず、芽生えの成長に適したときと場所、すなわち、春に露出する岸辺の土の上で発芽するという仮説が導かれる。

アサザは水際の裸地でしばらく成長してから、水のなかに入って浮葉植物らしい生活を始めると考えられる。陸から水へと、アサザの芽生えが自ら移動することはできなくとも、自然の季節的な水位変動のある水辺では、芽生えがある程度にまで成長したころ、ほどよく水位が上昇して岸辺が水没する。春先には露出していたアサザの発芽に適した裸地が、梅雨時には、自然の水位上昇に応じてふたたび水面下に沈むからである。葉柄が水中で急速に伸びるという性質をもつアサザは、次第に上昇していく水面に遅れることなく葉柄を伸ばしつづけ、つねに水面に葉を浮かしながら成長していく。さらに、茎を水底で水平に伸ばし、次第に水面を葉で埋めていく。これは、アサザの成長様式と湖沼の自然の季節的水位変動パターンからの仮説である。

これらは、アサザの生態研究から明らかにされた更新についての仮説である。一方、近年の霞ヶ浦ではそのような自然な更新が起こらなくなっていた。コンクリートの直立護岸が築造され、アサザの種子が打ち上げられて発芽できるようなゆるやかな勾配をもつ水辺がほとんど残されていないからである（「公共事業と自然の再生」の章参照）。利水のために自然の水位変動とはかけはなれた水位管理が行なわれてきたこともその一因となっていると考えられる。とくに、一九九六年からは、冬季に水を溜めるため春先に水位が高くなる水位操作が行なわれ、アサザは夏の水際線よりもずっと陸側のヨシ原のなかで発芽せざるをえなくなっていた。そのため、春先の突発的な水位上昇による死亡をまぬがれたとしても、初夏にはヨシなどが茂って暗くなるような場所で発芽することになり、光不足のため芽生えは十分に成長することができない。ただし、二〇〇〇年秋からは、アサザなど湖岸植生の保全のための自然再生事業をきっかけとして暫定的に冬季の水位上昇が止められ、その措置は、アサザの回復に大きく寄与した。そのことは、仮説が少なくとも部分的に妥当であったことを意味する。

私たちの研究グループは一九九〇年代の前半から、霞ヶ浦のアサザの現状と芽生えによる更新の調査を実施してきたが、二〇〇〇年までは、春に芽生えの出現は確認できるものの定着する芽生えはまったく認められなかった。さらに、現存のアサザ群落の衰退も急であり、二〇〇〇年までにアサザ群落の占有面積は一九九六年の一〇分の一程度に減少した。

再生事業が始まったのちには、第2部でくわしく紹介するように、アサザ群落の再生を図りながら保全策と一体となった調査を実施している。群落が消失した場所の水辺に残されている土壌シードバンク（土壌中の生存種子の集団）中に生き残っているアサザの種子から春に発芽する芽生えを定着させる小規模な保全対策を実施しながら発芽や定着を確かめるというものである。具体的には、波の影響を波よけの設置によって抑制し、ヨシの刈り取りによって芽生えの光条件の回復を図ることを試みている。土壌シードバンクから出現する芽生えは年々減少し、無駄な発芽でシードバンクが消耗しつつあったが、保全対策の結果、はじめて芽生えの定着が確認され、それらは順調に成長し、翌年には開花にいたった株も見られた。これら一連の調査を通じて、アサザの衰退と更新可能性に関する前述の仮説の妥当性が確かめられ、アサザを本格的に蘇らせるために必要な条件が明らかにされた。

土壌シードバンクの可能性を検証する大規模な実験

自然再生にたいする科学的アプローチにおいて、もっとも基本となることは、「自ら再生していく自然の力を引き出す」ということである。自然再生事業は、できるだけ自然の回復力に任せ、人間は自然が自ら回復していく過程を手助けするといった姿勢で取り組むことが望ましい。植生は、動物の生活のための資源や場を提供するため、その場所にふさわしい植生（疎らにしか植物が生えない状態も含め）を回復させることは自然再生全体の前提であるともいえる。しかし、現在では、開発によって著しく生育環境が損なわれたため、すでにその場からすっかり姿を消した植物が少なくない。そのような植物を含む植生を回復させるには、土壌シードバンクが最後の望みの綱となる（「土壌シードバンクを自然再生事業に活かす」の章参照）。

土壌シードバンクは土壌中の生存種子の集団である。種子のなかには寿命が長いものが少なくないため、多くの場合、土壌中には相当多くの生存種子が貯まっている。シードバンクすなわち「種子の貯蔵庫」の名称の由来はそこにある。

霞ヶ浦における湖岸の地形の復元と植生回復のための取り組みは、生態系規模の実験として土壌シードバンクについての仮説の検証の機会となっている。ゆるやかな傾斜をもつ浜辺の地形を復元して、浚渫土をまきだしたところ、霞ヶ浦では絶滅して久しい何種類かの水生植物を含む多様な植物が再生したことは、湖の底土には相当量の土壌シードバンクが蓄積しているはずであるという仮説の妥当性を検証することになった。それと同時に、土壌シードバンクは、地上からすでに絶滅したと考えられる植物を復活させるために利用できる可能性をも証明するものであった。

水草や湿地の植物の衰退が著しい現状では、地域の植物を再生させる唯一の手段ともいえるのが、「植生発掘」としても期待される土壌シードバンクの利用である。水辺の植物の多くが、生きた種子やそのほかの繁殖子、胞子などを長期間にわたって土のなかに残す。そのような植物については、地上に私たちが見ることのできる植物体の何百倍、何千倍もの個体が種子などとして地下に潜んでいると推測されていた。したがって、湖の浚渫によって取り出される土（砂）は、植生を復元するためのまたとない材料となると考えられてきたのである。現在、霞ヶ浦で実施されている植生帯回復の事業は、土壌シードバンクの実態と植生回復への利用可能性を探る大がかりな実験としての意義をもっている。そこで緻密なモニタリングを行ない、データを蓄積することは、今後、各地で科学的で合理的な手段による自然再生を行なうためにもきわめて重要なことであると思われる。

自然再生を持続可能性につなげる

破滅か生態系管理か

地球規模でも地域においても、生態系の劣化や不安定化が著しい。すでに不健全な状態に陥った生態系にたいしては、そのまま無制限に人為を加えていくことはおろか、人為を排して放置することも、持続性という目標とは矛盾する。かつて人類のインパクトがそれほど大きくなかった時代にはそれほど意識する必要のなかった「生態系管理」という活動分野が持続可能性にとって重要になってきたのである。生態系の要素や関係に見られるさまざまな変化の意味を見きわめ、望ましからぬ変化を止めるため、あるいは望ましいと考えられる変化を誘導するために、人間活動を調整すべきであるという考え方である。たとえば、化石燃料の消費を厳しく抑えて二酸化炭素濃度を過去四〇万年前の変動幅のなかに抑えこむことは、破滅を防ぐために早急に取り組むべき課題である。

リオデジャネイロでの地球サミットで採択され、持続可能性のための国際的な連携を体現している二つの条約のうち、気候変動枠組み条約は、地球規模での大気組成の管理、生物多様性条約は、地域での生態系管理によってそのめざすところに近づいていくことができる。自然再生事業を行政、市民、子どもたち、研究者が生態系管理について、身をもって学ぶ場とすることができれば、持続可能性への展望を切り開くことにつながるだろう。

生態系管理は、持続可能性のための、生態系の新しい管理のあり方やその手法を意味する。それは、たんに生態系を対象とした管理という意味ではなく、地域の生態系の望ましい特性、すなわち生物多様性や健全性の持続、あるいはそれらの回復のための実践をさす。生態系管理の必要性が広く認識され、急速にその実践が広まったのは、生物多様性の急激な低下や砂漠化、農地からの土壌流失、漁業資源の枯渇など、ヒトにとって重要な生態系のサービスの低下など、そこで人びとが生活するうえでの深刻な問題が生じたことによる。

一九九六年に発表されたアメリカ生態学会の生態系管理に関する勧告においては、生態系管理は「健全な生態系を持続させるための管理」と定義されている。すなわち、自然から得られる資源やサービスに関して、短期的な当面の収益を最大化するような従来型の管理ではなく、持続可能性（＝有用な資源やサービスの供給の持続可能性）を目的にした管理のみをさすものである。

生態系管理のための順応的管理

生態系管理の手法としては、一般には「順応的管理」が用いられている。それは、対象に不確実性を認めたうえで、政策の実行を順応的な方法で、また多様な利害関係者の参加のもとに実施しようとする公的システム管理の手法である。現在では、順応的管理は、アメリカ合衆国の天然資源や生態系の管理に関する標準的な手法となっている。

順応的管理においては、管理や事業を実験と見なす。計画は仮説、事業は実験ととらえられ、監視の結果によって仮説の検証が試みられる。その結果に応じて、新たな計画＝仮説を立て、よりよい働きかけを行なうべく、事業の「改善」がめざされる。順応的管理プログラムにおいては、科学的な立場からの意見をも含め、広く利害関係をもつ人びとのあいだでの合意を図るような合意形成のためのシステムをつくることが重視される。アメリカ合衆国フロリダのエバーグレイズ再生計画のほか、オーストラリアのグレートバリアリーフでの大規模な保全・修復実験に順応的管理の手法が取り入れられている。

順応的管理においては、科学的な要求、行政上の必要性、社会的なさまざまな要求のいずれをもバランスよく考慮するための意思決定フォーラムが重要な役割を果たす。そこでは、研究者を含めた利害関係者ができるかぎり正確な科学的データをもとに、専門的な事項についても十分に理解したうえでの討議によって合意形成を図ることがめざされる。

順応的管理プログラムにおいては、そのような意思決定フォーラムを中心に科学的な事項も含めて

「為すことによってともに学ぶ」ための社会的プロセスが保障されることが重要である。そのためには、行政、市民、研究者の前向きなかかわり合いが成功の鍵を握る。とくに順応的管理にかかわる研究者は、プログラム実践上必要性の高い研究課題を最優先課題として受け入れる必要がある。計画立案に要するデータをとるための調査研究、モニタリングの手法や標本抽出法の検討、統計解析、科学的モデルの開発や改良など、科学的に検討し、結論を出さなければならない事項が少なくない。

順応的管理プログラムをより有効なものとしていくためには、①関係者のあいだでのプログラムの目標にかかわる価値観の共有、②行政の立場からプログラムにかかわる人員の確保、市民のパートナーとしての役割の強化とそのための行政組織の改革、③経済的な損失や予期しない負の影響などのリスクをある程度は許容することにたいする関係者のあいだでの合意などが必要である。

学習の場としての自然再生

現在の地球と人類の関係は、人類の末永い存続をとうてい望むことができないほどに、厳しく矛盾を孕んだものとなってしまっていることをすでに述べた。地球の限界を見きわめ、環境と経済の相克に関して従来とは異なる選択をなしえなければ、持続可能性を確立することはむずかしい。

農業化、工業化を通じて人類の歴史は、目先の富と快楽のために人工的な環境を拡大し、本来の豊かな恵みを与えてくれる健全な生態系、生物多様性を損ない、自然環境を単調化し、結局は人びとが生活のために働かなくてはならない時間を増すという方向に進んできた。その傾向は二〇世紀になると著しく加速された。しかし、二一世紀の今日、私たちの生存、生活、生産の基盤である生態系の健全さが大きく損なわれて、地球と人類の将来にたいする不安が広がるなか、これまでとは異なる価値観を重んじることによって危機を回避する方向性が提案されている。短期的な利便性や一部の限定された人びとの利益を追求すること、すなわち経済重視から、将来の世代までを含めた広範な人びととの利益を慮り、自然、あるいは生態系を構成している要素、構造、機能をできるだけ損なわないようにしようという環境重視の方向への転換である。生物多様性は、そのような方向転換におけるもっとも重要なキーワードである。

生物多様性に十分に配慮し、環境への配慮を優先させることは、人びとがヒトも含む生態系におけるさまざまな関係性を十分に意識し、正確に理解することによってはじめて可能となる。ところがそれは容易なことではない。まず、人は目先の利害に目を曇らせがちである。しかも、現代の人類は、圧倒的に人工物が卓越する人工的環境に身を置いて暮らしている。人びとは、人工的環境のなかだけで生活が完結していると思いこみがちである。生態系といわれても、日常生活のなかではまったく実感がもてない子どもたちや若者が多くなっている。彼らの多くは、野生の動植物がつくる自然よりは、バーチャルなゲームの世界をずっと身近に感じている。自然という言葉でイメージするのは、せいぜいペットや園芸植物などの人工的な存在である。

自然再生にかかわるさまざまな自然環境学習は、子どもたちを含む人びとが、野生の動植物が織りなす世界が身近なところに実在することを実感し、そこにおける複雑な関係性を理解していくための契機をつくり出す。

トンボ池型ビオトープも自然再生事業における学習ツールとしての可能性は小さいものではない。人びとが、生態系に複雑に入り組む関係性に気づくことは、生態系管理にとってもっとも基本的なことだからである。

金魚鉢にオオフサモを入れ二匹の金魚を飼っていた家族がその世話ができなくなる事情ができて、校庭のトンボ池に金魚鉢の中身をそっくり流しこんだとしよう。実際によく起こる出来事である。その母と子は、「金魚はここで幸せに生きていける」と、金魚のための自分たちの善き行ないに満足するかもしれない。ところがそのトンボ池で水生昆虫の調査を定期的に実施していた子どもたちは、その後、池からは水生昆虫がほとんどいなくなってしまうという大きな変化に気づくはずである。また、池のほとんどがオオフサモに覆われて、系統保存のために植えてあった水草の絶滅危惧種が消えていることにも気づくことになるだろう。金魚がどうしてその池に入ってきたかについてはともかく、メダカだけが泳いでいたときにあれほど豊かだった池の生態系がたった二匹の金魚によってまったく異なる世界になってしまうことを子どもたちは知って驚くのではないだろうか。また、オオフサモが入ってきたことにより、そこは他の水草の住めない場所になってしまうことにも気づくだろう。それは、生態系というシステムのダイナミックな性質を身をもって知る体験となるはずである。あるいは、生物のあいだの関係によって成り立っている生態系というものについてのある種の実感を得るにちがいない。

トンボ池型ビオトープでは、このように偶然に起こったことも環境学習の機会を与えるが、四季折々の池の生物の生活や生物間の関係性、池の中と外の生物を介したつながりなど、適切な題材を用いた学習プログラムを指導者が用意することで、さらに効果的な学習を展開することができる（「自然再生事業と学校ビオトープ」の章参照）。

生態系を結ぶ地域連携

日本の公害の原点ともいわれる足尾では、その山々は、鉱毒で植生はおろか土壌まで失った。そこでは、植生を取り戻そうとするボランティアの方たちの懸命の努力がつづけられている。一方、森を失った足尾の山から流失した土が溜まっている下流の渡良瀬遊水地では、すでに自然再生事業が始まろうとしている。アサザプロジェクトとも連携しながら進められているわたらせ未来プロジェクトは、渡良瀬遊水地で刈り取ったヨシを足尾の山に運ぶことで森づくりのための土壌再生に寄与しようとする上下流が連携する市民の取り組みを進めている。たんに植林というにとどまらず、たとえむずかしくとも、かつてのような土壌と野生動植物をも蘇らせる壮大な森林生態系回復のための取り組みが足尾の自然再生事業としてふさわしいのではないだろうか。多様な恵みを与えてくれる森を蘇らせるための協働はすでに始まっているが、下流域と上流域それぞれの自然再生の流れが大きくひとつに合流したときにこそ、再生への確かな展望が開かれるだろう。

新しい科学技術のあり方と自然再生

二〇世紀の科学は、要素還元主義的な傾向を強め、分析し解析することは得意だが、統合したり総合したりする術をほとんどもたず、また、そのような課題を非科学的なものとして避けてきた。しかし、環境問題を解決するためには、分析や解析とともに統合・総合が欠かせない。自然再生は、現代科学が苦手な統合・総合を実践的に行なうことのできる機会でもある。それぞれの研究者が狭い専門性のなかにとどまっていたのでは自然再生にかかわる仮説を立てたり適切なモニタリング方法を考えることはむずかしい。他分野の視点を学びながら、それらの視点を統合したところに、仮説、すなわち計画がつくられ、また適切なモニタリングが可能になる。自然再生は、分野間の知識を総合したところに成り立ち、その総合の有効性は、事業の成否によって検証されるはずである。自然再生は、科学的知見を統合してより広い理解に達するための科学的なアプローチとしての意味をもっているといえるだろう。

すなわち、自然再生という場では、多様な分野の研究者や非研究者がそこで科学的な課題をめぐって協働することを通じて、新しい科学技術のあり方を築いていくためのフォーラムとしての役割を果たすことも期待されるのである。総合化・統合化に十分に有効に機能しうる科学・技術を築くことなしに、現在、人類が直面している困難な「環境の問題」の解決がむずかしいことを考えると、この役割はけっして小さいものではないと思われる。

参考文献

Griffis W. E. 1883. The Mikado's Empire : A History of Japan: from the Mythological Age to Meiji Era. Harper & Brothers, New York.

Leopold A. 1949. A sand county almanac. Ballantine Books, New York.

日本生態学会編　二〇〇二　外来種ハンドブック　地人書館

Totman C. 2000. A history of Japan. Blackwell Publishers, Massachusetts.

Wackernagel M. et al., 2002. Tracking the ecological overshoot of the human economy. PNAS : 99–9266–9271

鷲谷いづみ　一九九九　生物保全の生態学　共立出版

鷲谷いづみ　二〇〇一　生態系を蘇らせる　日本放送出版協会

鷲谷いづみ・矢原徹一　一九九六　保全生態学入門―遺伝子から景観まで　文一総合出版

鷲谷いづみ・飯島博編　一九九九　蘇れアサザ咲く水辺―霞ヶ浦からの挑戦　文一総合出版

鷲谷いづみ・埴沙萠　二〇〇二　タネはどこからきたか　山と溪谷社

ワールドウオッチ研究所　二〇〇二　地球白書二〇〇二―二〇〇三　家の光協会

WWF. 2002. Living Planet Report 2002.

2 自然再生事業への期待と実践

百姓仕事と自然の再生

宇根　豊

長いこと日本人は、農業にとって「自然」とは何かを、考えることはなかった。その必要もなかった。それをやっと「多面的機能」として表現せざるをえなくなったことは、けっして喜ばしいことではない。それほどに、農業にとっての「自然」が危機に瀕するようになってしまったのである。しかし、この危機に瀕した「自然」を救い出すには、百姓仕事を救い出さなければならない。なぜなら、「多面的機能」は百姓仕事によって支えられてきたからである。旧来の農学は、百姓仕事のなかから農産物を生産する技術を抽出し、近代化することには成功したが、自然を支える技術を抽出するどころか、そんなものが百姓仕事のなかに含まれていることすら、気づかなかった。

私たちは自然への危機感をバネにして、その「多面的機能」や「自然」が、どういう百姓仕事によって、支えられているかを解明してみようと悪戦苦闘をつづけている。この新しく悲しい分野を切り開いていく覚悟が、私たちにはあるからだ。その覚悟が、誰から、どこから求められているかを、田畑のなかで、体全体で、タマシイを震わせるほど感じているからだ。

生き物を守る技術の必要性

カエルの鳴き声はいいものだ。代かき・田植えが終わったことを告げるからだ。百姓でない人にも、夏の訪れを知らせる。これも農業の「多面的機能」だという。まるで、自然現象のように、この国に満ちる。

しかし、このカエルの声には、これ以上の意味はないのだろうか。それにこのカエルはひとりでに生まれ、ひとりでに死んでいっているのだろうか。新・農業基本法に「多面的機能」がうたわれながら、国民の農業を見る目がなかなか変わらないのは、百姓の自然へのかかわりが深まらないのは、多面的機能がどういう百姓仕事によって支えられているか、が明らかになっていないからである。

代かきが終わらないと、いっせいにカエルのオスがメスを求めて、鳴き出すことはない。カエルは代かきという百姓仕事を待っている。代かきがすむと、水位は安定し、水は一挙にぬるむ。オタマジャクシの餌である藻類やユスリ蚊も生まれてくる。安心して産卵できるわけだ。じつは我が家は周囲の田んぼより、田植えを一週間遅らせる。ウンカの被害を回避するためだ。だから一週間前から、まわりの田んぼではカエルが盛んに鳴いている。我が家のカエルは、その声につられて、隣の田んぼに行ってしまわないだろうかと、不安になった。そこで昨年、カエルを数えることにした。代かきのときはカエルはみな、畦に登って避難している。畦際を耕耘機で代かきしながら、数えていくのだ。すると一匹一匹と目が合うのだ。カエルは生まれた田んぼに帰ってくることがわかった。一〇aで約一二〇〇匹だった。もし私がその田を減反したなら、カエルはどうなるのだろうか。

棚田では、毎日田回りをする。モグラで畦に穴があき、水がもれ、畦が崩れるのが怖いからだ。もちろんオタマジャクシの命を守るための田回りではないが、こうした技術があるから、オタマジャクシは守られる。カエルの命は百姓の掌中に握られている。

オタマジャクシは「農と自然の研究所」の全国調査によれば、一〇aに二三万匹にもなる。どうしてこれほどの数がいるのだろうか。カエルは「益虫」で、多くの害虫を食べてくれる。また、産卵数が多くないと、オタマジャクシは多くの生きものに食べられてしまう。オタマジャクシがいるから、多くの生き物が田んぼに集まり、田んぼで生きられる。だから、カエルを守る技術が形成されてもいいではないか。それはけっして、むずかしい技術ではない。しかし、カエルが有用だから、守るのではない。有用性を超えた技術を視野に入れはじめたことに注目したい。

新しいまなざしの技術の誕生

カネになるものを増やすのが農業技術の目的だと思っている人が多い。しかし、カネにならなくても、大切なものはいっぱいある。有用性が農学で証明されていない生き物も、水田稲作の歴史が始まって二四〇〇年間、田んぼで生きてきたのだ。それなりの働きをしていると考える方が自然だろう。

ユスリ蚊を例にとる。この虫を知らない人はいないだろう。夏の夜に電灯に集まってくる、蚊に似た虫だ。田んぼの上でもよく蚊柱になっているのを見かける。この虫は害にも益にもならない「ただの虫」だといわれている。水田では、一〇aで一〇〇万匹を超える。これほどの虫がなんのために田んぼにいるか、誰も考えたことがなかった。生産に寄与しない、関係ないものだと考えられてきたからだ。

ところが、本当は百姓は気づいていたのである。クモの巣にもっとも多くかかっているのが、ユスリ蚊だということに。またユスリ蚊の蚊柱に赤トンボや蚊取りヤンマが狂ったように飛びこんで食べている光景を見たことのない百姓はいないだろう。ところが、関心がないから、その意味を考えることもなく、記憶にも残っていないのである。

またユスリ蚊の幼虫もよく知られている。「赤虫」「金魚虫」などと呼ばれる、真っ赤な一㎝ほどのミミズみたいな虫で、どぶ川にも多い。この幼虫は、魚の餌になるだけでなく、ヤゴやゲンゴロウやオタマジャクシの餌にもなっている。田んぼの天敵たちを支えている大切な生き物なのだ。しかも、この幼虫自身は、田んぼの土のなかの有機物を食べて、分解してくれ、稲へ養分を補給している。水田では無肥料でも七、八割の収量があるという地力の再生産力を支えている、重要な存在なのだ。

こういうふうに見つめてくると、田んぼのなかの循環の輪が、少しは見えてくる。しかし、ユスリ蚊を育てる技術は、今までまったくなかった。目先のカネになる技術だけが開発対象だった。循環など、考えもしなかったのが、近代化技術だった。だから、農薬や化学肥料を使用するときに、ユスリ蚊への影響を考慮に入れる習慣は、いまだにない。

ユスリ蚊はまだいい。「ただの虫」のなかでも、どうにか有用性が説明できるからだ。田んぼの生き物で、有用性や有害性が明らかになっているものは、わずかなものだ。ほとんどの生き物は、有用性が説明できない。だから、軽視され、平気で殺されてきた。

田んぼには、生き物を育てる「多面的機能」があるというのなら、現時点で有用なものだけでなく、すべての生き物を大切にするまなざしがなくてはならないだろう。

洪水を防ぐ技術はどこにあるのか

多面的機能の代名詞みたいにいわれる田んぼの「洪水防止機能」を支える技術は、現行の稲作技術のなかには見あたらない。百姓ならわかるだろう。雨が強くなったら、できるだけ田んぼには水を溜めないようにするのが、まともな技術だ。すぐに水口からの流入を止め、水尻からの排水を促す技術ならあるが、あえて湛水するなら、稲の冠水のよる被害や、棚田では畦の崩壊を覚悟しなくてはならない。

そういっても、結果的に、雨水は田んぼに溜まり、下流の洪水を防ぐのも事実だ。しかし、意識して行使しない技術を、誰が自慢できるだろうか。ここに「多面的機能」を理解するときに最大の難関がある。つまり近代化技術には、多面的機能を増進する技術は、ほとんどない。むしろ多面的機能を破壊する技術が多かった。この反省抜きに、新しい技術は形成できないだろう。

そこで、近代化されないで残っている技術に目を向けてみよう。田んぼに水が溜まるのは、自然現象ではない。畦があり、畦の手入れが行なわれているからだ。現在では「畦塗り」や「畦草刈り」や「畦歩き」は、労多くして効果の少ない技術だと考えられている。労働時間の短縮を妨げ、コストを引き上げていると、目の敵にされている。だから、畦塗りの代わりに畦波板や、畦草刈りの代わりに除草剤散布が推奨され、田回りの時間は省くように指導が行なわれている。ところが、畦塗りにより畦からの漏水を防ぐことができ、畦の高さも五cmは高くなる。畦草刈りや畦歩きによって、畦は強度を増す。こうした仕事によって、「田んぼは、ダムにもなりうる」ことに、国民のまなざしが届いているだろうか。

畦を歩く田回りを例にとろう。畦を歩くことによって、畦の土はしまる。また畦草は、踏まれるところと踏まれない部分で種類が変わり、多様な植物が、多様な根の張りを生み、崩れにくくなる。しかも、田回りによって、畦の状態は不断にチェックされ、モグラの穴などもすぐに埋めることができる。また、畦草刈りは、畦を歩きやすくするためだけに行なうのではない。畦の植生を多様にして、畦を守り、生き物に多様なすみかを与える。こうした機能は、けっしてコンクリートでは代替できないのだ。

ところが「洪水防止機能」を評価する人が、こうした近代化される前からの土台技術によって、この機能が発揮されていることをいおうとしない。ここにこそ、多面的機能が百姓のものにならないワケがある。つまり農業には、その結果が百姓に、意識されていない技術があるということだ。工業的な技術で農業の技術を見るから、見えないのだ。しかし、意識しないものを、どうして意識すればいいのだろうか。

環境の技術の本領

自動車工場では、自動車しかできない。意識した目的物しかできない。そこには、ムダなものをつくる技術は存在しない。ところが、近代化される前の百姓仕事は、ムダなものをたっぷり育ててしまう。もちろん百姓は「コメ」の生産を目的にしているのだけれども、どうしてもカエルもユスリ蚊も彼岸花も育ててしまうし、洪水も防いでしまうのだ。そういう意識してこなかった〝ムダ〟を多面的機能として、意識して評価しようというのであれば、それを生み出す技術をも意識しなければならないだろう。なぜ意識しなくてはならないのか。それは、その仕事が危機に陥っているからだ。ということは、それによって支えられてきた多面的機能が危機に陥っているからだ。そうした危機感がなければ、意識化はできない。

本稿を生き物から始めたのには、ワケがある。多くの生き物が激減しているからだ。多くの県で、絶滅危惧種のリストアップが始まっている。ぜひ自分の県のレッドデータブックを県庁から入手してほしい。福岡県では、約八〇〇種が希少種になっているが、そのうちの三分の一以上が田んぼとその周辺の生き物だ。メダカ、ドジョウ、タニシ、イモリ、トノサマガエル、赤ガエル、ゲンゴロウ、水カマキリ、豊年エビ……紹介していたら、きりがない。これらは、農業の近代化によって、息の根を止められようとしている。しかし、まだ絶滅しているわけではない。これらの生き物を守ることができるのは、百姓しかいない。

コンクリート畦畔や、畦波板を拒否して、畦塗りをするから、シュレーゲル青ガエルは畦の斜面の土に産卵できる。ゲンゴロウやホタルは、畦の土のなかで、蛹になれる。生き物を育てるという意識で、すべての技術の見なおしが求められている。

そのためには、自分の田んぼや水路に、どういう生き物（草花も含めて）がいるかを調査することが先決だろう。表1・1には二〇〇一年「農と自然の研究所」が全国の百姓に呼びかけて行なった調査の、平均値をあえて掲げる。こうして、生き物の数を数える百姓が登場したことに、時代の変化を感じる。あなたは、この表を眺めながら、何を感じ、何を意識するだろうか。

時代遅れだといわれている畦の手入れが、水辺の生き物を育てる土台にあることを、きちんと評価しなくてはならない。これらの畦の手入れ技術が、ユスリ蚊を育て、カエルを育て、さらに多くの生き物を育て、そして洪水を防ぐ技術にもなっている。この技術の多面性は偶然ではない。すべての技術は、生き物と、稲と、水と、土によって、つながっている。これが多面的機能を支える技術の本質である。

風景の技術（棚田が美しいワケ）

棚田保全と称して、畦をコンクリートにする事業が始まっている。愚かなことだ。五年もすれば、畦を土に戻す事業が始まるだろうに。なぜなら、土畦の見なおしが進んでいるからだ。

表1・1　2001年田んぼのめぐみ台帳　生き物目録調査結果・全国平均値

		個体数／10ａ	１株あたり個体数	１杯あたり何匹	１匹あたり何杯
1	ｵﾀﾏｼﾞｬｸｼ	230000	11.5	35	0
2	赤ガエル	17	0.00085	0	392
	ヒキ蛙	5	0.00025	0	1333
	トノサマガエル	59	0.00295	0	113
	ｼｭﾚｰｹﾞﾙ青蛙	6	0.0003	0	1111
	日本雨蛙	99	0.00495	0	67
	土・沼ガエル	1083	0.05415	0	6
3	第１回ミジンコ	33950000	1697.5	5093	0
	第２回ミジンコ	6330000	316.5	950	0
4	ユスリ蚊	1120000	56	168	0
	糸ミミズ	1150000	57.5	173	0
5	カブトエビ	24000	1.2	4	0
	豊年エビ	70200	3.51	11	0
	貝エビ	42000	2.1	6	0
6	ゲンゴロウ類	528	0.0264	0	13
	ガ虫類	614	0.0307	0	11
7	タガメ	1	0.00005	0	6667
	タイコウチ	22	0.0011	0	303
	水カマキリ	25	0.00125	0	267
8	メダカ：田	80	0.004	0	83
	ドジョウ：田	146	0.0073	0	46
	ナマズ：田	0	0	0	
	フナ：田	10	0.0005	0	667
	タナゴ類：田	0.1	0.000005	0	66667
	ｱﾒﾘｶｻﾞﾘｶﾞﾆ：田	88	0.0044	0	76
9	丸タニシ	2870	0.1435	0	2
	姫ﾓﾉｱﾗ貝逆巻貝	9080	0.454	1	1
	スクミリンゴ貝	4090	0.2045	1	2
10	平家ボタル：田	32	0.0016	0	208
11	トビ虫	210000	10.5	32	0
	イナゴ	1600	0.08	0	4
12	背白ウンカ	34400	1.72	5	0
	鳶色ウンカ	4800	0.24	1	1
	姫鳶ウンカ	10400	0.52	2	1
13	ﾂﾏｸﾞﾛﾖｺﾊﾞｲ	46800	2.34	7	0
	稲ツト虫	520	0.026	0	13
	稲泥負い虫	19000	0.95	3	0
	稲水象虫	33400	1.67	5	0
14	アメンボ	374	0.0187	0	18
	芥子肩広ｱﾒﾝﾎﾞ	2100	0.105	0	3
	肩黒緑霞亀	800	0.04	0	8
	カマキリ	40	0.002	0	167
15	薄羽黄トンボ	1150	0.0575	0	6
	秋ｱｶﾈ・夏ｱｶﾈ	2110	0.1055	0	3
	糸トンボ類	780	0.039	0	9
	塩辛ﾄﾝﾎﾞ ｼｵﾔﾄﾝﾎﾞ	7	0.00035	0	952
	銀ﾔﾝﾏ･蚊取ﾔﾝﾏ	20	0.001	0	333
16	ヤマカガシ	1.9	0.000095	0	3509
	シマヘビ	1.6	0.00008	0	4167
	マムシ	0.7	0.000035	0	9524
	草亀・石亀	0.2	0.00001	0	33333
	イモリ	3.7	0.000185	0	1802
	ｻﾝｼｮｳｳｵ類	0	0	0	
	ヒル	161	0.00805	0	41
17	青サギ	9	0.0000009	0	370370
	大サギ	14	0.0000014	0	238095
	中サギ	11	0.0000011	0	303030
	小サギ	22	0.0000022	0	151515
	アマサギ	13	0.0000013	0	256410
	白鳥たち	1.7	0.00000017	0	1960784
	雁たち	0.5	0.00000005	0	6666667
	ツバメ類	74	0.0000074	0	45045
	カラス類	67	0.0000067	0	49751
	シギ・チドリ類	12	0.0000012	0	277778
18	カヤネズミ	11	0.00055	0	606

2002年３月発表　農と自然の研究所

都会からやってきて、はじめて棚田を見た人でも、棚田を美しいと思うのはなぜだろうか。それは、人間の原初の仕事が見えるからだ。自然に働きかけ、自然と折り合う知恵が見えるからだ。それは、人間に安らぎをもたらし、美意識を形成した。それは、「畦の手入れ」という技術から生まれた。もし棚田の畦が、草に埋もれていたら、崩れていたら、その田を美しいと感じるだろうか。

逆にこう考えてみるといい。手入れしてない自然が見苦しいのはどうしてだろうか、と。自然の驚異が押し寄せて、不安になるからだ。つまり棚田の畦の手入れという仕事が、その風景を美しいと感じる感性を育てている。ところが、いわゆる「多面的機能」は、「水田の風景を形成する機能」というように表現してしまうから、まなざしが仕事に届かないのである。

そこで、コンクリート畦は、なぜ美意識を形成できないのか、考えてみよう。そこでは、自然との関係が死に絶えているからだ。仕事によって、自然の恵みを引き出そうという姿勢が消滅している。なぜ、いったん舗装した畦のコンクリートを引きはぎ、もう一度彼岸花を植えようとしている棚田があるのだろうか。百姓は、そうした自然との関係によって、自分を支えてきたからだ。仕事を終えて、畦に腰をおろし、周囲の風景を眺めるときに押し寄せてくる安らぎは、もちろんカネにはならないが、とても大切なものだ。こうした精神世界を多面的機能として評価する哲学を、私たちはうち立てようではないか。

そうしないと、子どもたちに、「美」を教えることができなくなる。身近な自然は、人間が手入れしなければ、荒れていくことを伝えることができなくなる。畦の手入れをしたくないから、手入れに値する評価が、代償が得られないから、コンクリートにするのである。除草剤を畦にかけるのである。それは、もちろん政治の貧困でもあるが、そういう美しさを、百姓仕事の成果として認めてこなかったツケでもある。このツケを解消する入り口は、風景を支えているすべての百姓仕事を明らかにすることである。ここでは、畦の手入れのみを取り上げたが、それが棚田で見えやすいからにすぎない。棚田を守るとはたんに条件不利地の稲作の保護などではなく、百姓仕事の評価を広げることにある。だからこそ、棚田の次は、平坦地の田んぼが対象になる。

人間の誇りを取り戻す技術

春になると紋黄蝶が飛び、夏になると黄アゲハが舞う。自然現象だと、誰でも思っている。ところが紋黄蝶の幼虫は、レンゲやカラスノエンドウ、クローバーを食べて育つ。黄アゲハの幼虫はセリや人参の葉がないと育たない。つまりそこに農業がないと生きられない。しかし、レンゲや人参を栽培する農業技術はあるが、カラスノエンドウやセリを育てる技術は存在しない。それをつくればいいではないか。

こういうと、「おいおい、雑草を育ててどうするんだ」と怒られるだろう。多面的機能が本当に国民に評価されれば、怒られることもなく、むしろそうした技術に「助成金」(デ・カップリング)も用意されるようになるだろう。

「しかし、野の草花に価値を見出すのは簡単ではない」と誰しも考えるようだ。そうだろうか。そんなことはない。子どもを見るといい。学校からの帰り道、畦で花を摘んでいる光景は、まだ滅びてはいない。そこに花が咲きほこっているなら、誰しも足を止める。子どもの価値観は、まだ近代化されてはいない。カネになるものだけに価値を認めたりはしない。

ところが、私たち大人もそうした感性を失ってしまったわけではない。友人の話を紹介しよう。彼は、前の年に事情があって、最後の畦草刈りができなかったそうだ。すると翌年の春になって、畦の花が美しく咲かないことに気づいたという。春の草は、冬のあいだに葉と根を伸ばし、花を準備する。ところが前年の夏草の枯れ草が残っていると、陽が当たらず、育ちが悪くなる。また枯れ草のなかで咲いても目立たない。そののちの彼の発言に驚いた。

「オレは畦の花が好きだ。いつもなごまされ、はげまされ、支えられてきた。しかし、その花も自分の畦草刈りという仕事によって育っていたことをはじめて自覚したときに、はじめて野の花の美しさを、自信をもって人に語れるようになったんだ」

ここにこそ、今までの技術にはなかった哲学がある。多面的機能を百姓のものにしていく方法がある。これこそ新しい技術思想である。私は本稿で、畦に焦点を当てて語っている。畦は、現代では、ほとんど何も生産しない。畦など、なければない方がいいという風潮が、畦の手入れを負担に感じるような百姓を育てる。ところが、その畦を手入れする仕事が、自然環境を支えるものとして意識されるときに、新しい技術として蘇るのである。

新しい政策の要求を

畦の手入れのように、生産に直結しない技術がある。これを「土台技術」と呼ぶ。この土台技術は、生産性向上の足を引っ張るからといって、省くべきだといわれてきた。試験研究や普及指導の対象からはずされている。一方、田植えや稲刈り、施肥や防除などは、直接生産に寄与する「上部技術」であり、試験研究機関で、近代化するための研究が盛んに行なわれてきた。

じつは、多面的機能を支えているのは、近代化された「上部技術」ではなく、近代化の対象にならない「土台技術」であることが明らかになってきた。ところが「土台技術」は評価されないままだ。なぜなら、いまだに多面的機能がカネにならないからである。その「土台技術」が、自然環境を支えていることを、百姓が意識しはじめると、それが危機に瀕していることに気づく。ここまで来ると、新しい政策が提案できるだろう。

ドイツの例を紹介することにする。定められた二八種の草のうち、四種以上の花が咲く草地には、デ・カップリングで助成金が払われる（一haに四〇〇〇円。少ないと思うだろうが、経営面積が平均五〇haだから）。こういう政策が実施されていることをどう考えたらいいだろうか。田舎の草原の花に、価値を見出す国民がいる。さらにそうした花を美しく咲かせる農業技術が存在することを、国民が理解している。牧草の収量を重視して、頻繁に草刈りするなら、花は咲かないから、草の種類は減っていく。

多肥にすれば、吸肥力の強い草ばかりが優先化する。つまり多様な花を咲かせるためには、農業の生産性が落ちる技術を選択しなければならない。それを補償しようというのだ。

草地の花の調査は、百姓自身が実施している。調査方法のマニュアルも配布されている。しかも、助成金も申請したい人だけが、自分で申請する。とっくに、ＥＵ内は農産物の輸出入は自由化されている。農産物の価格や生産高だけでは、もう農業所得は維持できないのだ。

気づいただろうか。ドイツでは、多面的機能への助成金（デ・カップリング）は、じつは「自然環境」への農業の寄与を利用して、農業そのものを守っていこうとする戦略なのだ。多面的機能を、たんなる環境問題にとどめておいてはならない。

そこで日本でも、「土台技術」へのデ・カップリングを要求する時期に来た。そのためには、多面的機能がどういう「土台技術」によって支えられているかを明らかにしなければならない。そのための方法を、畦を例にとって報告しているのである。

人間の位置を確認できる技術

どうして私たちは、何もいない川よりもメダカが泳ぐ川の方がいい、何もいない空よりも、赤トンボが舞う空の方がいい、何も聞こえない夜より蛙の鳴き声が届く夜がいい、と感じるのだろうか。それは、生き物が、毎年毎年、繰り返し、繰り返し生まれてくることに、深い安らぎをおぼえるからである。だからメダカのいない川、トンボのいない空、蛙の鳴かない夜は不安なのだ。何かが、繰り返せなくなっている、と感じるからだ。この安らぎが社会に満ちていた時代は、この恵みを意識することもなかった。この繰り返しが（「循環」とも「持続」ともいうが）じつは百姓仕事によって支えられていたなんて、誰が考えただろうか。あまりにもあたりまえすぎて、すごいことだった。その循環のなかに、カエルも人間も食べものも、ちゃんと位置づけられていたのだ。この循環を土台にして、食べものは生み出されているといってもいい。生産か環境か、ではなく、自然環境に抱かれてこそ、農業生産は繰り返すことができる。だからこそ、農業技術は自然環境を守る責任がある。

そこで新しい技術の一例を挙げよう。多くの生き物を育てるために、「田植え後三〇日間は水を切らさない」技術を提案したい。そのためには、①丁寧な代かき、②入念な畦塗り、③頻繁な田回り、④定期的な畦草刈りなどが、欠かせない。これは稲作のコストを引き上げる。しかし、このコストは確実に、この国の〝恵み〟を増やし、国民を癒し、安らぎを届ける。このコストを補償する政策が、デ・カップリングである。

輸入農産物を常食にするなら、たとえそれが安全でおいしいものであっても、日本の田園の風景は荒れ、百姓仕事は亡ぶだろう。「茶碗一杯のごはんを食べることによって、赤トンボ一匹、ミジンコ一〇万匹、カエル三匹、彼岸花一本、ジシバリ二本、涼しい風三〇秒、……が守られるんです。この恵みを、あなたに実感してほしい」と発言する百姓が現われてほしい。日本型のデ・カップリング、とくに環境技術政策の具体的な骨子は、「農と自然の研究所」から発表されている。今後は実現に向けて動き出すだろう。
「多面的機能」という言葉だけで、わかったような気になってはいけない。この国には、多面的機能を活かす技術も、それを支える政策も、今から形成しなければならないのだ。それを、今まで通りに、農業試験場や大学や霞が関に任せっぱなしにはできないぐらいに、危機は進行している。確かに私たちには、余裕もカネもないが、百姓がそれを引き受けていくしかない。それはけっして困難な道ではない。ここではその骨子しか紹介できなかったが、あなたが実感することばかりだったろう。百姓が個人の思いで支えてきた、カネにならない〝恵み〟こそが、国民共通のタカラモノでもあるのだから。

私たち百姓は、長い間、自然に抱かれて農業生産を持続させてきた。しかし、これからは自然を意識的に支える生産へと転換しなければ、自然に報いることはできない。そのためには、カネになるものだけを求める「狭い、浅い、短い生産」から、カネにならないものを守る「広い、深い、遠い生産」へと転換しなければならない。それは、当面は自然の危機を本気で受け止めた百姓の思いでのみ、試みられていくだろう。しかしそうした百姓の思いを支援する国民も確実に誕生しているのである。

多様な生き物たちから見た水田生態系の再生
――「田んぼのタガメプロジェクト」から

日鷹一雅

農村における本当の自然再生って？

生物多様性は、自然再生にあたってのキーワードにちがいない。しかし「昔の」「なつかしい」「ふるさと」のといった修飾語が生物多様性の頭につき、その修復・再生となれば、それは曖昧ではない生物多様性の中身を明示しなければならない。生物多様性の中身についてもっともオーソドックスな見方として引き合いに出されるのは、保全生物学でいう遺伝子・個体群・生態系の各レベルにおける生物多様性の階層性である（プリマック・小堀　一九九五）。たとえば、ある絶滅危惧種の絶滅回避と再増殖を進めるために、遺伝子資源の確保・保存と人工増殖、野外個体群の再生が進められる。しかし、絶滅危惧の個体群が復活できたとしても、それは遺伝子・個体群・群集レベルの再生までで、すべての生物種を含む複雑な生態系レベルでの再生になるかというとそうとはかぎらない。個体群レベルと生態系レベルのあいだをつなぐのはそう簡単ではないであろう。またわれわれは「生物多様性の豊かな農業・農村生態系の構造や機能はどのようなものなのか？」という問いかけに対する明確な回答はもち合わせていない。重厚な科学的論拠や長年の経験に裏づけされた高度の技術力がこの分野にあるわけではない。それは、農村の自然環境問題をないがしろにして、農業技術、農村環境を「利便性」という名目で急速に変貌させてしまったためである。ではどのようにしたら農村環境、農村に本来存在した生物多様性と人里の自然を蘇らせることができるのであろうか。一番間違いのない合理的な方法があるとすれば、近代化で変貌する前の農村の生態系があって、それを今一度研究して中身を理解しながら、現状の農村環境を修復していくことだろう。たとえば、すでに生態系構成種の多くの種が絶滅してしまった地域の生態系で、なぜ絶滅したかを解析しようとしても、絶滅種の生活環境を理解することはもはやできない。さらに一部の種を欠いた生態系は、系としてすでに大きく変容してしまっていると考えた方が正しい（鷲谷　二〇〇一）。

さらに自然再生とくに農村環境を対象に行なう場合は、深山幽谷の自然とはまた違った点も加味しなければならない。自然環境に着目するのは自然再生では当然であるが、自然とともに生き、日々豊かな自然と相対してきた人びとも保全対象に入れていかねばならない。最近、人里の生き物をビオトープというかたちで再現し、それでよしという風潮が強くなりつつあるが、はたしてそれだけで人里の自然再生として十分なのか、あるいはそれはどの程度の修復・再生なのか農業生態学の目で位置づけて考えてみる必要はあると思う。また、どのようなステップで研究調査や保全活動あるいは再生事業が行なわれるべきか、考えなければならない課題は山積している。

筆者は、近代化のなかで消えゆく農業生物種（日鷹　一九九〇）、あるいは農業技術・村や人びと（日鷹　二〇〇〇）といった絶滅しそうな事象を中心に研究してきた。たとえば、農業近代化ですでに損なわれつつある生物多様性がまだ残されている圃場や地域（hotspot）を探しあて、フィールド調査研究や修復・再生の試行錯誤を日夜行なっている。その研究過程で、さまざまな生物種たち（個体群）の眼と村人の目を借りて、多様な水田生態系を見てきたことになる。このようなフィールド生態学の基礎的知見抜きには、現場でどうやって生物多様性や水田のもつ自然生態系を修復させていくかという作業過程は見えてこないにちがいない。ここではフィールドワークの現場主義の視点から、あるべき自然再生への活動のあり方について考えを深めてみたいと思う。

実態評価・再生へのアプローチ

ところで、現場である環境（ここでは生物多様性）の修復を企画・実行する場合、図2・1のようなプロセスが考えられる。

目標は、実情把握のうえに立って見えてくることであって、じつはアセスメントと再生管理はフィードバックさせながら現実的に設定する必要がある。実情把握の蓄積が少ないほど、目標の設定は後回しになるであろう。ところが現実は生物多様性の実態調査が心もとない状況で、生態系の修復や再生の事業が進められてしまっている場合が多い。たとえば、土地改良法という法律が二〇〇一年六月に改正さ

アセスメント（評　価）	①修復目標設定・・・どこにおくか？	
	②実情把握・・・過去・現在の多様性実態評価	

↓　↑

管理運営	③適正プランニング・・・ベースライン（保全目標）の設定	
	④行動・・・・・・・・・再生の試行錯誤（具体例）	

図2・1　農業現場における生物多様性修復のプロセス（日鷹　2000bを改変）

れ、水田の圃場整備が自然環境に配慮しなければならなくなり、新しい生態工学的事業が日本各地で行なわれつつあるが、事業を実施する地域について、事前に生物多様性の現況が定量的（個体数や分布あるいは個体群の健全度）に把握できて実施している例は少ないのではないかと思う。ましてや水田生態系を生活の場とする生物種のなかの多くがレッドリストに含まれつつある現状では、五年から一〇年前の分布情報もあてにならないし、分布がすでに局所的に縮小したり、密度がきわめて低い場合にそれを調査で検出することは相当の労力を費やす覚悟がいるであろう。しかし、原則論からすれば生態系の再生や修復を行なう前に、まず生物群集と鍵を握る種（Key–stone species）の個体群について時空間的な実態をそこそこ把握しないかぎり、適切な保全はありえないはずである。

生物多様性の実態調査をどう進めるか？

修復目標（ベースライン）の設定

人里の自然が破壊されたとか、田畑の生物多様性が著しく撹乱を受けているといった見解を一般論としてわれわれもよくいうし、これを否定する

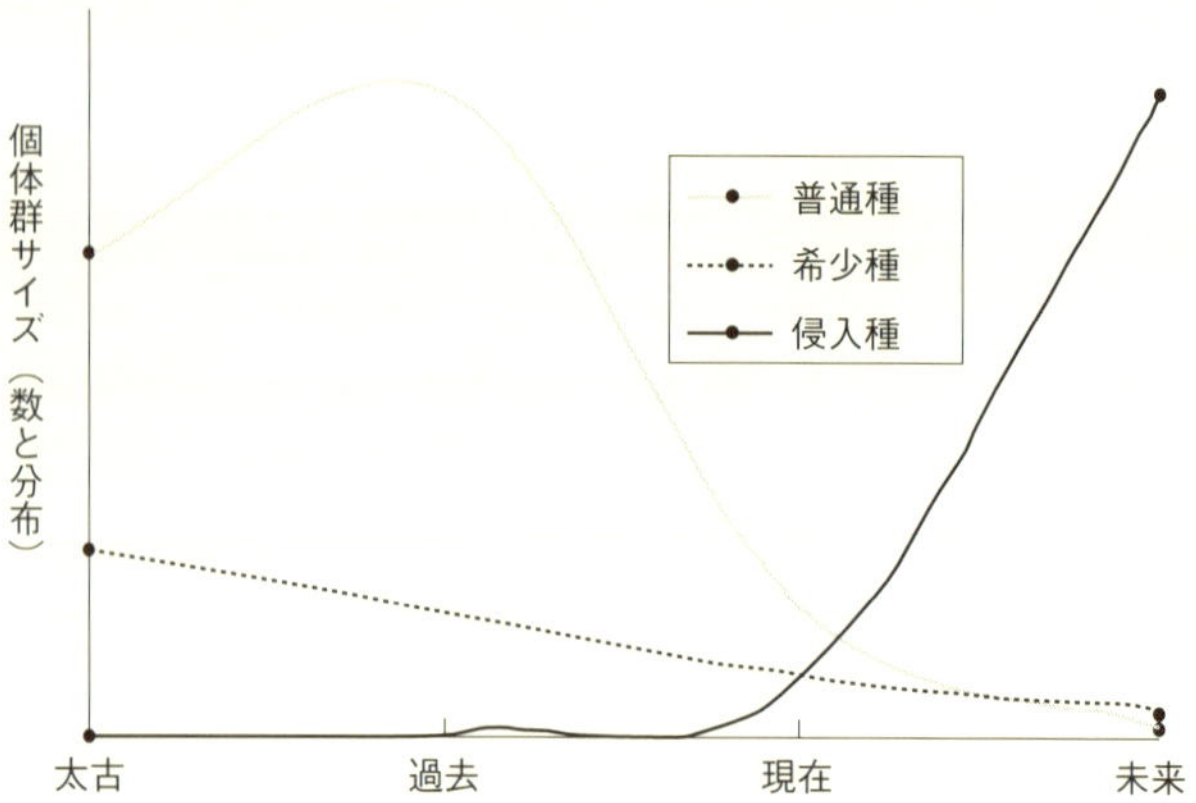

図2・2　農村環境の変容にともなう3種類の個体群

のは困難である。しかし、ある時点の過去から現在にかけての種や生物群集の変容について、科学的にしっかりした論拠や定量的なデータ・資料が残されている例は案外少ない。たとえば、毎年マスコミで取り上げられる「水田の自然が帰ってきたからカブトエビが増えた！」という話がある。カブトエビは種によるが一九〇〇年代の海外からの侵入種であるから（高橋　一九八九）、それで生物多様性が回復したなどという評価はまず疑いをもって耳を傾けるべきであろう。実際、幻の天敵ウンカ糸片虫（Hidaka 1997）やレッドリスト雑草スブタ（嶺田・日鷹未発表）が高密度に生息・生育する広島県下の長期無農薬無化学肥料田では、アメリカカブトエビの増殖はままならなかった（浜崎　一九九八）。このような事例は一例にすぎないが、われわれが水田の生物多様性の修復・再生・復元といった場合に、案外いいかげんな生物群集像を目標としてしまう場合が少なくない。図2・2に示したように少なくともある種が歴史的な経緯

表2・1　これまでの主要な分類群ごとの水田における記録種数に関する事例（日鷹 1998b）

分類群	検査場所	サンプルサイズ	調査方法	種数	栽培環境	引　用
節足動物門	徳島県下	24筆	掬い取り法	450	BHC普及当初	小林ほか（1972）
水生昆虫	高知県下	2筆	水盤トラップ枠法	15	試験場圃場	伴・桐谷（1980）
天敵類	全国		文献レビュー	155	～1960年代	安松・渡辺（1964）
クモ	全国		採集記録	77	さまざま	八木沼（1965）
原生動物門	東京都下	2筆	採水検鏡	25	伝統栽培	黒田（1930）
線虫綱	東京都下	1筆	採土検鏡	48	伝統栽培	今村（1931）
プランクトン	長野県下	1筆	採水検鏡	25	伝統栽培	倉沢（1955）
魚類	京都府下	2筆	トラップ・見取り	24	圃場未整備	斉藤ほか（1988）
鳥類	全国		文献レビュー	101	さまざま	田中道明（私信）
植物	全国		文献レビュー	174	さまざま	笠原（1974）

のなかで、増えてきたのか、減ってきたのか、また減りも増えもしなかったのか、あるいはもともとそこに生息分布していなかったのかについて区別すべきである（日鷹　一九九八）。生物多様性の実態を把握するためには、より適正な修復の目標を提示する評価法を心がけるべきであり、近年起こった変容前の状況を知るための方法として、以下の三つがある。

①残された記載試料の保存と活用

表2・1に水田に関する種多様性の記載について整理した。かなり古い記録が多く、分類学的にも手法的にも多くの問題を内包してはいるが、水田生物多様性を語る重要な情報にちがいない。たとえば、小林ほか（一九七二）の記載は、生物多様性の話題によく引き合いに出される。一九五〇年代後半に徳島県下六地点の水田において四五〇種もの節足動物が、水田生物相の一部の種しかサンプリングできない掬い取り法で採集されている。し

かしこの貴重な情報を活用して、同じ調査地・手法で、過去と現在を比較する道は残されており、早急に取り組むべき重要課題のひとつであろう。過去の記載記録でしっかりしたものはそれほど多くないとはいえ、昭和初期の農学者の多くがこの記録を残したことに、現在の近代農学とは異質の「もうひとつの農学」を垣間見る思いがする。個体群レベルの過去と現在のデータベースも重要である。生息個体数の個体群衰退までの変化を追跡できた例としては、コウノトリの絶滅にいたるまでの記録（池田　一九九四）がある。また標本は過去を知るタイムマシーンみたいなものであり、貴重な情報をわれわれに教えてくれる。矢野（二〇〇二）のいうような水田博物学的研究の価値はそこにある。

②高レベル多様性温存地域の実態調査

普通種の多くの場合でも一九六〇年代から一九七〇年代にかけて個体群が著しく衰退した例が多いといわれている。気がついたら地域的に絶滅していたり、また昆虫や小動物のような場合に個体数推定のデータがまったくなかったりする。そこで現実的な手法のひとつとして、環境省や県のレッドデータブックを活用する方法がある。表2・2に筆者が中国四国地方を中心に手がけつつある水田にかかわるレッドリスト種を挙げた。ところで、絶滅の心配された種にも二つの種類がある。元来個体数の少ない希少種（採集マニアやブリーダーのいう珍品）と、その昔は普通種だった近代衰退種である。農業生態系の評価で問題になるのは、後者の元普通種のレッドリストの場合が多い（図2・2）。かつての普通種のなかには地域的に見れば、まだ普通種と呼んでもいいレベルで個体群密度が維持されている場合があ

表2・2　西日本における水田にかかわるレッドデータ種の一例（日鷹 1998 改変）

分類群　種名	学名	絶滅危惧のランク*	調査地
昆虫			
タガメ	*Lethocerus deyrollei*	絶滅危惧Ⅱ類	中国各県・愛媛
コガタノゲンゴロウ	*Cybister tripunctqatus orientalis*	絶滅危惧Ⅰ類	鳥取・愛媛・熊本
ゲンゴロウ	*Cybister japonicus*	準絶滅危惧	中国地方一帯
コオイムシ	*Dipolonychus japonicus*	準絶滅危惧	広範囲
鳥類			
トキ	*Nipponia nippon*	野生絶滅	
コウノトリ	*Ciconia ciconia boyciana*	絶滅危惧	
ナベヅル	*Grus manacha*	絶滅危惧Ⅱ類	
チュウサギ	*Egretta intermedia intermwedia*	準絶滅危惧	
魚類			
アユモドキ	*Leptobotia curta*	絶滅危惧Ⅰa類	岡山
メダカ	*Oryzias latipes*	絶滅危惧Ⅱ類	各地
両生類			
ダルマガエル	*Rana porosa brevipoda*	絶滅危惧Ⅱ類	岡山・広島・愛媛
高等植物			
スブタ	*Blyxa echinosperma*	絶滅危惧Ⅱ類	広島・岡山
デンジソウ	*Marsilea quadrifolia*	絶滅危惧Ⅱ類	愛媛・岡山
ミズアオイ	*Monochoria korsakowii*	絶滅危惧Ⅱ類	中国各県

動物は、鳥類を除き環境庁編（1997以降）のレッドデータブックより、植物は、環境庁編（1997）の植物版レッドリストより

＊新 RDB カテゴリー基準のランクづけに従った

る。筆者はこの一二年間中国地方などで調査を進めてきたが、局所的に高密度のレッドリスト個体群に出会うことがあるが大変まれであり、そこでの実態調査は急務である。

③世代別アンケート調査

人里の生物多様性レベルの低下は、戦後の農業技術の急速な近代化により、ここ半世紀のあいだに生じた可能性が高い（日鷹　一九九八）。世代別に、各世代でどのような生き物と接したかについて厳密に調査することで、多様性低下の内容を分析することはある程度可能である。この種の時代変遷の調査は、いくつか分類同定の不確かさによるノイズも含まれるが、おおよそ多様性の時代変遷を垣間見ることができる（遊磨・嘉田・藤岡　一九九七）。

生物多様性再生をどう進めるか？
生物多様性ホットスポットの村における協働型研究教育活動「田んぼのタガメプロジェクト」

失われた農村の生物多様性の再生をめざした私たちの研究グループの取り組みは、まず図2・1で示したようにベースラインをどう設定したらよいのかということから始まった。前節で示した三つの評価法のうちわれわれが取り組んだのは、二番目の方法であった。中国地方各地で一八年のあいだつちかってきた水田に関する調査経験と一九六〇年代の昆虫少年が見てきたささいな実体験にもとづいた、高レベル多様性の村々における実態調査を構想した。そのうちのひとつの柱として、一九九七年度から「田んぼのタガメプロジェクト」が始まった。その発端の経緯は日鷹（二〇〇〇b、c）にくわしいが概略は以下のようなものである。

①かつての普通種タガメやゲンゴロウたちはなぜ絶滅に瀕してしまったのか？

ことは、一九九六年ある関西で行なわれた水辺環境の生物群集の保全・修復のシンポジウム（日鷹一九九八c）の終了後に始まった。講演後の喫茶店で、筆者と学生たちと、今やタガメ・ゲンゴロウビオトープで著名な姫路水族館の市川（二〇〇二）とで、水生昆虫の保全に関する議論になった。ビオトープや生物多様性を温存する水田農法のあり方など、話題はつきなかったが、何か物足りないものがあった。決定的にフィールドにおけるデータが不足しているのである。水田でも害虫や天敵の研究はそれこそ大変な数の科学論文があるが、ただの虫たちの科学論文は非常に少ない。したがってオリジナリティーの高い研究ができるともいえる。そして、タガメやゲンゴロウの詳細なフィールド調査をやろうという話になった。翌年春、みなで有望なフィールドをいっしょに見て回り、どこかよいフィールドを設定することになった。よいフィールドとは、種類相が豊富でタガメやゲンゴロウなどレッドリスト種の密度が高いこと、いい人との出会いがあるかどうかの二つである。結局、市川が、長年安定した採集地である兵庫県のある村と、日鷹らが長年観察してきた島根県のある村の二カ所が候補地になり、調査を行なうことになった。後者は西城（二〇〇一）が調査を担当し成果を出しつつある。そして前者が「田んぼのタガメプロジェクト」になっていった。

②地域協働型研究手法

調査開始当初は、二週間に一度の割合で日鷹が、またタガメ・ゲンゴロウビオトープを造成した地元の市川が協力して予備調査を進めた。調査は五月から一一月にかけて行ない、一般栽培水田、水路、溜池あるいはビオトープといったありとあらゆる止水域を定期的に調べるものである。個体群の健全度を測定するためには、より正確な個体数推定法を取り入れる必要があった。幸いにタガメたちは体が大きいので、動物個体群生態学でもっともオーソドックスで強力なツールである標識再捕獲法が適用できそうだった。これらの調査を研究室から遠く離れた場所で行なうことには勇気がいるが、熱帯林の生物多様性調査にタイまで出かけたこともあるのに比べればたいしたことはない。

調査地域の水田は、一九九七年当時ちょうど圃場整備事業が一部で実施されていた。長年ここで飼育虫や有名な卵壊しの研究（市川　一九九九）のためのタガメを採集してきた市川がいうのには、最近圃場整備でタガメの数が少なくなった感じがするという。それがこの地でタガメ・ゲンゴロウビオトープを試行するきかっけになったということであった。地元、農家の方々もタガメを通じて市川と旧知の仲の人もいて、いろいろな話をしてくれた。筆者には「このままだと、ここも絶滅するんじゃなかろうかあ」という印象の話が多かった。しかし「この田やあの田で去年はタガメ見たぞ」という期待がもてそうな話もあった。とりあえずタガメ個体群の調査など誰もやったことがなく、どの時間帯を調査に選ぶかもわからないので二四時間体制の調査を始めた。ビオトープでは市川がつがいでタガメを放した。その後タガメは産卵、増殖し、タガメの生活に関する情報を得るのには観察しやすい場所となった。栽培農家の水田だと自由に足を踏み入れるわけにはいかないが、ビオトープはそれを心配する必要はない。

このようにして初年度はビオトープと水田のある近接した谷三カ所と、溜池三カ所について隔週の調査を行なった。わずかな調査面積であったが、水田、溜池、水路において、捕獲された各発育段階のタガメは延べで年間四〇〇匹以上に上った。われわれの思わく以上に多くの個体数が生息しているらしいことがわかった。景観的には瀬戸内沿岸地域から少し標高が上がれば、どこにでもあるような村であり、比較的交通網も整備された地域である。四国ではタガメやゲンゴロウの生息状況はいよいよ危機的状況にあり、よい調査地がないためにわざわざ瀬戸内海（橋の上から往復一万円は海に消えると思った方がよい）を渡らなければならないのが、ちょっと不思議な気になるくらいである。初年度の予備調査の手応えを得て、ただの村におけるタガメ研究は翌年度からいよいよ本格的な段階に移っていった。

③みんなで標識再捕獲：個体群生態学の役割

動物の各個体に生活上支障がないように標識を施し追跡調査を行なうことによって、ただ生息数をカウントしたり、観察記録するよりも、その動物個体群としての健康度について多くの情報が得られることがある。個体群生態学でいう標識再捕獲法は、地域個体群の個体数の推定や移出入、移動パターンなど野外でのその種の動態を定量的にわれわれに見せてくれる。そこでまず標識方法を検討する必要があった。油性のペイントマーカーで直接数字を書く方法（図2・3）が簡便であり、この方法で新成虫一〇〇個体を対象に長期の追跡が可能であるかどうかまず検討してみることになった。

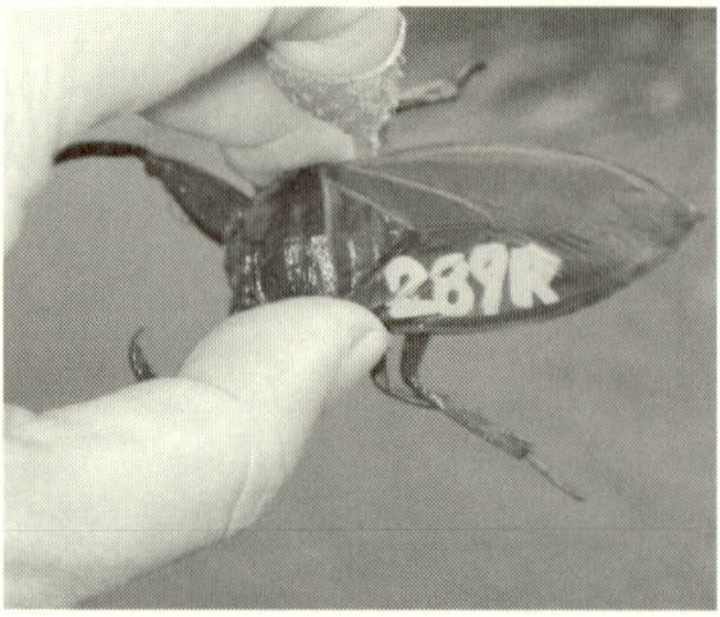

図2・3　マーキングされたタガメ

二年目の翌春九月から一〇月にかけて水田や池、ビオトープで標識した個体一〇〇匹のうち九匹の再捕獲の可能性が示された。またビオトープにはアオサギの飛来がしばしば目撃されたが、このマークによりタガメが大きな捕食圧を受けるとは個体数の変化から考えにくかった。この調査法の思いも寄らぬ副産物は、村の一般の方々にも目立ち、わかりやすいマーキング法であったということである。多くの農家、村民の方々、子どもたち、警察官、消防署などからも、標識虫の捕獲情報が集まってくる。

こうして、ある生物種の保全を科学的なデータにもとづいて考えるための情報が地域ぐるみで蓄積される研究体制になった。タガメのような絶滅が心配される個体群については、保全のために知っておきたいことがいくつかある。生活環の解明、個体群のサイズ（生息地の面積あたり個体数や分布の広がり）、移動分散力や生活場所間移動、世代間増殖率、各生育ステージ、越冬期の生存率また死亡要因、餌など資源利用の実態、遺伝子的健全度などがより精度高く定量的にくわしくわかることが必要である。さらにはこれらの個体群パラメータが農村の諸環境条件との関連づけのなかで明らかにされなければならない。これは水田の害虫個体群において、害虫を作物の経済的な被害許容密度水準（EIL: Economic Injury Level）以下に維持管理する場合にも、害虫種個体群動態のパラメータの推定が重要な研究課題になるのと同様である（桐谷・中筋 一九七七）。総合的害虫管理（IPM）と違うのはレッドリスト保全のために絶滅の心配ない個体群密度レベルまで生活環境を修復しなければならない点である。しかし、このような保全のための個体群の増加が、生物多様性の減退を招き、かえって生態系の攪乱を招いたり、またただの虫が殖えて害虫化するようであると困るため、たとえレッドリスト種であっても適切な密度管理を怠ってはならない。これが桐谷（一九九八）が最近提案するIBM（Integrated Biodiversity Management）である。

本格的な調査初年度で、越冬成虫四五〇個体、新成虫九〇〇余個体に標識することができた。この数を聞いた村人たちは「そんなにおったんかあー」という驚きの声をあげたのであった。この年に調査した水田の筆数は二〇〇筆余、面積にして三五haに及んだ。一般農家の方の水田なので、田のなかに入ったり、畦を崩すわけにはいかないので、水田の周辺部だけでの見取り調査であった。それでも年間の捕獲成虫が一三〇〇匹を超えたことは調査フィールドとして選択したことに間違いはなさそうであった。また標識虫の再捕獲率は約二〇%となり、まあまあの成果が上がった。標識再捕獲法のデータからJolly–seber法を用いて、個体数推定などを行なう場合は再捕獲率がある一定以上高くないと、信頼性のある確かな数値は得られない。学生たちに講義で、大豆を虫に見たてて採取標識させ、また戻しサンプリングする行為を繰り返し、どのようにしたら箱のなかの大豆の粒数に近い数の値が得られるかについて模擬実験を行なったりした。できるだけ数多くのタガメを見つけだし、悪影響のない標識をして放し、できるだけ期間をあけないで調査区域の定期的な巡回調査を行なうことが課せられる。おかげで筆者は、愛媛大学農学部でもっともハードな先生と呼ばれることになってしまうのである。遠く四〇〇㎞離れた愛媛から週二回くらい行き来することもあるのだから、我ながらハードすぎると思う。こうでもしないとまともなタガメの研究ができなくなってしまった我が国の農村環境の置かれている状況をうらむしかない。じつは四国にもごくかぎられた場所であるがタガメが生息している地域が残されているが、個体数が少なく、標識再捕獲法の調査はかなり困難なのが現状である（日鷹　二〇〇〇c）。

また調査にはさまざまな方々に協力していただいたが、タガメの誘惑で田に足が入ってしまう場合もあって、一部の農家の反感を買う場面もあった。タガメの研究をする前は、水稲害虫とその天敵の農薬に頼らない実践的研究をしていたが、その当時は農家水田に入るとビールまでいただいてしまうこともあった。しかし、水稲栽培と関係なさそうな、ただの虫タガメの調査研究ではなかなかそうもいかない。こんなにも農家水田に入るのはむずかしいのかと実感させられた。問題ないのは農家自身が積極的に調査を手伝ってくださるときであり、私有地田んぼの研究では生産農家との協働は欠かせない。

九七年度は自家用車で寝泊まり、九八年度は阪神大震災の使いふるしのレンタル仮設部屋で村の広場に仮住まい、九九年度は知人のある昆虫学者が偶然調査フィールド内に買った伝統的家屋を仮の宿にした。調査が本格化し村への滞在が長くなるにつけ、黙って見ていた村人のなかから親切なるご厚意で空き家を借りて、研究ステーションにさせていただくことになり、滞在型研究体制は整った（図2・4）。最近はタガメの村への私の研究室の移住・定住化にともなって、タガメ標識虫数と再捕獲率は年々向上する傾向にあり、個体群動態の基礎的なデータの収集が日夜進められている。これまで得られた結果から、いくつかのトピックスを紹介しよう。

ア　ビオトープの教訓：失敗は成功のもと

市川が最初にタガメ・ゲンゴロウビオトープを九七年から九九年秋までの三シーズン継続した（図

図2・4　滞在型研究ステーション
煙突は薪で焚く風呂から
下は家の裏山の薪場

図2・5　ビオトープの実験（市川憲平氏を中心に、RDBの動植物をミティゲーションした）

2・5）。このビオトープの詳細は市川（二〇〇二）に譲るが、休耕水田を放棄された谷筋の上部に五畝ほどの休耕田を借り受け、年間を通して湛水条件を可能なかぎり維持し、レッドリストの水草やメダカ、ドジョウなどを放飼した。タガメだけではなく、さまざまな水辺の生き物について筆者も協力して調査を行なった。そこでのタガメの個体群の状況は以下のようであった。

一年目：市川が放飼したタガメが産卵し、羽化した新成虫も確認され、一般水田からの移入個体もあり、おおむね成功したと思われた。

二年目：新たな移入個体が認められず、飛来した個体をつがいで放すことで繁殖ができた。一年目のビオトープ生まれの新成虫は、別の谷筋の水田に現われたり、遠く離れた隣町で仲間のタガメブリーダー中村兄弟によって確認された。結局ビオトープの新成虫は二十数匹程度。

図2・6
減反田を活用した紫黒米・赤米、畦マメの栽培実験圃と山本稔氏

三年目：春に戻ってきたのは四個体、なんとか産卵し繁殖成功。しかし、生態遷移が進んだ田では水位維持がままならず、羽化個体数は最低となり、九月末に水を抜き、ビオトープ第一号は終了となった。多くを学ばせてくれたビオトープであった。

休耕水田を転用したタガメビオトープの試行錯誤は現在もつづけられている。市川は姫路市近郊のすでに絶滅した水田地域で、新たなビオトープの実験を始め、移入個体群の持続性について検討を行なっている（市川　二〇〇二）。日鷹の研究室では、タガメの村の農業者らとともに、新たな試行錯誤を始めた。三〇年以上も耕作放棄した田を再開墾し、これまでの日鷹（一九九八b）の研究成果を参考に生物多様性と作物の低投入栽培（農薬・肥料・重労働・機械に頼らない農法）の現場試験栽培水田を設定し（図2・6）、村にマッチしたビオトープの新たなかたちを模索している。多様な立地条件と多様な水田管理法の生態系にたいし

図2・7　タガメの生活環にともなう生活場所移動の実態

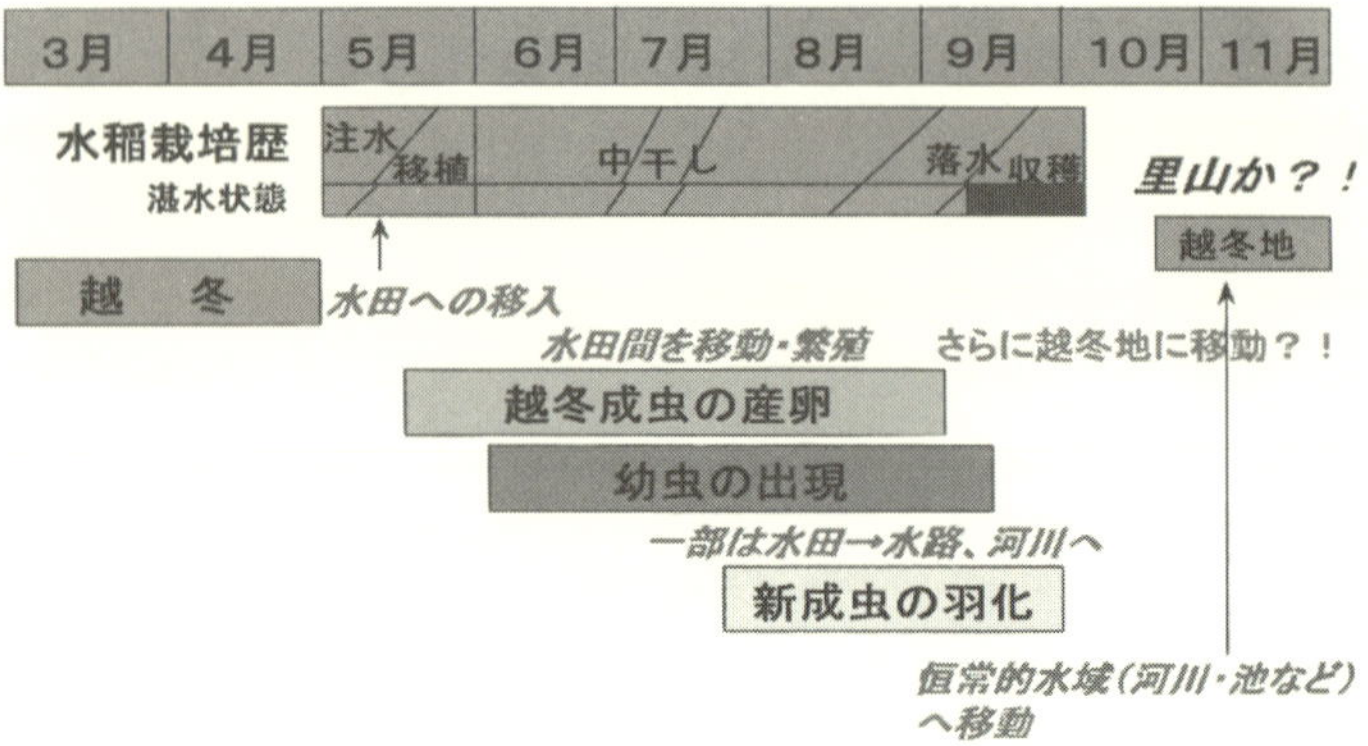

て、はたしてタガメ個体群はどう反応してくるのか。これも標識再捕獲法調査とともに保全を進める場合にもうひとつの重要な農学の課題である。

イ　「基礎こそ最大の応用である」：タガメの生活環の解明

標識再捕獲法の調査では、定期的に気づいたすべての水辺環境の調査を継続していくが、その過程でタガメの生活史にかかわる情報が次々に明らかにされてきている。たとえば、われわれの調査フィールドで、年間を通してタガメがどのような生活環を営んでいるか、今まで得られた知見を総合すると、図2・7のようになると考えている。

水田に水がはられる前から、溜池、水路、河川、あるいはビオトープなどの止水域の調査を行なっても、タガメを捕獲することはむずかしい。五月に入ると調査フィールドでは水田で注水・代掻きが行なわれるが、そのころになるとタガメの成虫が水田に姿を現わす（図2・8）。このころタガメは水田に産卵にきたアマガエルなどを捕食し繁殖に入る（Hirai & Hidaka 2002）。タガメの繁殖期は雌が数回以上産卵できるため、五、六、七、八月まで産卵が見られるが、六月がピークである。幼虫は六月から九月にかけて見られ、その多くは水田で確認できる。まさにタガメは「田がめ」であると感じられる時期である。新成虫は早ければ七月中に現われ九月まで、水田・水路・溜池・河川に出現する。幼虫や成虫の水田から水路・河川・溜池への移動が認められている。われわれの調査地で一〇の溜池を調べているが、繁殖が確認できるのは年間二、三の池である。また調査対象の河川（延べ二㎞）ではほとんど産卵が確認できない。

また今回の調査でもっとも興味ある事実は、タガメの越冬場所をめぐる話題である。先のビオトープにおいて、新成虫がふたたび翌春に戻ってきたのは一〇％程度であり、残りの一部の個体は離れた水田で捕獲されたから、新成虫の羽化場所から異なる場所へ移動することが予想される。問題はその場所であるが、池や河川に新成虫が集まる場合もあるが、その数はそう多くはなく、一〇月に入るとタガメが忽然と姿を消していく。水田やビオトープあるいは溜池のような水辺ではなかなか発見するのはむずかしく、あと残された場所は陸上のどこかであるとしか考えられなくなってきた。水辺の面積はかぎられているため、タガメの捕獲調査が可能でも、山間部の陸上部分となると面積は広大で地形は複雑多岐であり、タガメの居場所を突き止めるのはむずかしい。そこでテレメトリー法を用いて、九八年度、越冬直前のタガメ成虫に超小型電波発信機をとりつけて、追跡する計画を市川らと進めた。発信機には〇・七gと比較的軽量機種を採用し、越冬前に水田わきの溝や溜池、河川にいるタガメを追跡した。発信機の単価が現状では高価なため、短期間に研究費用のかかる調査である。九八年は一個体だけが、溜池から竹やぶの林床の落葉中に静止しているのが確認できた。じつはその事前に農家の捕獲情報のなかに、筆者が九月二〇日に同じ池で標識した個体が、一〇月九日に神社の境内の森の落ち葉のなかから発見通報されていた。この二例から即断するわけにはいかないが、タガメの越冬場所は里山中である可能性が出てきたと考えている。しかしながら発信機の電池寿命が二週間しかないためそののちの追跡は困難であり、竹林で発見したタガメも一一月以降見出すことはできなかった。タガメの越冬はほとんどの場合、水辺から離れた場所に移動するとすれば、冬季湛水のビオトープで新成虫がいなくなったのも、越冬前に飛翔移動分散し越冬地が水辺から離れているためであるという説明が可能である。

図2・8　水田に現われたアマガエル成体を捕食中のタガメ

図2・9　タガメの卵塊とそれを守る雄成虫

ウ　「現場の応用のなかに潜む基礎学問」：タガメってただの虫？

タガメはただの虫であるというのは、われわれの調査活動にたいする農家の方々の反応からうかがい知ることができた。しかし、本当に農家や村にとってどうでもよい無関係のただの虫かというとそうではない場面もある。たとえば、規模は小さく趣味的であるにせよ、村では鯉の養殖を水田転用池で行なうことがあり、そこではタガメが繁殖し、よく鯉が捕食されていることが認められた。鯉養殖の害虫として、タガメとゲンゴロウは昔からやり玉に挙げられていたので、じつはただならぬ害虫という立場もタガメにはあったのだ。

またこんな話を老人たちから聞くことがある。昔はよくタガメの卵塊（図2・9）を火であぶって食べたそうである。中国地方各地にはこのような食習慣が広くあったらしい。そうなるとタガメもイナゴと同じ部類でただならぬ虫であった時代があったのだろう。またタガメは年間の活動期間が長いため、一生に食べる餌量はかなり大量になるかもしれない。比較的高次の肉食者が増えすぎることは、食物連鎖下位の生物種の減少をもたらす可能性を否定できない。

村人たちの反応の変化によっても、タガメがただならぬただの虫になることがある。タガメがペットとして高価に売れるという話がどこからか入ってくると、タガメの養殖をして収入にできないかという話も出てきている。タガメはまさに「田がめ」であって、水田で水稲栽培を行なうことによって個体群が増加し維持されているとしたら、レッドリスト昆虫とはいえ、農業経営の一端を担う可能性はそう簡単に否定できないかもしれない。しかし一方、村のなかには絶滅の心配される生き物を売るのはよいことではないという意見もある。またタガメが村にいてそれを保全していることをシンボルとして、タガメ米として減農薬米を売り出し、都市の消費者にも観察会にきてもらい交流を深めようという現実的なアイデアもある。筆者は村人から意見をもとめられることが多いが、少なくとも皆が自分たちの村の自然、とくに農業で維持されてきた人里の自然について、タガメを題材にその豊かさに気がついたことはいいことだと思う。しかしレッドリスト種である以上、乱獲は御法度であり、まず保全のための方策を進めたうえで増えすぎたようならば農業生産物と考えるというのはどうか。しかし、現在この特筆すべきタガメの生息地で、タガメ個体群の動向は増えているのか、また減っているのか、絶滅のリスクはどの程度なのか、増やすには現実的に何ができるのか、その問いに答えるような基礎研究がないかぎり、この話は正しい方向に進まないであろう。

エ　タガメも農家もレッドリスト

タガメ個体群の減少の一方で、村のホモ・サピエンスの個体群はどうなのだろうか。この村の農家たちの年齢は軒並み六五歳を超え、小学校は一学年一〇人前後まで減少してしまっている。過疎の村の典型である。レッドリストはタガメだけではなく、この村に住む人びともそうである。新しい農業基本法という社会環境の風向きの変化が、タガメを多面的機能のある「ただならぬただの虫」に変貌させてはいるが、現状の直接支払い制度が村の持続的発展に有効であるとは現場で見るかぎり思えない。一方でタガメたちを、ただの虫のままそっとしておいてやりたい気もするが、それでは人里の昆虫は保全できな

図２・10　ビオトープ田で子どもたちと伝統的日寄せ（水回しの溝）つくり

いのかもしれない。総合学習の一環でゲストティーチャーとして地元の小学校の子どもたちと田んぼをつくり、そこに燈火に飛来したタガメを放し皆で育ててみた（図２・10）。しかし子どもたちは餌不足の問題に直面する。そのおかげて自分の住む村でカエル、子魚、オタマジャクシがたくさんいる場所を知る。また自分の家の田んぼにタガメや多様な生物がいたことに気がつく。お米をつくる場所に、タガメとそれを支える多様な餌生物がいることを、田舎の子どもたちが体験することができる。子どもたちのなかにはタガメつかまえに親子で農業にいそしむ姿も見られるようになった。少なくとも近年消えていた子どもたちの姿が田んぼに蘇るうえで、タガメが役立っているとしたらタガメは農学においてただならぬ虫になる。この活動は、本当に村の人びとのボランティアで始まった会であったが、地域の小学校、農業高校、教育委員会を巻きこみながら、「田がめっこくらぶ」として発展するところまできている（日鷹　二〇〇二）。

今後の展望

田んぼのタガメプロジェクトも六年の月日がたとうとしている。確実に村の農業と人びとにも変化が生じている。タガメのために農薬の散布をひかえる人、休耕田で何かやろうとする人、タガメの研究をする小学生親子、タガメ観察を楽しみに里帰りする都会に住む元村人、タガメ米を売る農家、そしてタガメをブリーダーに販売したい人、じつに多様な人びととの反応がわれわれの滞在型研究で出てきたことになる。県や町、村の行政の方たちともさまざまな交流ができつつある。ここでわれわれの仕事は、およそ三つあると思っている。

まず第一に、タガメ個体群の村における現状を定量的に明示することである。どれくらいの個体数が生息するか、個体数や分布の年次変動から村の地域個体群は今後どうなるのか、増えたり減ったりするのと村の農業や生活がどう関係しているのか、タガメ以外の生物はどうなのか、といった学術研究の成果である。現状ではたくさんタガメが残っていたという認識くらいしか村人にはなく、地域個体群としてどういう状態なのかを示していくことがわれわれの仕事だと思っている。少なくとも分布に関していえば、高齢化による担い手不足と五〇%を切る減反率のおかげで、タガメの繁殖場所の水田面積（とくに未圃場整備田）は耕作放棄あるいは畑地化で二〇%は減少している。この村は中山間地直接支払い制度により「タガメの保全」名目で一部の営農集団は交付金を受けている。しかし保全田名目の田は、もちろん稲を植えないばかりか、水をも溜めないで耕起しただけの管理（図2・11）であって、実際にはタガメの保全とは関係のない場合が多い。

第二には、タガメとヒトの共生系の再生・保全である。タガメと水田耕作者とが一蓮托生なのはほぼ間違いないとして、この不況の厳しい時代に、どうタガメたちと村の人たちが協働していけるかについて、いっしょに知恵を出し合って明るい方向を見出すことである。健全な農の世界なくして、タガメをはじめとする農村環境の生物たちの明日もない。たとえば、水田を繁殖地とするタガメにたいして農薬をどう使ったらよいかについて、真剣にタガメの村における減農薬技術、農業経営まで含めた運動のあり方を模索する必要が出てきている。田がめっこくらぶや農業高校の生徒たちの活動はますますの継続発展が必要であろう。先に触れた休耕田の保全田管理に話を戻すが、現状は一部の先進的な農家たちは、ビオトープにしたり、減反対象になるクワイなどの作物を栽培したりしているが、まだまだごくわずかにすぎない。さらにその多くの人びとの水田が傾斜の関係（傾斜が一〇〇分の一以下の流域は対象外）で交付金には無縁である。すなわち、彼らの水田農業の多面的機能を活かす努力は、「田がめっこくらぶ」の田んぼの学校へのボランティアを含め、本来の意図の交付金とは無縁なものとなっている現実がある。農林水産省はもっと「機能主義」的に、「こういう管理を行なった農家に交付金を」という仕かけにしないとだめだと思う。現状の「正直者は馬鹿を見る」ような国の農政では、絶滅の危機にあるタガメを売りさばきたくなるのもいたしかたないのかもしれぬ。速やかなる現場に即した修正を行政には訴えなければなるまい。そこで現場と行政のあいだに、NPOを立ち上げてタガメだけでなく、地域の

図2・11　水を溜めない保全田（保守的再生の管理ではない）

豊かな自然と生物多様性を守り再生させようという話も最近出てきている。すでにオオサンショウウオや魚類の調査と保全を進めているグループもあり、協働できれば申し分ない。

最後の三番目は、なぜ水田の普通種タガメが多くの地域で絶滅したのかその原因を究明し、科学としての一般性を引き出すことである。そこから、これだけは人間がしてはいけないという仕業を明示することができるであろう。ある種の絶滅を短兵急な判断や確かな科学的観察なしに、農薬のせいだ、圃場整備だ、人工照明が増えたからだ、乱獲だと決めつけているだけでは再生事業は進まない。わからないのであれば現状を保全すべきである。少なくともタガメの場合、水田が主な繁殖地であったが、水

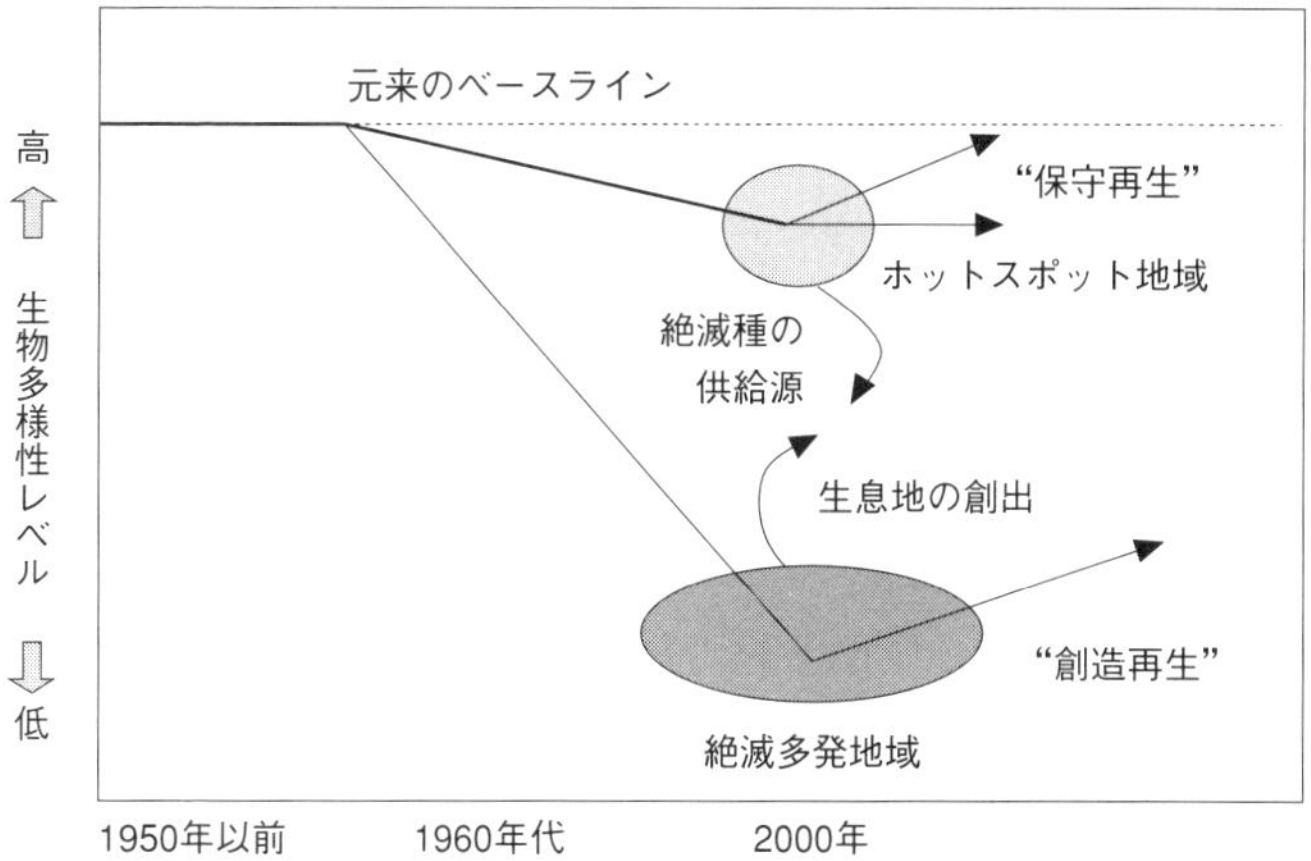

図2・12　農村環境における異なるレベルの生物多様性地域における自然再生の方向性

路、池、河川、里山も含む農村環境全体が生活環を全うするには重要な環境である可能性が高く、絶滅要因も単純ではなく複数の要因の総合的効果による可能性が高い。

農村の生物多様性再生の理論

最後に、述べてきた「田んぼのタガメプロジェクト」でのわれわれの試行錯誤を通して、現段階で筆者の頭のなかにある自然再生の方策の理論（図2・12）について私見を述べよう。生物多様性が温存された場所を最近ホットスポットと呼ぶ（Myers et al. 2000）が、もう残された地域はそう多くない。普通種であったタガメでさえ、たくさんいて調査研究できる場所が少ないことからも明らかである。タガメの村では、タガメだけでなく、それを支える豊富な両生類群集（Hirai & Hidaka 2002）、は虫類、昆虫

図2・13　タガメの村で絶滅したゲンゴロウ（準絶滅危惧）

類、植物相、鳥類、ツキノワグマを含む動物相など訪れる人が皆感じる人里の生物多様性が残されている。ここでは触れなかったが四季折々に姿を見せる里山の動植物相も大変豊かさを感じさせる。すなわち近代化以前の生態系の構造を彷彿させる構成要素が残されている。とはいえ、九九年以降ゲンゴロウ（図2・13）は捕獲できなくなり、地域的に絶滅したということから、生物多様性の低下はタガメの村にも押し寄せていると考えてよいであろう。高い生物多様性が残っていると思っていた村にも自然再生は必要であるのが現状なのだ。今存在する生態系の現状維持を基本とした保守的管理をベースに、この数年間で生じた環境変化（たとえば圃場整備・道路改修・バス釣り流行など）を伝統的な環境へ修復するべきである（保守的再生 conservative regeneration）。保守的再生には伝統文化・技術への維持あるいは回帰も含まれる。たとえば圃場整備前の水田や水路網には、長年のあいだに地域固有に育まれた自然を巧みに活かす技術が残り（日鷹　二〇〇二a）、結果的に多くの生物たちとの共生空間をつくりだしている場合がある（図2・14）。

一方、すでに多くの種が絶滅した地域（多くの水田地帯）はどうすればよいのだろうか。保守的な管理ではなく、ミティゲーションのような革新的な再生技術が施される必要があり、創造的再生（reconstructive regeneration）として区別すべきであろう。たとえばビオトープのような新たな生息空間

図2・14
伝統技術と技能をもった農夫は保全すべきレッドリストだ

の創造は後者の低レベル生物多様性地域で行なわれるべきだろう。ただし低レベル生物多様性地域でもレッドリスト種が生息しているケースもあり、その場合はその種を対象に保全のための保守的管理が地域内で必要になるであろう。農村環境をめぐる保全・再生事業の現状では、高レベル地域がまだ残されているにもかかわらず、環境創造の名を借りた行きあたりばったりの環境設計が行なわれてはならない。前半で述べたように生態系、多様性の現状把握とモニタリングの重要性を再度強調しておきたい。この三〇年のあいだにあまりに急激な環境変化を迫られた日本の農村生態系の悲惨な状況からすれば、できるだけ生物多様性のホットスポットを保守的に守る手立てと、その貴重な環境を見つめなおして見本とすることが急務であると思う。まずは、身近にあって気づいていないホットスポットを地元の人びとが認識し、地域ごとの取り組みが始まることが望まれる。

引用文献

江崎保男・田中哲夫編　一九九八　水辺環境の保全―生物群集の視点から　朝倉書店　二二〇頁
浜崎健児　一九九八　日本応用動物昆虫学会43：三五―四〇頁
日鷹一雅　一九九〇　集約的でも粗放的でもない農法を求めて　有機・自然農法と害虫　冬樹社
Hidaka K. 1997 Biol. Agri. & Hort. Vol.15　spcial issue　: 35-49.
日鷹一雅　一九九八a　サイアス一〇月二日号：五四―五七頁
日鷹一雅　一九九八b　日本生態学会誌48（二）：一六七―一七八頁
日鷹一雅　一九九八c　水田における生物多様性の保全　水辺の環境保全―生物群集の視点から　江崎保男・田中哲夫編　朝倉書店　一二五―一五一頁
日鷹一雅　二〇〇〇a　自然と結ぶ―農にみる多様性　田中耕司編　昭和堂　一九三―二二一頁
日鷹一雅　二〇〇〇b　農山漁村と生物多様性　宇田川武俊編　家の光協会　二四〇―二五五頁
日鷹一雅　二〇〇〇c　水田生態系における水生昆虫の保全：タガメの村で起こっていること―保全と人里持続性のあいだで　昆虫と自然35（九）：二一―四、一四―一八頁
日鷹一雅　二〇〇二a　かつての水田の普通種の現状と再生　科学72（一）：八九―九一頁
日鷹一雅　二〇〇二b　高次肉食性・レッドリスト水生昆虫タガメと初等教育―〝田んぼのタガメ研究プロジェクト〟と〝田がめっこくらぶ〟―　昆虫と自然37（七）：一六―一九頁
Hirai T. & Hidaka K. 2002　Ecological Researches 17 : 655-661.
市川憲平　一九九九　タガメはなぜ卵をこわすのか？　偕成社　一五八頁
市川憲平　二〇〇二　タガメビオトープの一年　偕成社　一八〇頁
池田啓　一九九四　関西自然保護機構会報16（二）：一一三―一三〇頁

桐谷圭治　一九九八　研究ジャーナル21（一二）：三三―三七頁
桐谷圭治・中筋房夫　一九七七　害虫とたたかう　日本放送出版協会
小林尚・野口義弘ら　一九七二　昆虫41　三五九―三七三頁
Myers N. et. al. 2000 Biodiversity hotspots for conservation properties. Nature 403, 853-858.
西城洋　二〇〇一　島根県の水田と溜め池における水生昆虫の季節的消長と移動　日本生態学会誌51（一）：一―一一頁
プリマックR・B・小堀洋美　一九九五　保全生物学のすすめ　文一総合出版
高橋史樹　一九八九　対立的防除から調和的防除へ　農山漁村文化協会
遊磨正秀・嘉田由紀子・藤岡康宏編著　一九九七　琵琶湖博物館研究調査報告九号：二〇七頁
矢野宏二　二〇〇二　水田の昆虫誌　東海大学出版会　一七五頁
鷲谷いづみ　二〇〇一　生態系を蘇らせる　日本放送出版協会

アメリカの自然再生事業

渡辺敦子・鷲谷いづみ

アメリカの自然再生の経緯

プレーリー復元実験

一九三五年の晩秋、ウィスコンシン大学実験植物園は、買い上げたばかりの小さな放棄農地において、ささやかな、しかし歴史的には大きな意義のある植生復元の実験を開始した。それは生態学的な配慮にもとづく「自然再生」の世界初の試みであり、その開始にあたっては、『砂の国の暦』(Leopold 1949)などの著書でアメリカ合衆国の自然保護思想に大きな影響を与えたアルド・レオポルドが中心的な役割を果たした。なぜ、この時代にレオポルドは自然再生を試みようとしたのだろうか。

かつて、大平原(プレーリー)の大地は、ヨーロッパからの入植者たちにとっては無限にも見える処女地であった。ところが開拓時代を経て、その当時には、すでに自然の植生はほとんどが農地に変えられ、プレーリーの生態系はその健全性を大きく損なわれていたのである。とくに問題になっていたのはダストボール、すなわち砂嵐で、その発生は広大な農地を不毛な土地に変えつつあった。森林や草原が小麦畑などの農地に変えられたため、植被によって保護されていた表土が露出し、強い日射や風雨にさらされ、土壌粒子が強風で飛散するようになったのである。とくに一九三〇年初頭には、たび重なる大旱魃によって、中西部のプレーリーは大規模な砂嵐に見舞われた。農地を覆い尽くす砂塵のために小麦の収量は激減し、広大な面積の農地が放棄された。この時代のプレーリーの「砂嵐地帯化」は、紀元前三〇〇〇年ごろの中国における大規模な土壌流亡、古代ギリシャにおける生態系破壊とともに、人類史上の三大環境破壊のひとつにも数えられている。

開拓によってもたらされたのは砂嵐だけではない。かつては米大陸にもっとも普通に見られた鳥リョコウバトが絶滅したことに代表される野生生物の絶滅と衰退、外来種の侵入など、生態系の全般的な変質が目立つようになったのがこの時代であった。そのような生態系の劣化を目の当たりにしたレオポルドは、「土地倫理」を提唱してアメリカ自然保護思想のひとつの礎を築いた。「人間が一方的に土地を利用し処分することは不当であり、土地の側にも権利を認めなければならない。土地は所有物にされているが本来は所有物であるべきではない。土地を人間が自由に処分したり利用することは適切ではない」とするのが土地倫理であるが、ここでの土地とは生態系を意味する。レオポルドは、それと近い意味で生物共同体（生物群落）という用語を用いて、「生物共同体の健全性、安定、美を保つ傾向にあれば正しい（right）が、それと反対の傾向にあれば間違っている（wrong）」との判断規範を示した（Leopold 1949）。そして、わずかに残された手つかずの自然（原生自然）を保全する運動に尽力する一方で、人間が適切な管理や保護によって生態系の健全性を守ることの必要性を説いた。小規模なプレーリーの復

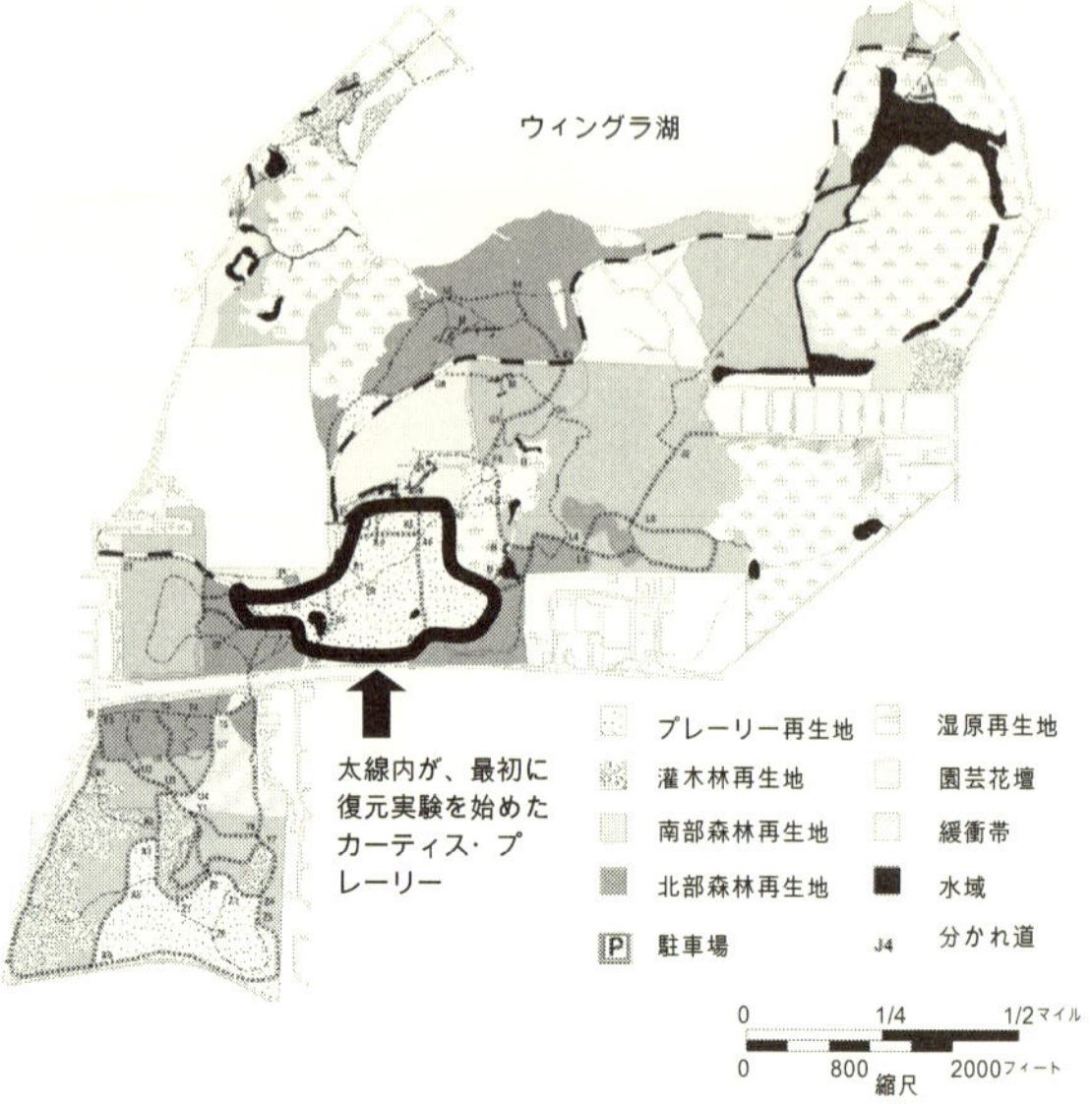

図3・1　ウィスコンシン大学実験植物園の地図
現在では、プレーリーの他、灌木林や湿地などさまざまなタイプの生態系の再生実験が行なわれている（ウィスコンシン大学実験植物園ホームページより改図）

元は、その実践のひとつの試みであったともいえる。

当時ウィスコンシン大学で狩猟鳥獣管理学の教授であったレオポルドは、植物生態学の第一人者であったセオドール・スペリーを招聘し、この復元事業の采配を委ねた。彼らはヨーロッパ人の入植前に存在していたプレーリーの生態系を取り戻すことを目標として掲げ、ボランティアの協力者とともに、近隣の草原から植物の種子や挿し木の材料を集め、植生の復元を試みた。最初の数年間は、失敗がつづいた。野火による攪乱がプレーリー植生の成立・維持に欠かせない要素であることが十分に理解されていなかったからである。それが理解され、植物を播種したり植えたりするだけでなく、計画的な野焼きを管理として実施するようになると、ようやくプレーリーらしい植生を取り戻すことに成功した（Jordan et al. 1987）。この実践は、撹乱と生態系の安定性に関する生態学の理論検証のための科学的実験としての役割を果たすことにもなった。

最初の復元の試みは二四haの小規模な区画で行なわれたが、現在では実験地は五一〇haにも拡大し、植物園の重要な取り組みとして大規模に実施されている（図3・1）。類似の実験は、他の地域でも実施されるようになった。現在では、この植物園では、プレーリーだけでなく灌木林や湿原など、複数のタイプの生態系の再生実験に取り組んでいる。

荒廃する自然

ウィスコンシン大学の試みは、当時の合衆国の社会全体にはほとんど影響を与えることなく半世紀が経過した。自然保護への関心が次第に高まりつつあったものの、いぜんとして、自然を保全したり回復させることよりも、大規模な開発に重きが置かれたからである。一九三〇年代は、恐慌対策としてフランクリン・ルーズベルト大統領によって始められたニューディール政策にもとづき、「経済力を回復させ国民に富をもたらすための」大規模な公共事業が次々に実施された時代でもある。テネシー渓谷開発公社（TVA）などによる一連の流域開発、各地での湿地の干拓による農地開発、効率的な材木生産を目的とした森林経営の近代化などが積極的に推進された。一九三〇年から一九八〇年のあいだに連邦政府によって建設されたダムは一〇〇〇を超えた。さらにそのほかの大小のダムも加えると今日にいたるまでアメリカ合衆国で建設されたダムの数は二五〇万を超える（Reisner & Bates 1990 ; Johnston & Associates 1989）。カルフォルニア州のような農業地帯では、自然の湿地の九〇％以上が干拓・埋立地に変えられた。全米でも、一九七〇年代までには開拓以前に存在していたと考えられる湿地総面積の約半分が失われた（NRC 1992）。民有林では、六〇年代までに樹齢のほぼ等しい立木を育成する「同齢林管理」と機械による皆伐が浸透した。それまで択伐が主流であった国有林でも、五〇年代から六〇年代の木材需要の急増に応えるために皆伐へ方針転換し、国有林もその多くが木材生産の場に変わった（畠山一九九二）。

国土全体での急速な工業化と、大型公共事業による国土の大規模な開発が行なわれた結果、生態系の健全性は著しく損なわれた。すなわち、ダム開発や干拓にともなう生態系の崩壊、水質悪化、灌漑農業にともなう塩害、森林縮小や分断化、生物多様性の喪失など、自然環境の荒廃は甚だしく、さまざまな問題が生じて人びとの不安を増大させた。

自然資源管理政策の転換期

そのような自然環境の急速な劣化を背景として、一九七〇年代までに、環境保全、自然保護に関する市民の意識は急速に高まり、活動も活発化した。シエラクラブやオーデュポン協会のような伝統ある、いわば老舗ともいえる環境保護団体が会員数を増やす一方で、アース・ファースト！などのような新参の急進的な環境保護団体の設立が相次いだ。これらの市民団体は、地域の環境保護活動を活発に展開する一方で、ロビー活動にも積極的に取り組み、次第に国家および国際レベルの政策への影響力を強めていった。

ところが八〇年代に発足したレーガン政権やブッシュ政権は、アラスカ開発や環境規制緩和など、市民の環境意識の高まりを逆なでするような政策を強力に推進した。そのことは、市民側の政権や環境保護局（ＥＰＡ）などの環境行政機関にたいする不信感を高める一方で、いっそう幅広い国民の支持を環境保護運動に集めることになった。おのずから、自然の開発や管理をめぐる市民と行政・産業界のあいだの対立が先鋭化することになる。その象徴ともいえるのが、ワシントン州、オレゴン州、カリフォルニア州北部の太平洋側に広がる北西部森林地帯の森林の利用・管理をめぐって起きた保護・保全と開発をめぐる紛争である。

北西部森林地帯には、現在では絶滅危惧種となっているマダラフクロウが生息する。その生息地の保護をめぐって環境保護団体、林業経営の効率化を求める林産業界、地域経済と環境保全の両立を迫られる連邦・州政府のあいだに起きた三つ巴の抗争は、合衆国における自然資源管理政策の大きな転換をもたらすきっかけともなった。その経緯は、次のようなものであった。

一九九〇年に、シエラクラブの働きかけによりマダラフクロウが国の絶滅危惧種に指定された。ところが、九二年にブッシュ政権の招集した検討委員会は、地域経済と雇用を守るために原生林の伐採を認める特例措置を答申した。それにたいして、シエラクラブは法で指定されたフクロウを守る義務を怠っているると連邦政府を相手取って訴訟を起こした。林業界も、フクロウの絶滅法登録によって失業者の激増が予測されることが明白であるのに場当たり的な対応をつづける政府に反発した。結局、法廷は政府に不利な判定を下すことになり、さらに対立は深まり紛糾した（柿澤　二〇〇〇；諏訪　一九九六）。

九三年、このような対立の解決を公約のひとつに掲げて当選したクリントン大統領は、多様な利害関係者、市民、研究者などによる「森林会議」を組織し、自ら議長を務めることで北西部森林の利用と保全に関する合意形成に向けて努力した。そのもとに、さまざまな分野の研究者や専門家を中心とする森林生態系管理評価チームが組織され、その検討結果を踏まえ、北西部森林の生態系を総合的に管理・保全・復元することをめざす北西部森林計画が策定された（FEMAT 1993）。これに引きつづく行政改革により、連邦有地管理にかかわる主要な四官庁（森林局、土地管理局、国立公園局、魚類野生生物局）が当該地域の生態系に取り組むことになったが、その管理においては、持続可能性を、もっとも重視する目的とすることが明言された（USDA 1999）。これにより、アメリカ合衆国の自然資源政策は新たな段階に足を踏み入れることになった。

生態系管理の時代へ

生態系管理は、生態系から得られる財やサービスに関して短期的な利便性や経済的効率性よりも、その持続可能性を高めることを目的とする新しい自然資源管理の考え方である（Grumbine 1994; Christensen et al. 1996）。今では、アメリカ合衆国の森林、河川、沿岸域における自然資源管理に広く適用されるようになっているが、その標準的な手法としては不確実性の高いシステムを多様な主体が協働で管理するための「順応的管理」が用いられている（鷲谷 二〇〇一）。

北西部森林計画においては、健全で持続可能な森林生態系を維持するための象徴種としてマダラフクロウが取り上げられている。マダラフクロウは、老齢林をその生息に必要とする。マダラフクロウをはじめとする多くの生物種の生息場所となる老齢林をできるだけ速やかに復元することを通じて、持続可能性を確保するための順応的な管理が進められている（北西部森林計画ホームページ）。技術的には、若齢木の間引き、林冠を切り開いて地表面にギャップをつくること、切り倒した木に腐朽性のキノコを植え付けて腐食を進ませること、などのさまざまな手法が検討されている。森林の象徴がマダラフクロウであるのにたいして、河川の象徴種としては絶滅危惧種を含むサケ類が取り上げられている。北西部森林地域を流れるコロンビア川およびその支流では、サケの生息地を保全・回復させるために、河川の順応的管理の実験的試みが進められている。広葉樹は水の上に枝を伸ばして魚の餌となる昆虫を川に供給するだけでなく、水温を適当な範囲に保つために欠かせない緑陰をつくるうえで重要な役割を果たす。水辺の広葉樹の生育を促すために、河畔林への侵入種の除去などの管理が重視されている。また、倒木を流れに渡して魚の隠れ場所をつくるなど、象徴種の生息場所を確保するための管理が取り入れられ、その効果は継続的なモニタリングによって検証される。これらの管理によって、地域の生物多様性を支える生態系の機能や構造の回復が図られる一方で、木材や水産物の生産を通じた産業における雇用だけでなく、生態系管理の作業にたずさわる地域住民の雇用の確保が期待されている（Gray 2000）。また、自然を活かしたレクリエーションが盛んになることを通じた第三次産業における雇用の拡大も見こまれている。

生態系管理の考え方が広まった背景には、これまでに述べてきたような社会的要請に加え、生態学における自然認識の転換があった（図3・2）。つまり、特定の遷移過程を経て単一の安定した極相へいたるという静的な古典的生態系観が廃れ、火災、病虫害、風雪害などがもたらす大小の攪乱によって生態系はつねにダイナミックに変動しており、自然の老齢林といえどもそのなかには遷移のさまざまな段階に相当する場所をモザイク状に含んでいるという考え方が一般的になったのである（鷲谷　二〇〇一）。そのような、固定的な遷移過程や均衡点のイメージとは相容れない生態系観が広まったことで、従来の古典的生態系観にもとづく自然資源管理の問題点や限界が意識されるようになった。

従来の自然資源管理においては、短期的な視野から直接的な効果のみを考慮した生態系への働きかけがなされてきた。森林の害虫にたいしては薬剤散布による防除、山火事にたいしては防止と初期消火、樹木の成長に関しては材積量のみを考慮する生産管理、河川では養殖魚の放流など、より少ない費用でより高い短期的便益が得られる技術のみが重視された。しかし、そのような管理によって自然に生起する環境変動を無理やり抑制することは、結局は生態系のダイナミックな姿をゆがめ、その構造や要素、機能を従来とは異なる状態に変質させる。その結果、生態系は長期間にわたって馴染んできた攪乱や環境変動にたいする復帰可能性（おのずからもとの状態に戻る力）を喪失してしまう（Holling 1978）。復帰可能性を失った生態系は安定に維持されず、自然資源管理は次々に生じる新たな問題に直面すること

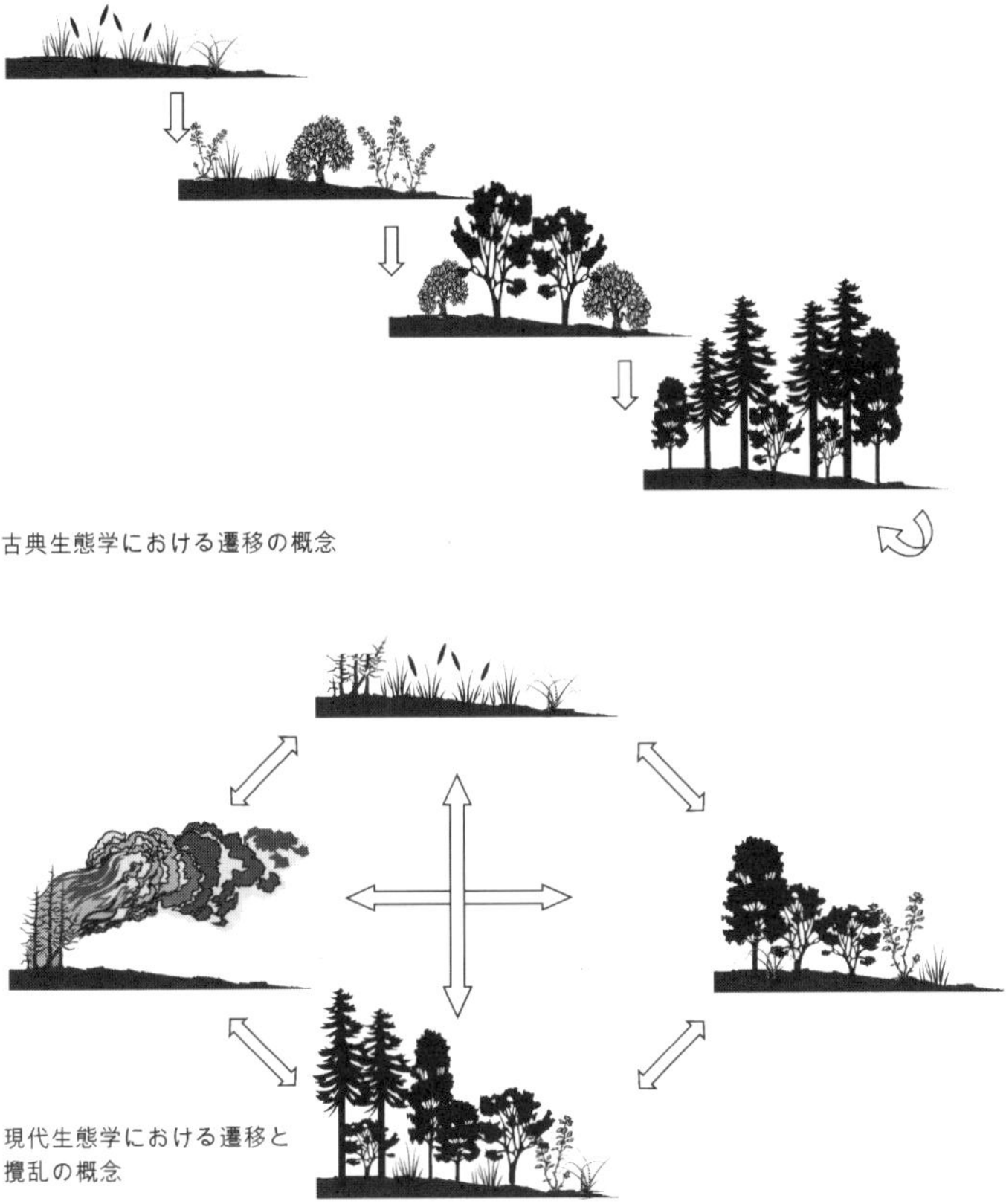

図3・2　古典生態学と現代生態学における遷移の概念の比較
古典生態学では、遷移の過程は一定で、その場の気候に応じた極相にいたり安定化する。現代生態学では、遷移は個体群のランダムな移入や攪乱に大きく左右されるため、一定の過程や安定的な相は存在しないとする

になる。かつて適当な頻度で起こっていた山火事は、地表に溜まったリターや侵入植物の実生などだけを焼き払い、本来の生態系に特有な火事に抵抗性のある樹種の更新を助けていた。しかし、従来型の資源管理によって、生態系の重要な要素プロセスともいえる小規模な山火事を抑制してしまえば、山野には燃えやすいものが蓄積し、いったん火事が起こると手の着けようがないほど猛威を振るって森林そのものを破壊してしまう。広大な面積に薬剤を散布するような害虫の管理は、薬剤に抵抗性の害虫による被害を激化させる。そのような失敗を通じて、より長期的、総合的な視点に立つ生態系管理が求められるようになったのである。

また、生態系にかかわる理解が深まるにつれて、予測しきれない不確実な要素が生態系のあり方を大きく規定しているという見方が常識となった。不確実性を前提とした自然資源管理が求められるようになると、1部で述べたように、不確実性の高いシステムの管理手法である順応的管理が取り入れられた。

一方で、自然資源管理における政策の転換をアメリカ合衆国の自然資源管理官庁に迫ったのは、大型開発事業への公共投資にたいする納税者の批判や説明責任の追及、自然環境の公共的利用に関する権利意識の高まり、公共的土地利用にともなうネイティブ・アメリカンや移転住民の人権問題、自然環境破壊に対応するための社会的費用の増大などである（公共事業チェック機構を実現する議員の会　一九九六）。これらの課題の多くに解決の道筋を与えることも期待され、生態系管理の考え方は、連邦および地方政府の自然資源管理機関のなかに急速に浸透していった。

アメリカの自然再生事業の事例

エバーグレイズ湿原の再生

南フロリダに位置するエバーグレイズ湿原は、かつては北のキシミー川・オケチョビー湖からの出水によって間欠的に冠水する広く浅い氾濫原であった（図3・3）。付近一帯に水生植物が繁茂し、小エビが跳ね、多くの水鳥が生息するエバーグレイズ湿原は、まさに「草の川」と呼ばれるにふさわしいものであった。

しかし、中部から南部フロリダにかけての広大な地域に広がるこのキシミー・オケチョビー・エバーグレイズ水系の湿原生態系は、一九五〇年代に始まる地域開発のための排水路網の整備と治水事業によってその姿を大きく変えられた。湿地全体に網状に張りめぐらされた排水路は、降雨を速やかに東海岸へ流し、都市開発や農業開発に必要な土地を提供した。この地域をたびたび襲ったハリケーンによる洪水対策として行なわれたキシミー川改修工事は、一六六kmにわたって蛇行していたキシミー川を九〇kmの直線的な人工的な排水水路ともいうべきものに変えてしまった。また、堤防に囲いこまれたオケチョビー湖は、治水のための水位管理と農業用水の取水のために、湖面の縮小を余儀なくされた。これらの湿原干拓・治水事業はフロリダ中南部の経済的発展の基盤を築くのに不可欠であったともいえるが、その一方で、流域の水文システムは大きく変えられ、湿原やフロリダ湾の沿岸が支えてきた生態系と生物

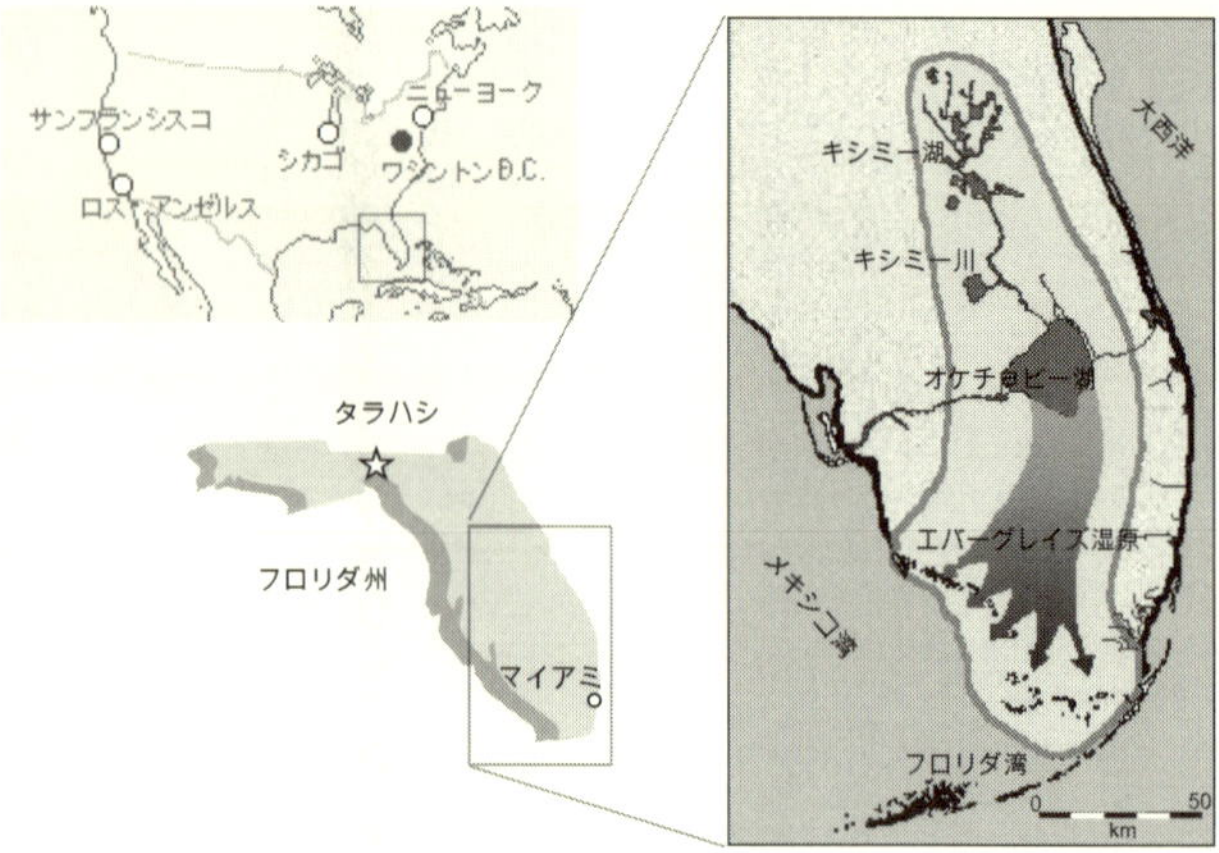

図3・3　大エバーグレイズ水系の位置図
過去にはキシミー湖〜オケチョビー湖〜エバーグレイズ湿原にわたる北から南へのゆるやかな水流があったが、現在では直線化された河川や排水システムによって、表流水は速やかにフロリダ東海岸へ流出することになり、大エバーグレイズ水系を特徴づけていた湿原の大部分が失われた。エバーグレイズ総合再生計画は、失われた水文条件を回復し、過去に成立していた湿地生態系を再生するための事業である（エバーグレイズ総合再生計画ホームページより改図）

多様性が大きく損なわれたのも事実である。

季節的に冠水していたキシミー川氾濫原の水位は低下し、下流の湖や湿原の乾燥化が進んだ。また、農業排水に含まれる過剰なリンによる富栄養化が進み、湖岸や湿原に成立していた多様な植生の多くは、ガマやトーピードグラスなどの浸入種の純群落に置き換わった。さらに、降雨の地下浸透が少なくなったため、海岸沿いでは地下帯水層への塩水浸入が生じ、マイアミなど都市部への水供給にも困難な問題が生じた（図3・4）。

このような状況にたいして警鐘を鳴らす市民団体などの働きかけを受け、州政府も検討を始めた。その結論を受け、一九八三年にはフロリダ州知事の指揮のも

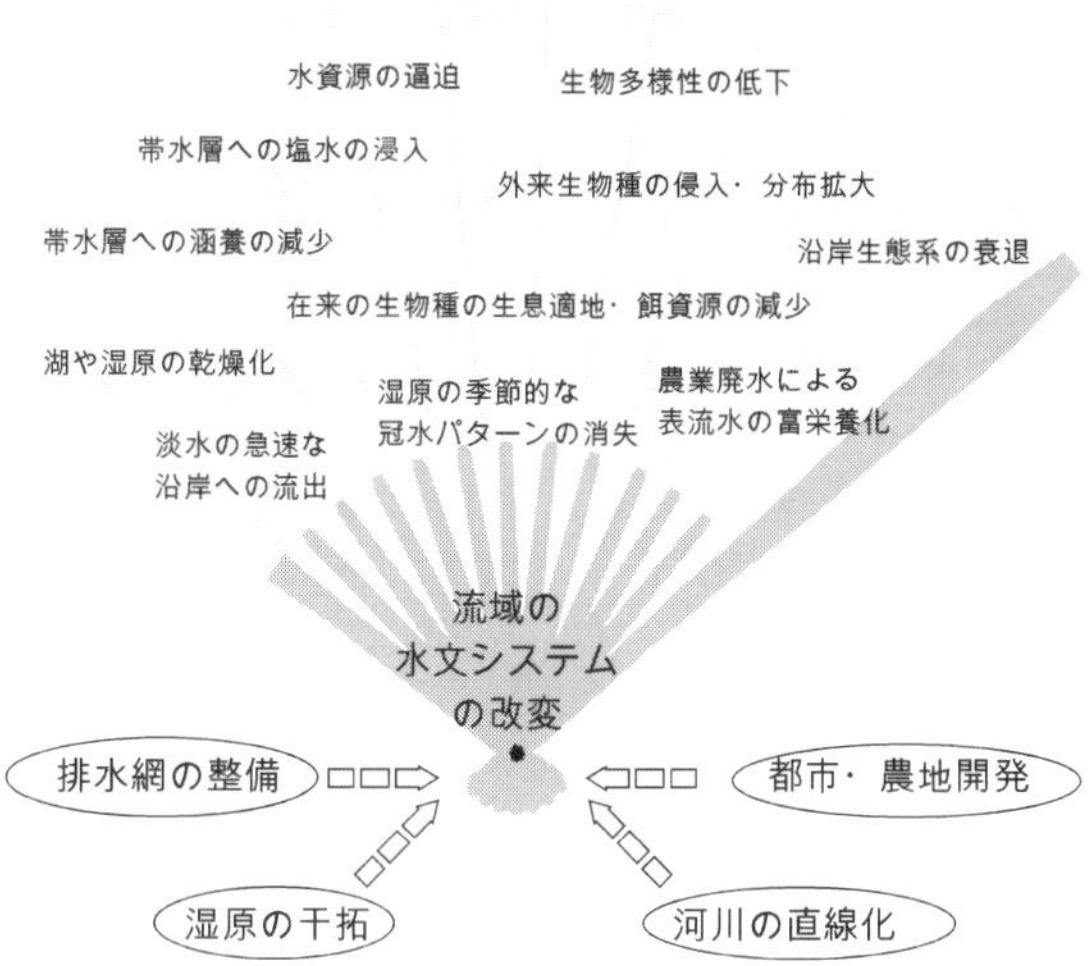

図3・4　大エバーグレイズ水系で過去に行なわれた開発行為とそれに起因する問題の因果関係
エバーグレイズの生態系の要といえる要素である流域の水文システムが改変されたことにより、その波及的な影響によって本来成立していた生態系の機能や要素が失われてしまった

と「エバーグレイズ湿原救出計画」Save Our Everglades Programが開始された。この事業は、州民の広範な支持を受け、キシミー川流域の水文システムと生態系の復元を州および連邦・地方政府諸機関の協力によって推進するための条件が整えられた。そのような取り組みは、連邦政府も積極的にバックアップすることになる。二〇〇〇年の水資源開発法によって承認されたエバーグレイズ総合再生計画（The Comprehensive Everglades Restoration Plan: CERP）は、エバーグレイズ湿原を含むフロリダ州中南部における水資源の確保、自然環境回復・保全に関して枠組みと指針を与えるものである。計画対象範囲は、一万八〇〇〇平方マイル、一六郡にまたがり、一〇〇〇マイル

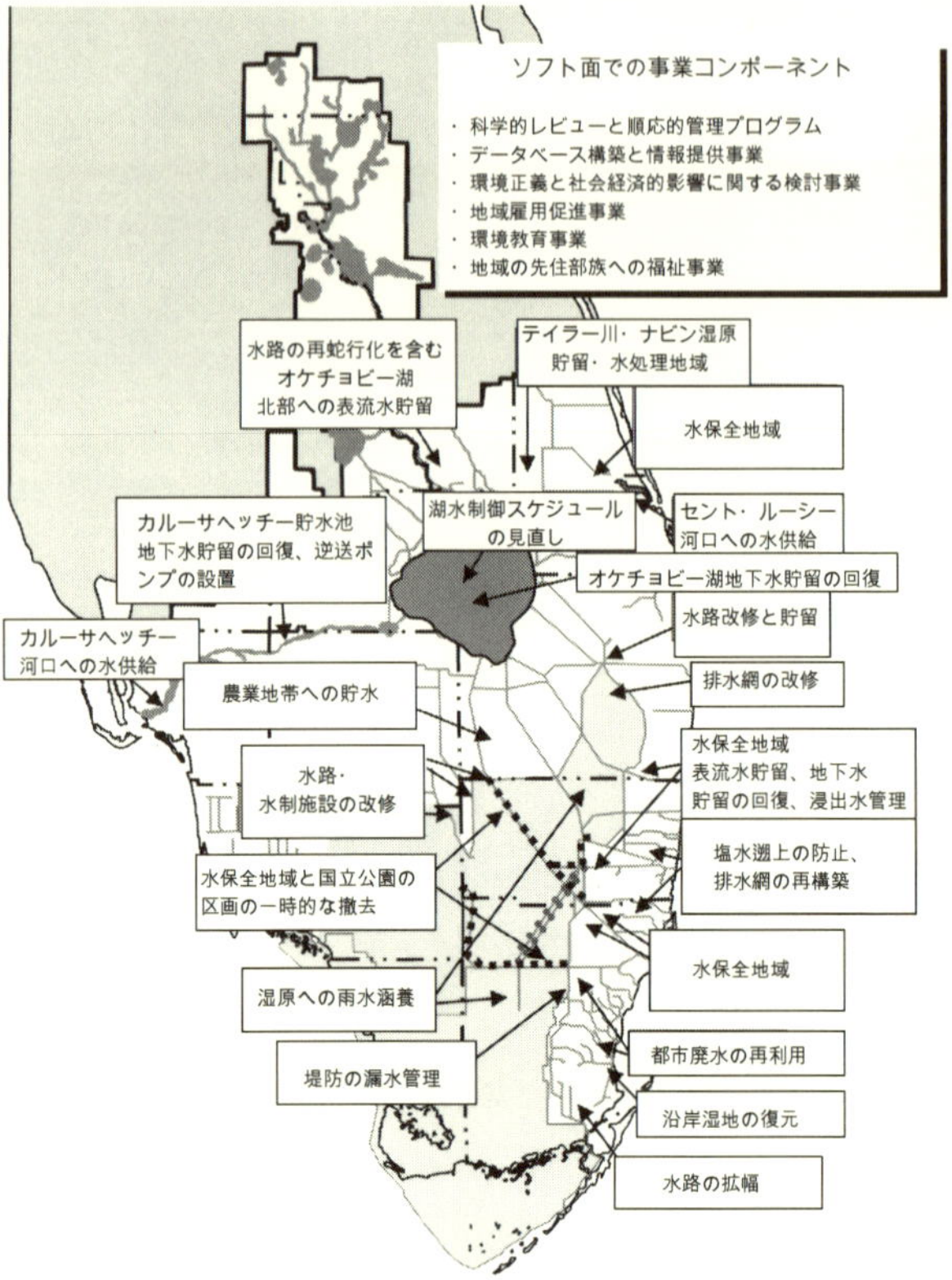

図3・5　エバーグレイズ総合再生計画事業コンポーネント
大エバーグレイズ水系全域にわたる土木技術的事業と、ソフト面での事業を組み合わせた60以上のコンポーネントからなる（エバーグレイズ総合再生計画ホームページより改図）

の水路や七二〇マイルの堤防、数百の水制施設が含まれる（エバーグレイズ総合再生計画ホームページ）。

二〇〇二年一月には、ジョージ・W・ブッシュ大統領とフロリダ州のジェブ・ブッシュ知事は、政府予算でエバーグレイズ総合再生計画の費用七八億ドルの半分をまかなう代わりに、自然再生のために水資源利用することを可能にするための協定を結んだ。ホワイトハウスは、プロジェクトの役割について次のように言及している。「連邦政府の最大の関心は、フロリダ州における連邦所有の自然資源を再生・保護することであるため、フロリダ州政府が実施する総合再生事業によって州南部の生態系が必要とする水量を確保することを要請する。また、州法によって実施される各事業の事業実施報告書にはその旨明記されるものとし、総合再生計画との整合性を保つものでなければならない」。

エバーグレイズ総合再生計画は、キシミー川の再蛇行化、表流水の地下帯水層への涵養、表流水阻害物の撤去、廃水の再利用などを含む土木的な事業に加えて、データベース整備、環境教育、ネイティブ・アメリカンの部族への福祉政策などソフト面での支援事業をも含み、関連する個別事業は六〇以上に上る（図3・5）。また、三〇年以上の実施期間が見こまれている。予備的な調査によって、氾濫原の水位の季節的変動を取り戻すことによって在来種の植生が回復する可能性が示唆されている（Toth 1990）。その範囲や投入される予算の大きさにも増して、澄んだ流れに水草の揺れる「草の川」の再生へ向けた取り組みの行方は、国内外の注目を集めているともいえる。

図3・6　アリゾナ州グレンキャニオン・ダムの位置とグランドキャニオン国立公園を含むコロラド川流域
グレンキャニオン・ダムの運用と流域生態系の持続可能性を両立させる方法を探る目的で行なわれたグレンキャニオン環境調査は、ダム下流域の広大な調査範囲を対象とする（U. S. Department of the Interior 1995より改図）

コロラド川グレンキャニオン・ダムの放水実験

アリゾナ州北部のコロラド川グレンキャニオン・ダムは、水力発電や水資源開発、観光開発を目的として建設された大規模ダムである（図3・6）。一九六三年の運用開始以来、このダムは、最大一二八八メガワットの電力と総貯水量三三三億㎥の水資源によってロサンゼルス、サンディエゴ、ラスベガス、フェニックス、ツーソンなどの大都市を支えてきた。ダムの下流には世界的に有名な観光地グランドキャニオン国立公園があり、ダムとその流域の持続可能な利用は社会的にも重要な意味をもつ。

グレンキャニオン・ダムの建設以前は、

上流部の雪解けによる春の洪水をピークに冬の渇水期までの大きな季節的・時間的変動をもつコロラド川の自然の動態によって、河川生態系と特徴的な景観がかたちづくられ、維持されていた。とくに重要なのは春の洪水である。ときに毎秒三〇〇〇㎥を超える圧倒的な流量で渓谷を駆け抜け、河床の土砂を巻き上げる濁流となって河岸の植生を押し流す春の洪水は、新たな砂洲の形成を通じて一年草を中心とした在来種の生育を保障し、温かい濁流に適応したハンプバックチャブ、レザーバックサッカーなどの固有の魚類の生息場所をつくるうえでなくてはならないものであった。

ダム建設後、生態系への影響はすぐに顕在化した。上流からの土砂がダム湖であるパウエル湖に堆積し、下流の河岸地形の浸食が進みはじめたのである。もっとも効率的な発電と貯水を目的としたダムの運用計画に沿って、土砂を含まない冷たい水がパウエル湖の深部から放水されることになり、温かい濁流を好む魚の多くは姿を消した。砂洲の形成を通じて多くの野生生物の生息地を供給していた季節的な水位変動が失われ、ギョリュウなどの外来の多年生植物が繁茂して在来の植物の生育場所が奪われた。

生態系の大きな変質を目の当たりにしたシエラクラブやグランドキャニオントラストなどの環境保護団体は、ダムの建設と運用にともなう生態系への大きな影響を指摘し、ダムの運用方法の改善を強く求めた。しかし、河川における洪水とその結果として生じる生態系攪乱の影響については、望ましい運用を考えるに十分なデータがないために、すぐには結論を出すことができなかった。そこで、一九八三年から一四年間にわたる事前調査の後、一九九六年の春、グレンキャニオン・ダムの水門を一時的に開放し、下流域の生態系に与える影響を検証する最初の大規模な実験が行なわれた。毎秒一二七〇㎥の放水

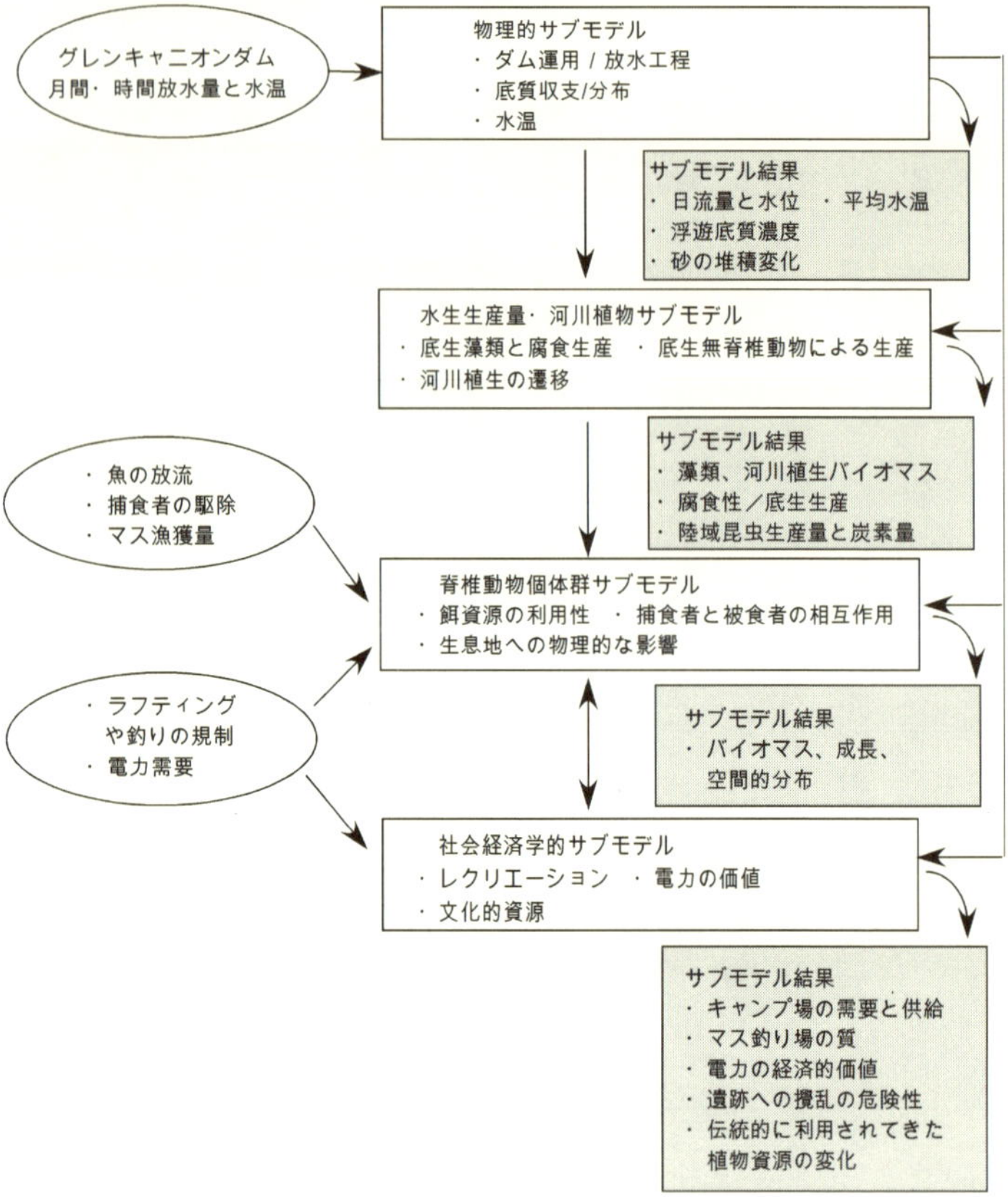

図3・7　グランドキャニオン・モデルの構成と主要な要素の関係性
楕円のなかの要素に関する数値を変えることで、さまざまな管理オプションをシミュレートできる（Walters et al. 2000 より改図）

は七日間つづき、下流の生態系に与える影響や土砂の輸送、河岸の砂洲の形成状態などが調査された。

この実験は、グレンキャニオン・ダムのよりよい管理法を科学的に模索する順応的管理プログラムの一環でもあった。放流実験とそののちのモニタリングを通じて、水理、底質輸送、河川植生、一次生産、指標動物の動態などのサブモデルを含む統合的なシミュレーションシステムが構築された（図3・7）。この「グランドキャニオン・モデル」は、今後のアメリカ内外の大河川におけるダム運用と管理のための科学的なツールとなることが期待されている（Walters et al. 2000）。このプログラムにかかわる調査・研究をコーディネートしているのは、放水実験ののちに連邦政府によって設置されたグランドキャニオン監視研究センターである。一九九七年、二〇〇〇年にも時期や水量を変えた放水実験が行なわれ、それぞれの効果を検証しモデルの改良が行なわれたほか、さまざまなモニタリングが実施されている。また、多様な利害関係者が参加して、この順応的管理プログラムに関する内務省長官の意思決定を助けるための定期的合議を行なうフォーラムが組織されており、プログラムの進捗や方向性についての議論が行なわれている（グランドキャニオン監視研究センターホームページ）。

自然再生を支える法的背景と推進体制

エバーグレイズ総合再生計画や北西部森林計画のような大規模プロジェクトが進められ、一定の成果を収めている背景には、このような自然再生事業をアメリカ合衆国の国策として推進するための強力な

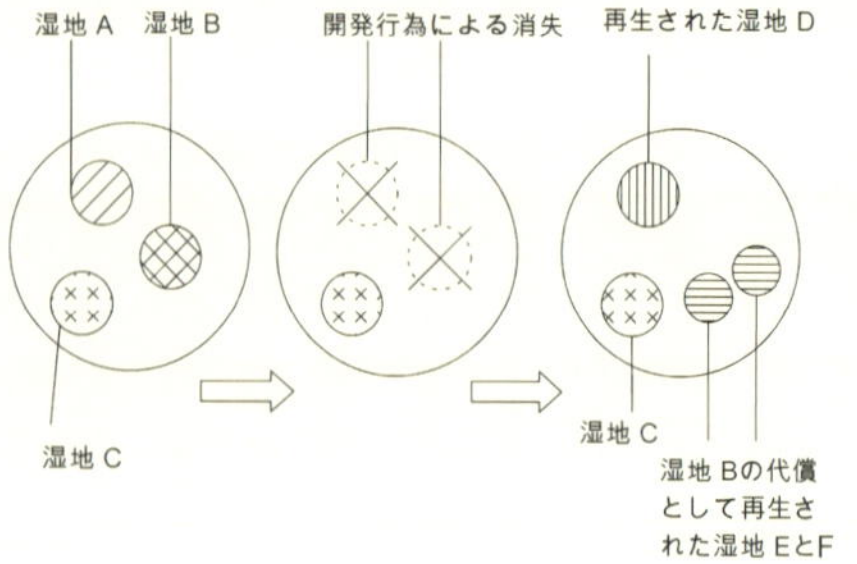

図3・8
No－Net－Loss政策にもとづく湿地の消失と再生の概念図
開発行為によって、湿地の消失が避けられない場合は、その場所に新たな湿地を再生するか、失われた湿地と同等の機能をもつ湿地を他の場所に創出することによって代償しなければならない

法的背景と政策に支えられた推進体制がある。

環境保全に関して、もっとも広域的な執行能力をもつ法律が、一九六九年に成立した「国家環境政策法」（National Environmental Policy Act: NEPA）である。この法律は、連邦政府や地方自治体が計画・実施する事業や立法行為、また大規模な民間事業の計画・実施にさいして厳格な環境影響評価報告書の提出を義務づけている。環境影響評価書には、事業目的や必要性、提案された行為を含む代替案、改変される環境とその影響についての記述を含むことが定められており、代替案のなかには、環境影響を緩和するための具体的な計画（ミティゲーション計画）を記述することが求められる。これにより、環境影響を回避や最小化などの方法で緩和しきれない場合、同等の環境の価値を代償することが求められることになった（国家環境政策法特別委員会ホームページ）。NEPAにおけるミティゲーションの規定は、No－Net－Loss政策（図3・8）、ミティゲーション・バンキングなどの体制とあいまってウェットランドの復元・創出などに代表される生態系復元行為を法的に裏づけるものとなった（田中　一九九八）。

一方、一九七三年には「絶滅の危機に瀕した種に関する法」

（Endangered Species Act：ESA：絶滅法）が成立し、対象となる生物種および保全のために指定された生息地における連邦および民間の土地利用を保護の面から規制することに法的根拠を与えた。絶滅法では、対象種の選択、保護上重要な生息地の選択、種の保護と回復のための計画策定を求めている。それらは、自然再生を進めるうえでの法的根拠ともなっている。

一九九七年に施行された「農地補償と地域投資法」（Farm Security and Rural Investment Act、通称Farm Bill：農地法）にも、民有地における自然再生への取り組みを促進するさまざまなプログラムが含まれている。なかでも、一九九〇年に開始され、二〇〇二年に改正された湿地復元プログラムWetland Reserve Program: WRPは、民間の農地所有者が湿地に復元する場合には、地役権を補償し、さらに復元の費用についても政府が七五～一〇〇％の補償を行なうことを定めており、二〇〇一年末までに全米で一〇七万エーカー（約四三四七㎢）を超える農地が登録されている（USDA 2002）。

同じ農地法にもとづく「野生生物生息地復元奨励プログラム」（Wildlife Habitat Incentives Program: WHIP）は、民有地内で野生生物の生息に適する規定の条件を整える場合に、政府が技術的援助と七五％までの復元コストの提供を行なうことを定めている（農業省自然資源保全局ホームページ）。

一九九八年には、当時のゴア副大統領の要請により、USDA農業省とEPA環境保護庁がClean Water Act（水質清浄法）にもとづく「水質清浄化計画：アメリカの水系の再生および保護」（Clean Water Action Plan: Restoring and Protecting America's Waters）を作成した。この行動計画は、流域単位での生態系管理を実現するために行政区分や所轄や部族を超えた協働を呼びかけるものであり、農地や森林、都市を含む流域全体の水質向上と公害防止、河川や湿地の保全・復元を推進することを目的としている（水質清浄法にもとづく行動計画ホームページ）。

連邦の水資源開発政策は、開拓時代以来、信頼できる水の供給、すなわち利水を至上目的としてきたものだが、一九七〇年代からは多様な価値が認められるようになった生態系への水の分配を重視する新たな方向へと転換した。さらに、国内の河川・港湾開発を規定してきた連邦水資源開発法（Federal Water Resource Development Act）は、改正のたびに流域の環境保全や生態系管理の推進をますます重視するようになり、二〇〇〇年度改正法ではエバーグレイズ総合再生計画をはじめとする多くの河川や湿地の再生事業案件の実施と予算を承認している。

このように、アメリカ合衆国の環境および自然資源管理法体系は、近年の自然環境の利用と保全に関する国民の価値観を反映して個別の改正を重ねながら、全体としては生態系管理の考え方に沿った自然再生の取り組みと実施体制の整備・拡充を促すものとなっているようである。

新しい課題——多元的な価値観を超えて

シカゴ論争——シカゴ・ウィルダネスをめぐる対立

森林、湿原、河川などを対象とした多くの自然再生事業がアメリカ合衆国において徐々に定着し成果を上げはじめている一方で、この比較的新しい自然と人間との関係構築をめぐってさまざまな新たな課題が浮かび上がっているのも事実である。

イリノイ州シカゴ都市圏を中心に展開しているシカゴ・ウィルダネス・プロジェクトは、地域の生態系再生・生物多様性の保全をめざして一九九六年から始まった。ヨーロッパからの移民の定住以前にこの地域に存在していた灌木林やイネ科植物が優占するプレーリー、農地開発によって失われた湿地などを復元し、多様な在来種によって構成される生態系を再生するために、野焼きや侵入種の駆除を含むさまざまな施策を組み合わせた自然再生事業である。ところが、このプロジェクトは市民と事業主体とのあいだに大きな対立を引き起こし、「シカゴ論争」として全米にその混乱ぶりが伝わることになった。

一九九六年五月に発行された地元有力紙シカゴ・サンタイムスの見出し記事は、この論争のきっかけを与えた。「五〇万本の立木に迫る斧、デュパージ郡が草原造成のために森を伐採」――シカゴ郊外のデュパージや近隣の郡では、サトウカエデとクロウメモドキなどの外来種に優占される森林が長いあいだ放置されて閉じた樹冠を形成しており、森林の保全といえば山火事の防止や植林を意味するというありさまであった。プレーリー生態系を再生するために火を放ち、侵入植物駆除の目的で除草剤をまくという行為は、地域市民のもっていた「自然環境保全＝人為の排除」というイメージや、手つかずの「原生的自然」への憧れの感情とは相容れないものであった。プロジェクト推進派のなかには、事業に批判的な人びとを「無知、偏狭、非科学的で感情的な地域住民のエゴ」と切り捨てる論客も現われた。それにたいして事業に反対する市民側は「生態系復元は政治的な行為であり、自然再生推進派は科学技術や知識をそれに悪用している」と応酬した。このような対立の深まりは、双方のあいだの交流の断絶にまで進んだ。その結果、シカゴ・ウィルダネス・プロジェクトは一部地域において事業実施の一時凍結を余儀なくされるにいたったのである（Gobster 2000）。

合意形成のむずかしさ

この論争は、自然再生の必須条件である「多様な主体による協働」がうまく機能しなかったことを意味する。シカゴ・ウィルダネス・プロジェクトは、イリノイ、インディアナ、ウィスコンシンの三州六郡の地方自治体や連邦政府の自然資源管理関連部局、各郡の地域住民、協賛企業、大学や他の研究機関、市民団体など八〇を超える組織・機関の関与によって支えられている（シカゴ・ウィルダネス・プロジェクトホームページ）。再生事業の実施機関であるシカゴ地域生物多様性会議（CRBC）とその活動を担うボランティア・グループのメンバーたちは、参加機関や地域住民の事業への理解を促進するために、さまざまなレベルでの環境教育プログラムの実施や地域ごとの自然観察会の開催、広報雑誌の出版やウェブサイトの公開を行ない、それらの効果についての調査結果をフィードバックする仕組みをつくり出した（Chicago Wilderness 1999）。協働を円滑に進めるために事業者が実施したさまざまな取り組みも、反対派住民の理解を得るには不十分であった。そればかりか、「環境教育という名のもとで行なわれる教化」であるとして、いっそうの不信感を増す結果を導いてしまった。

北西部森林の場合と異なり、シカゴの自然環境を再生するという目標そのものについては、再生事業の推進派・反対派両者とも異論はなく、むしろ両者ともに、身近な自然に対する高い関心をもっている。

ただ、その再生すべき自然に関する価値観が大きく異なっていたことから対立が生じたのである(Vining et al. 2000)。シカゴ紛争の事例は、アメリカ合衆国の自然資源管理政策に関しては、開発vs環境保護という二項対立の解消が進む一方で、より多元的な価値観の相違を乗り越えてどのように合意形成を図るべきかという新しい課題が浮かび上がってきていることを示すともいえる。

自然再生のための基礎的要素——科学性と開かれた議論

ここに見られるように、自然再生事業における合意形成は、事業の成否を左右する可能性をもつ重要な要素である。この合意形成の失敗が引き起こしたシカゴ論争の経験を通じて、アメリカ合衆国における自然再生は、新たな模索を始めた。再生事業に反対する人びとの意見を詳細に検討し、それを乗り越えるための社会人文科学的研究を重ねたのである。この結果、事業の開始に先立って地域住民にその施業内容や期待される効果を視覚的な方法を取り入れながら説明することや、地域の住民自身が再生事業の計画づくりに参加する仕組みをつくること、住民感情や社会的に望まれる自然のあり方に配慮し、野焼きや伐採の時期や面積を柔軟に計画することなどが提案された(Ryan 2000)。また、科学的知識と社会的合意形成のギャップを埋めるためのさまざまな方法の開発が、新しい科学研究のテーマともなってきた。

このような「痛みをともなう成長の過程」(Helford 2000)を経て、自然再生とは、生態系の機能や要素を取り戻すことのみならず、自然と人のかかわりの再生、地域社会の再生、人と人との関係性の再生を重要な要素として含むことがあらためて認識された。多くの都市生活者が、自然との断絶された関係をもつ一方で、都市に成立するかぎられた自然環境に深い愛着をもっている。そのため、とくに多様な価値観をもつ人びとが暮らす都市において自然再生事業を実施する際には、そこに暮らす人びとの求める自然の姿と、科学的な検討にもとづいて再生事業における目標と定められる自然の姿を一致させるための十分な対話や学びの場が必要である。そして、対話から有効な意思決定にいたるためには、必要な情報が公開されること、科学的な情報が一般の市民や政策意思決定者に理解しやすいかたちで表現されていること、現場の情報をフィードバックさせる順応的な方法で取り組むことなどが求められる(Norton 1998; Schiller et al. 2001)。

順応的管理と協働に支えられた自然再生の理念や方法論は、現在では世界各地で注目され、急速に広がりはじめている。本稿で述べてきたように、自然再生に関して先進的な取り組みを行なっているアメリカ合衆国では、その経緯は、おおむね開拓時代以来の環境史および文化・社会的な文脈によって理解が可能なものである。すなわち、入植以来の開拓・開発で人類史上かつてないスピードで生態系がその健全性を喪失したことに加えて、民意を反映しない政策は成り立たないという民主主義的伝統、公正さの追求、ときには過激なまでの対立をも辞さないそれぞれの価値観への固執などが原動力となり、今日アメリカ合衆国で見られるさまざまな自然再生事業が生み出されたと見なすことができる。一方で、このような多元的な原理を背景にした自然再生事業がさまざまな課題に直面しながらも確実に前進しているのは、科学的な情報に支えられた開かれた議論が、アメリカ合衆国の自然再生事業の土台を着実に築きつつあるからだろう。自然環境や社会・文化的な特性については異なる部分が大きいが、自然再生事業への取り組みが端緒についたばかりの日本においても、これらの基本的要素の重要性に関しては、アメリカ合衆国における経験から学ぶところが大きいのではないかと思われる。

引用文献

Chicago Wilderness. 1999. Biodiversity Recovery Plan. Chicago.: Chicago Region Biodiversity Council.

Christensen N. L, Bartuska A. N, Brown J. H, Carpenter S, D'Antonio C, Francis R, Franklin J, MacMahon J, Noss R. F, Parsons D. J, Peterson C. H, Turner M. G, Woodmansee R. G. 1996 The Report of the Ecological Society of America Commitee on the Scientific Basis for Ecosystem Management. Ecological Applications; 6: 665–691.

FEMAT（Forest Ecosystem Management Assessment Team）. 1993. Forest ecosystem management: an ecological, economic, and social assessment. 1993–793–071. U. S. Government Printing Office, Washington, D. C.

Gobster P. H. 2000. Restoring Nature: Human Actions, Interactions, and Reactions. In: Gobster P. H, Hull R. B［eds.］Restoring Nature. Washington, D. C.: Island Press.

Gray A. N. 2000. Adaptive ecosystem management in the Pacific Northwest: a case study from Coastal Oregon. Conservation Ecology 4（2）: 6（http://www.consecol. org/vol4/iss2/art6）

Grumbine R. E. 1994. What is Ecosystem Management? Conservation Biology 8（1）: 27–38.

畠山武道　一九九二　アメリカの環境保護法　北海道大学図書刊行会

Helford R. M. 2000. Constructing Nature as Constructing Science: Expertise, Active Science, and Public Conflict in the Chicago Wilderness. In: Gobster P. H, Hull R. B.［eds.］Restoring Nature. Washington, D. C.: Island Press.

Holling C. S.［eds.］1978 Adaptive Environmental Assessment and Management. London: John Wiley & Sons.

Johnston L. R. & Associates. 1989. A Status Report on the Nation's Floodplain Management Activity. An Interim Report.

Prepared for the Integrity Task Force on Floodplain Management. Knoxville, Tenn.
Jordan III W. R, Gilpin M. E, Aber J. D. 1987. Restoration ecology: ecological restoration as a technique for basic research In: Jordan III W. R, Gilpin M. E, Aber J. D. 〔eds.〕 Restoration Ecology: A Synthetic Approach to Ecological Research. Cambridge: Cambridge University Press.
柿澤宏昭　二〇〇〇　エコシステムマネジメント　築地書館
公共事業チェック機構を実現する議員の会編　一九九六　アメリカはなぜダム開発をやめたのか　築地書館
Leopold A. 1949. Sand County Almanac. New York: Oxford University Press.
NRC（National Research Council）1992. Restoration of aquatic ecosystems: science, technology, and public policy. Washington, D. C.: National Academy Press.
Norton B. G. 1998 Improving ecological communication: the role of ecologists in environmental policy formation. Ecological Applications; 8: 350–364.
Reisner M. & Bates S. 1990. Overtapped Oasis: Reform or Revolution for Western Water, Washington, D. C.: Island Press.
Ryan R. L. 2000. A people-centered approach to designing and managing restoration projects: Insights from understanding attachment to urban natural areas. In: Gobster P. H, Hull R. B. 〔eds.〕 Restoring Nature. Washington, D. C.: Island Press.
Schiller A, Hunsaker C. T, Kane M. A, Wolfe A. K, Dale V. H, Suter G. W, Pion G, Jensen M. H, Konar V. C. 2001 Communicating Ecological Indicators to Decision Makers and the Public. Conservation Ecology; 5: 19.
諏訪雄三　一九九六　アメリカは環境に優しいのか―環境意思決定とアメリカ型民主主義の功罪　新評論
田中章　一九九八　環境アセスメントにおけるミティゲーション規定の変遷　ランドスケープ研究61（五）：七六三―七六八頁
Toth L. A 1990. Impact of channelization on the Kissimmee River ecosystem. In: Loftin M. K, Toth L. A, Obeysekera J. 〔eds.〕 Proceedings Kissimmee River Restoration Symposium, October, 1988, 47–56 Orland, Florida. South

Florida Water Management District, West Palm Beach, Florida.
USDA (U. S. Department of Agriculture) Committee of Scientists. 1999. Sustaining the people's lands: recommendations for stewardship of the national forests and grasslands into the next century. USDA, Washington, D. C.
USDA (U. S. Department of Agriculture) Natural Resource Conservation Service. 2002. Restoring America's Wetlands the America's Wetlands Reserve. (http://www. nrcs. usda. gov/programs/wrp/wrpweb. pdf)
USDI (U. S. Department of the Interior) U. S. Geological Survey. 1995. Monitoring Channel Sand Storage in the Colorado River in Grand Canyon. Colorado River Studies Fact Sheet.
USEPA (U. S. Environmental Protection Agency). 1995. Wetlands Fact Sheets. EPA: Washington, D. C.
Vining J, Tyler E, Byoung–Suk Kweon. 2000. Public Values, Opinions, and Emotions in Restoration Controversies In: Gobster P. H, Hull R. B. [eds.] Restoring Nature. Washington, D. C.: Island Press.
Walters C, Korman J, Lawrence E. S, Gold B. 2000. Ecosystem Modeling for Evaluation of Adaptive Management Policies in the Grand Canyon. Conservation Ecology 4 (2): 1 (http://www. consecol. org/vol4/iss/art 1)
鷲谷いづみ　二〇〇一　生態系を蘇らせる　日本放送出版協会

ウェブ・サイト

ウィスコンシン大学植物園　http://wiscinfo. doit. wisc. edu/arboretum/
北西部森林計画　http://www. reo. gov/
エバーグレイズ総合再生計画　http://www. evergladesplan. org/
グランドキャニオン監視研究センター　http://www. gcmrc. gov/
国家環境政策法特別委員会　http://ceq. eh. doe. gov/ntf/
農業省自然資源保全局　http://www. nrcs. usda. gov/programs/whip/
水質清浄法にもとづく行動計画　http://www. cleanwater. gov/action/toc. html

シカゴ・ウィルダネス・プロジェクト　http://www.chicagowilderness.org/

公共事業と自然の再生
――アザプロジェクトのデザインと実践

飯島　博

自然再生事業は保全と社会システムの再構築を前提に始まる

自然再生事業は、自然環境を損ない、野生生物を絶滅に追いこんでいる要因を取り除くことを前提に進められるべき事業である。そして、自然再生事業の目標は、その土地にもともとあった生物群集の復元であり、生物群集を成立させていたシステム（社会的な要素を含む場合もある）の復元である。同時に、そのシステムを私たちの社会に組みこむことで、社会の再構築を促すことである。つまり、自然再生事業はたんに自然景観の復元であってはならない。人間が健全に健康に生きるための循環型社会の構築と自然再生事業は一体のものであるべきではないか。「人民蘇生の良法、造るにあらず除くにあり」（田中正造）は、自然再生事業の原則でもある。

たとえば、自然再生とはたんに川を蛇行させるといった方法では実現しない。川が本来もっている動的な系（ダイナミクス）、つまり、氾濫などによる撹乱や流量変動を再現することで、はじめてその川本来の生物相が復元されることになる。そのような動的な系を再現するには、川だけを見るのではなく、地域社会を含む集水域・流域全体を視野に入れた自然再生計画が必要となる。現在計画されている自然再生事業には、川の蛇行を再現はしても、このような動的な系の再現への配慮が十分に感じられないものが見られる。

さらに、自然再生事業が里山地域で実施される場合は、対象が二次的な自然であることから、復元の目標にその土地の自然と地域住民との関係性の再構築が含まれることに注意しなければならない。里山保全はある区域の自然を守るという取り組みだけでは実現しない。里山をめぐる社会の側にも、再構築を促す戦略がなければ本当の意味の里山保全は成り立たない。もちろん、それは昔の暮らしを再現することではない。里山への働きかけを社会に組みこみ、内部目的化する取り組みが必要となる。

社会の再構築には、産業や教育といった地域に広がる社会システム（地域に根ざした既存のシステム）に環境保全機能を組みこむことで、生息地の連続性や生態系の物質循環、水循環を意識した人やモノやお金の動きをつくり出し、地域に則した循環型社会を構築していく戦略が必要となる。私は、自然と共存する社会は上記の戦略にもとづいて構築される人的社会的ネットワークと自然環境のネットワークが重なり合ったときに実現すると考えている。

それらのネットワークの構築には、既存の枠組みにとらわれず、縦割り化した行政施策を総合化する

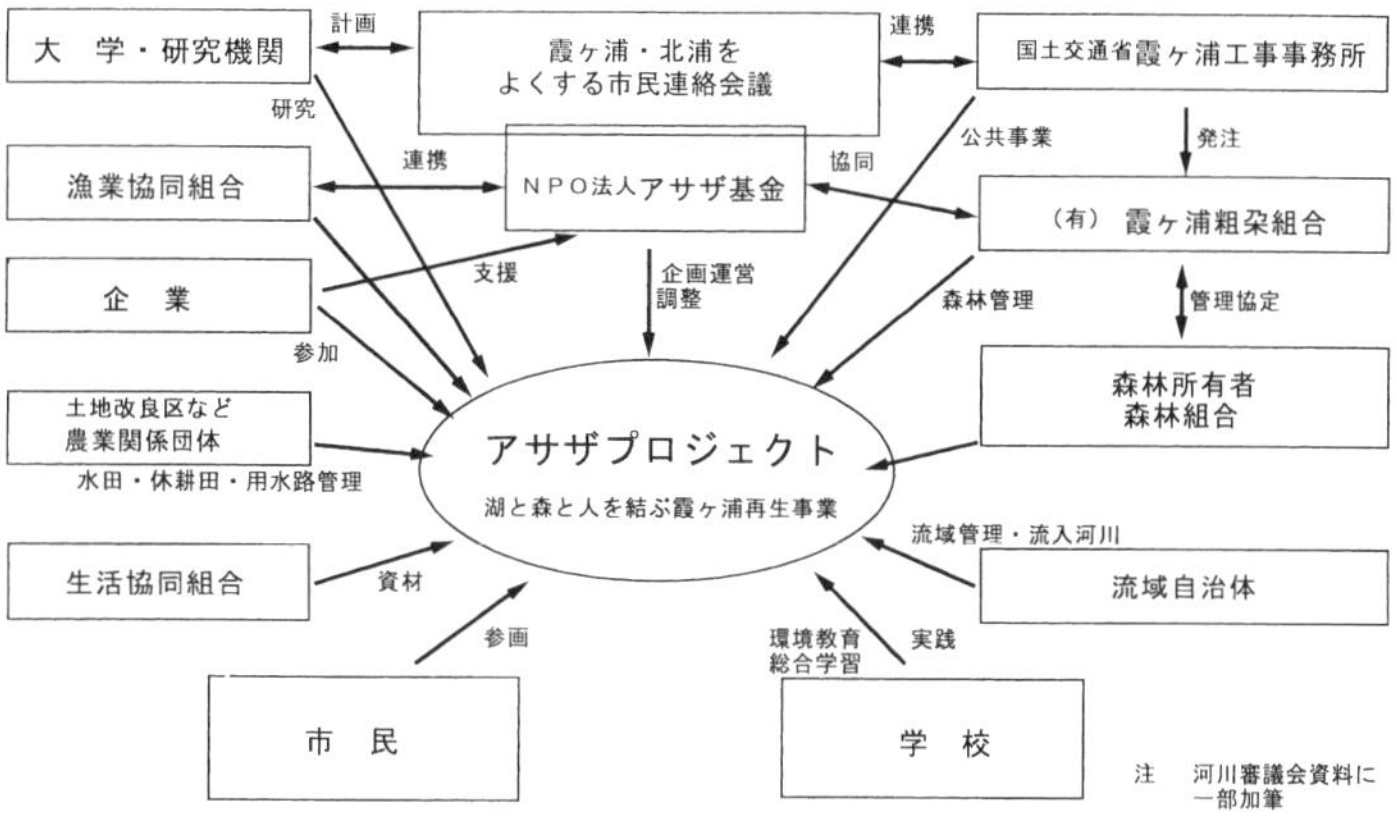

図4・1　市民による公共事業・連携フロー図
アサザプロジェクトはネットワーク型社会の構築をめざす

市民活動の役割が不可欠である。ただし、それには行政活動を補完するものという市民活動にたいする既成概念を捨て、市民活動に地域を総合化する要としての役割を見出すことが前提となる。

私はこれらの新しい事業の推進役は、ネットワーク型社会の構築をめざす明確な戦略を社会に提示することのできるNPOであると考えている。

霞ヶ浦で実施されているアサザプロジェクトは、上記の目標と戦略をもって進められている、湖と流域全体を対象とした自然再生事業であり、新たな社会システムづくりである。

アサザプロジェクトは地域の住民やNPO、学校、農林水産業、企業、行政、研究機関などの多様な主体が参加した広域ネットワークによって担われている（図4・1）。多様な主体の協働によって進められるアサザプロジェクトは、従来の公共事業とは異なる市民型公共事業を提唱し実施している。市民型公共事業では各事業を自己完結させないことで、事業が事業を生む循環型事業をめざしている。アサザプロジェクトの取り組みは従来の環境政策の枠を超え、教育や福祉、産業などの政策にも市民の発想を浸透させようとしている。

アサザプロジェクトは、一九九八年版環境白書で「源流から湖まで住民によるトータルできめ細かな流域管理をめざす、地域の多様な分野を結ぶ協同型事業」として紹介された。

市民型公共事業は専門分化し硬直化した社会を再構築し活性化させるために、生活者の視点をもったＮＰＯが「多様な主体による参画が可能な協働の場」を提示することから始まる（図４・１）。

自然再生事業は公共事業の見なおしと同時に進む

現在の社会システムの見なおしを抜きに、本当の意味での自然再生事業は実現しない。保全を前提とした自然再生事業を考えるうえで、もっとも見なおしが求められるものが公共事業である。だから、自然再生事業は公共事業の見なおしと同時に進められなければならない。

日本で琵琶湖に次いで二番目に大きな湖沼である霞ヶ浦は、一九七〇年に始まった霞ヶ浦開発事業によって、湖岸の全周約二五〇㎞が完全にコンクリート護岸化されてしまった。同事業は首都圏の水資源開発と治水を目的に二五年間にわたって実施されたが、護岸工事などにともない、湖岸のヨシ原は半分以下に、他の水草群落は壊滅的な破壊を受けた（図４・２）。環境アセスメントは実施されていない。

霞ヶ浦では上記の霞ヶ浦開発事業が一九九五年度で完了し、それ以降は開発事業の運用に入ることになった。霞ヶ浦開発事業の運用とは護岸の築堤と常陸川水門（逆水門）の設置によって、湖を水瓶（ダム）として活用するための基盤工事が完了したことを受けて、湖の水位を人工的に操作することで毎秒四三トンの水資源を生み出すというものである。とくに、開発事業の運用によって懸念されていた点は、一〇月から翌年三月までの期間に湖の水位を運用前の平水位よりも三〇cm高く維持するという管理にともなう自然環境への影響であった。湖の水位を季節風の強い冬季を中心に高く維持することは、休眠期に入っているヨシ原や水草群落への波による浸食を強めることになることが予想されたからである。すでに築堤工事によって大規模に減少していたヨシ原などの植生帯がさらに減少をつづけることは避けられない状況となった。ヨシ原のさらなる減少は生物の生息地・生育地の消滅を意味する。また、同時に、湖の自然な水位の変化（冬季に低く、梅雨から夏に高い）にあわせた生活史をもつ湖の生物への影響も心配されていた。これも、湖全域に影響が及ぶ深刻なものである。

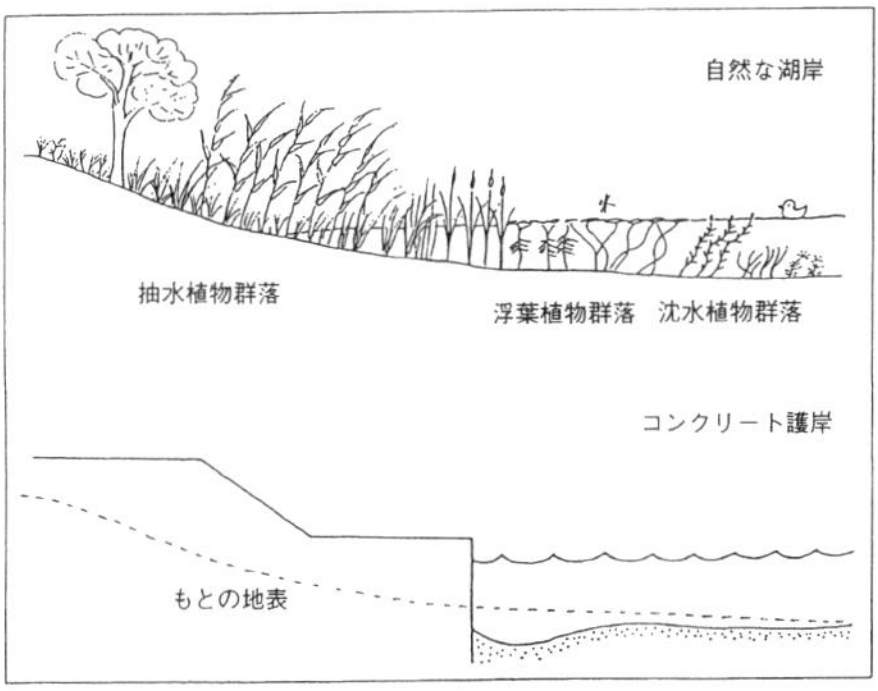

図4・2　湖の植生帯を破壊した築堤

　霞ヶ浦開発事業の運用にともない予想される「生息地や生育地の減少」や「自然の水位変化とは逆の水位操作」などの

重大な影響を受けることが予測されていた生物のひとつにアサザがあった。アサザの保全に関する研究は鷲谷（一九九四）によってすでに行なわれており、アサザの種子繁殖とヨシ原や水位変化との関係についての指摘が保全生態学の立場から示されていた。

アサザプロジェクトは保全生態学者の先進的な研究によって提起された野生生物の保全に関する課題を社会化し、社会の再構築を通して解決しようとするもので、具体的には霞ヶ浦開発事業の見なおしを行なうことで生物の生活史にあわせた湖水位管理を実現することを目標にして始められた。

アサザプロジェクトはアサザなどの沖側に生育する水草群落の復元を行ないながら、それらの群落（浮葉植物、沈水植物）が有する消波効果や浅瀬を形成する効果を活かして段階的に進める自然再生事業である。しかし、このような自然再生事業を進めるうえで、前提となるのが湖水位の管理の見なおしである。湖水位の管理は系全体を左右し、湖全域に影響するものである。したがって、湖水位の管理を生物の生活史にあわせ生態系に配慮したものに変えることがもっとも効果のある自然再生事業であり、まさにその意味では公共事業の見なおしによる保全の確立こそが最大の自然再生である。

私たちはこのような考えにもとづいて、霞ヶ浦開発事業運用の見なおしに向けた社会的合意形成と保全生態学の社会的実践として進める湖と流域全体を対象とした環境保全事業「アサザプロジェクト」を一九九五年から開始した。

環境教育による公共事業の見なおし

ある公共事業が環境に大きな影響を及ぼすことが予想された場合、そのことが社会を構成する多くの人びとに広く理解されたときに、その公共事業は本来中止となるはずである。公共事業の見なおしやその先にある社会システムの再構築を進める原動力となるのが、環境教育である。多くの人びとが野生生物を絶滅に追いこんでいる原因やその背景にある状況を学び、得た知識や認識を立場を超えた人びと同士で共有することが何よりも重要である。また、まだ原因の解明されていない問題については、地域の人びとが野生生物の保全に必要な研究の場を、広域ネットワークの構築を通してつくり出し、実物大の実験フィールド（生態系レベル・社会レベル）を保全生態学者に提供することが不可欠である。

アサザプロジェクトでは霞ヶ浦開発事業運用の見なおしに向けた環境教育プログラムを作成し、そのなかのひとつにアサザの里親制度を盛りこんだ。一九九五年から里親の募集を行ない、湖に自生していたアサザ群落から採取した種子を希望者に配布した。流域の小学校を中心に会社や自宅でアサザを育てる里親希望者が年々増えて、二〇〇一年までに延べ五万六〇〇〇人を超える人びとが参加することになった。アサザの里親は鷲谷（一九九四）によって示されたアサザの実生の定着の推定プロセスにもとづいて、湖の自然な水位変化を再現しながら、アサザを育てる。また、学校では私たちNPOが出向いてアサザの生態を中心に湖の環境と野生生物の関係についての出前授業を行なった。学校などで育てたアサザは、あとで述べるように霞ヶ浦での自然再生事業の一部に利用されることになった。

このようにして、多くの人びとがアサザの里親制度や出前授業を通して、湖の野生生物と水位変化との関係などを学ぶことができたが、国は反対意見を押し切り、計画通り一九九六年から霞ヶ浦開発の運用(水位の冬季上昇管理)を実施した。

しかし、霞ヶ浦開発の運用後しばらくして私たちの予想通り湖内のアサザ群落が衰退を始めた。水位管理後五年間(一九九四年、一九九六年〜二〇〇〇年)で、湖のアサザ個体群は局所個体群が三四から一一に、群落面積(展葉面積)は約一〇万平方メートルから約一万平方メートルの約一〇分の一にいっきに減少していった(西廣ほか 二〇〇一)。この結果を受け、アサザ基金は水位管理の見なおしを当時の建設省に申し入れたが、建設省は原因が水位管理にあることがまだ特定できないとして申し入れを拒否した。しかし、その後、予防原則に従って現在の水位を見なおすべきであるというアサザ基金の再度の申し入れを受け、二〇〇〇年一〇月から冬季の水位上昇管理を凍結することになった。建設省も私たちが行なった環境教育プログラムによって、多くの人びとが水位管理が生態系へ及ぼす影響を理解した状況を無視することができなくなった結果である。

さらに、NPOと行政、研究者によって構成された委員会が設置され、私も委員に加わり、アサザをはじめとした植生帯の衰退の原因究明と生物多様性保全に適う湖水位管理が検討されている。その結果、二〇〇二年七月に委員会は植生帯の衰退の原因が護岸工事や水質汚濁、湖水位管理にあったことを認め、とくに湖水位管理を生物の生活史にあわせて柔軟に管理することを提案した。これを受け、国土交通省は生物多様性保全に配慮した湖水位管理の検討を始めている。

このように、アサザプロジェクトによる自然再生事業は、二〇〇〇年のアサザ基金による申し入れを受けて実施された霞ヶ浦開発事業の運用見なおしと同時に本格化した。現在、アサザプロジェクトの提案を取り入れた植生帯復元事業が湖の全域で実施されている。NPOアサザ基金はこの公共事業のコーディネーター役を務めている。大規模公共事業の見なおしと自然再生事業が一体のものとして、しかも市民主導で実施されていることがアサザプロジェクトの特色である。

この水位管理の見なおしは鷲谷いづみ氏らによる保全生態学にもとづくアサザをはじめとした保全に関する高いレベルの研究とその成果を、学校のみならず行政や市民など多くの人びとが共有するアサザプロジェクトの環境教育プログラムとの連携によって実現したものである。

自然の働きを活かした自然再生事業――土木工学的発想を超えるために

霞ヶ浦開発の影響は現在もつづいている。湖岸に設置された垂直なコンクリート護岸によって打ち返しの波が生じるため、ヨシ原などの浸食が止まらない状況にある。一度植生帯や浅瀬が失われた水域では荒い波が立ちやすくなる（図4・3）。このようなヨシ原の浸食防止や湖岸の植生復元を目的として、湖を管理する国土交通省は以前から大きな石積みの消波堤の設置を行なってきた（図4・4）。しかし、この消波堤の設置には大きな問題がある。

図4・3　築堤後の湖岸の様子

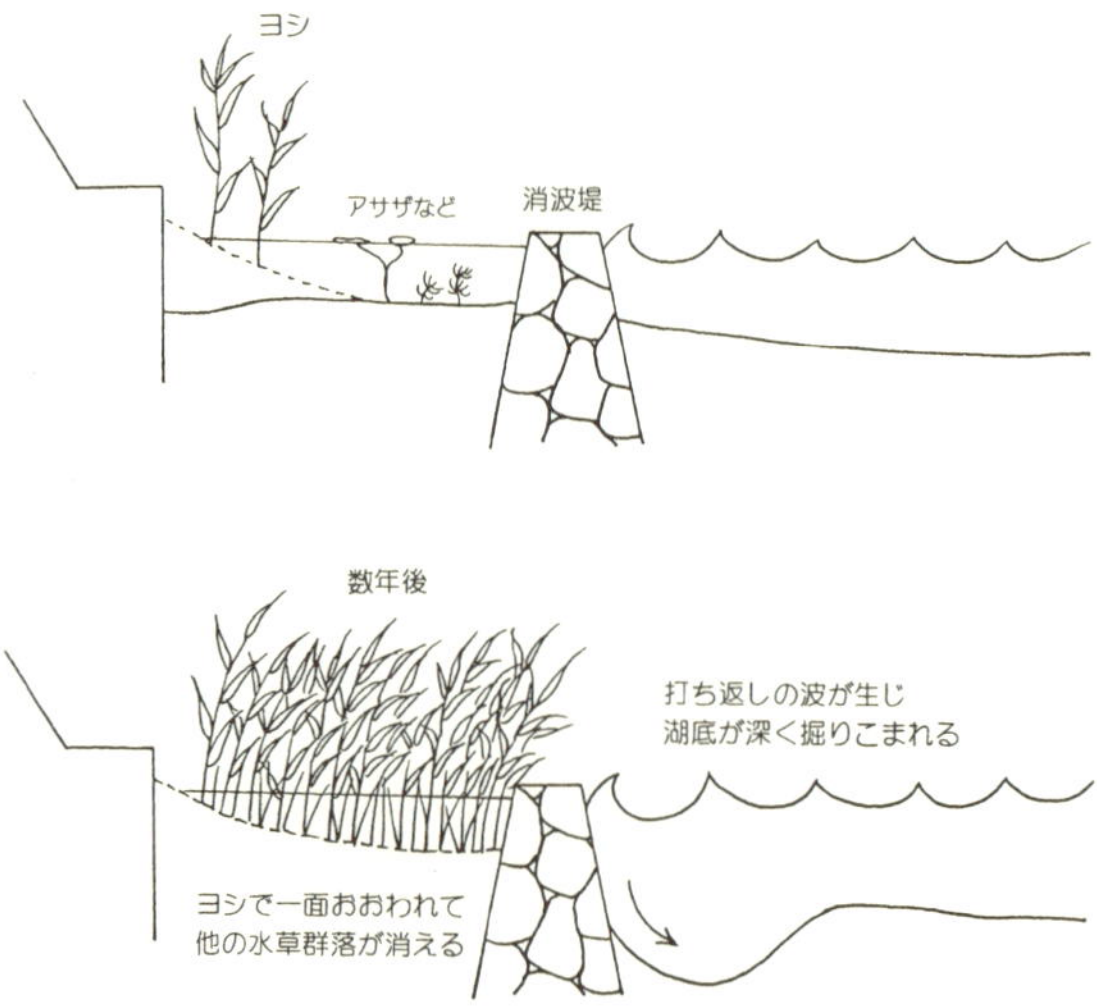

ヨシ
アサザなど
消波堤
数年後
打ち返しの波が生じ
湖底が深く掘りこまれる
ヨシで一面おおわれて
他の水草群落が消える

図4・4　行政が行なってきた植生復元事業の例

消波堤の問題点は、沖から押し寄せる波を防ぐことはできるが、石積みの堅い構造物であるため打ち返しの波が生じるので、消波堤の沖側の湖底が深く掘りこまれてしまうことである。多様な植生帯の復元に必要なゆるやかな斜面は形成されずに大きな段差が生じてしまう。一方、消波堤の内側にヨシを植えた区域でも問題が生じている。消波堤の内側ではヨシが一面を覆い単調な環境をつくり上げてしまうのである。

自然のヨシ原では、沖側に生育する沈水植物群落や浮葉植物群落を通して和らげられた波が進入し、ゆるやかな働きかけを受けているので、多様な環境がつくられている。つまり、多様性をもったヨシ原である。波によるゆるやかな働きかけは、ヨシ原のなかにさまざまな空間をつくり上げ、時間的・空間的なモザイク構造をヨシ原のなかに生み出す要因となる。

この波を力ずくで抑える消波堤の設置によってヨシ原を復元しようとする土木工学的発想では、本来の複雑なヨシ原の環境は再生できない。消波堤の内側は波による働きかけが失われた安定した静的環境になるので、ヨシなどの抽水植物に一面覆われてしまい、他の浮葉植物群落や沈水植物群落などが生育できない環境になってしまうからである（図4・4）。湖のヨシ原がもつ多様性やさまざまな機能は成立しない。

このように、力ずくで破壊した自然を力ずくで復元することはできない。原則として、自然復元は自然の仕組み（治癒力）を十分に理解したうえで、その仕組みを活かす方法で行なわれるべきである。

本来のヨシ原（多様な生物の生育地・生息地となる湿地）を再生させるには、ヨシ原の沖側に浮葉植物や沈水植物を段階的に復元し、それらの群落で波によるヨシの浸食を抑えつつ、同時にゆるやかな波によるヨシ原への働きかけ（動的環境）をつくるという、生態工学的発想が求められる。

したがって、水生植物群落の復元を目的に波を抑える処置を講じる場合も、石やコンクリートのように恒久的に現場に残り、群落と外の水域を分断するような構造物の設置は避ける必要がある。アサザプロジェクトはこれらの土木工学的手法への対案を示した。

アサザプロジェクトは、湖がもっている自然の働きを利用することで、湖全域で自然環境の再生を実施する取り組みである。具体的には湖に自生するアサザ（ミツガシワ科・絶滅危惧Ⅱ類）などの多様な水草群落を使う。アサザは湖面にハート型の葉を無数に浮かべ大きな群落をつくる。アサザの大きな群落ができると、沖合から湖岸に打ち寄せる波の力が群落に吸収され、波が抑えられる（同様の働きは沈水植物群落にも見られるが、水質が悪化した現在の霞ヶ浦では消波効果を期待できる群落の形成は困難である。沈水植物群落の再生はアサザプロジェクトの目標である）。そのため、岸寄りのヨシ原は波による浸食から守られる。同時に、私たちは波の弱められたアサザの群落付近には、時間はかかるが徐々に砂が堆積し浅瀬ができるという仮説を立てた。浅瀬が形成されればヨシなどの群落が広がることが可能となる。これは、本来水辺の植生帯がもっていた働きである。岸から沖に向かって、多様な水草群落が連続することで、その働きは生まれると考える。

アサザプロジェクトは力ずくで「自然を復元する」のではない。湖自身が再生する力、つまり自然治癒力を引き出すというやり方である。確かに、この方法ではヨシ原の再生にもある程度の時間がかかる。

しかし、湖全域を徐々に、だが確実に再生させていくことができると考える。

また、在来の水草を使った湖の再生事業には、湖全域で誰もが参加できる。湖に植え付けるアサザを育てる里親制度は、小学校を中心に流域全域に広がった。アサザプロジェクトの特色のひとつは、自然再生事業と環境教育が一体化していることにある。小学校を各地域での拠点にすることで、「霞ヶ浦再生」という夢の実現に向けて子どもと大人がともに取り組みながら、地域ぐるみで子どもたちを育てる環境をつくり上げている。持続可能な社会を構築するうえで未来の人づくりが重要である。湖全域で事業を展開するためには、事業に誰もがいつでも参加できることが条件となる。自然の働きを活かした事業の展開によって、市民参加の機会が拡大することになった。

伝統工法の採用によって循環型公共事業を実現する

社会に循環を生み出すためには、個々の取り組みや技術が自己完結しないことが重要である。取り組みが取り組みを連鎖的に生み出しながら、ネットワークが生成されるような展開が必要となる。それにより、公共事業も分野の境界を超え、地域全体に波及効果を及ぼすことができるようになる。従来の公共事業は個別型・自己完結型の典型である。

霞ヶ浦では現在、各地の市民や学校によるアサザなどの植え付け会が行なわれているが、自然環境が悪化してしまった湖に水生植物群落を再生させるのはそう簡単ではない。湖では護岸の影響で波が荒く、水草を植え付けても根が十分に張る前に流されてしまうことが多い。水草が十分な群落を形成するまでのあいだ、沖からの波を和らげるための処置が必要となる。

そこで着目したのが伝統河川工法「粗朶沈床」（粗朶消波堤）である（図4・5、6）。粗朶消波堤は、湖底に丸太を打ちこみ、枠を組んで、その中に雑木の枝を束ねた粗朶を詰めこんでつくる。この粗朶消波堤は、石などでつくる従来の消波堤とは異なり、波の打ち返しがほとんど生じないため沖側の湖底が掘り込まれることがない。また、波は抑えるが粗朶のあいだを通って外からの水の流れがあるので、消波堤と岸のあいだの水域では水の入れ替わりがある。そしてもっとも重要なことは、アサザが群落をつくり将来沖に向かって広がっていくときに、石積みの消波堤では地下茎が下を抜けていくことができないが、粗朶消波堤では粗朶が時間がたつと崩れてしまい最終的にはなくなってしまうので、アサザが地下茎を伸ばして沖に広がっていくことができることである。本当の自然復元をめざすには、石やコンクリートのように恒久的に設置場所に残るものは避け、木杭や粗朶など分解され自然に還る素材を用いるのが原則である。

さらに、粗朶消波堤の材料に流域の間伐材や雑木を使えば、流域の森林保全活動を湖の再生と同時に行なうことができる。粗朶消波堤の実施を契機に、アサザプロジェクトは水源を含めた流域全体を視野に入れた取り組みへと発展した（図4・7）。

霞ヶ浦流域の森林面積は、流域全体の二割にまで減少している。このまま森林の減少や荒廃を放置すれば、湖の健全な水循環を維持することが困難となる。流域全体を視野に入れた森林保全の実施が急務

図4・5　湖に設置した粗朶消波堤

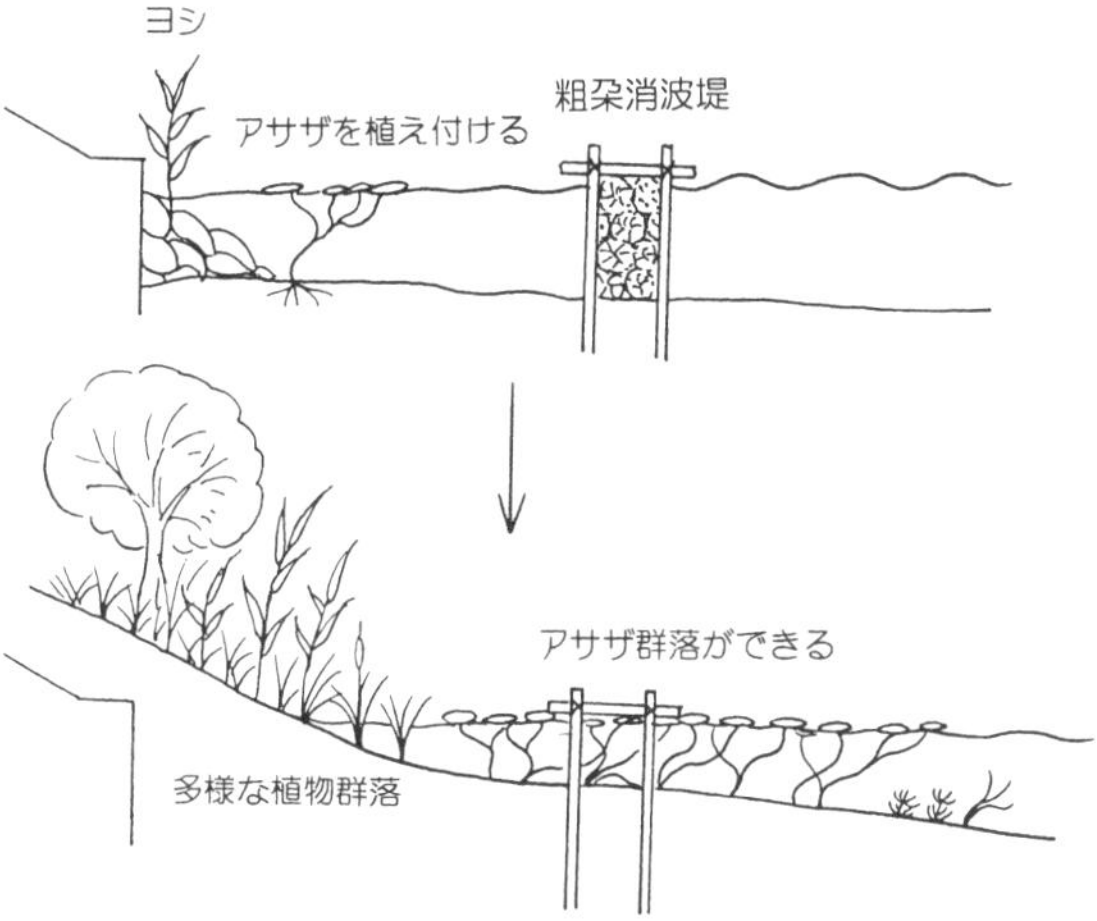

図4・6　市民が提案した植生帯復元事業

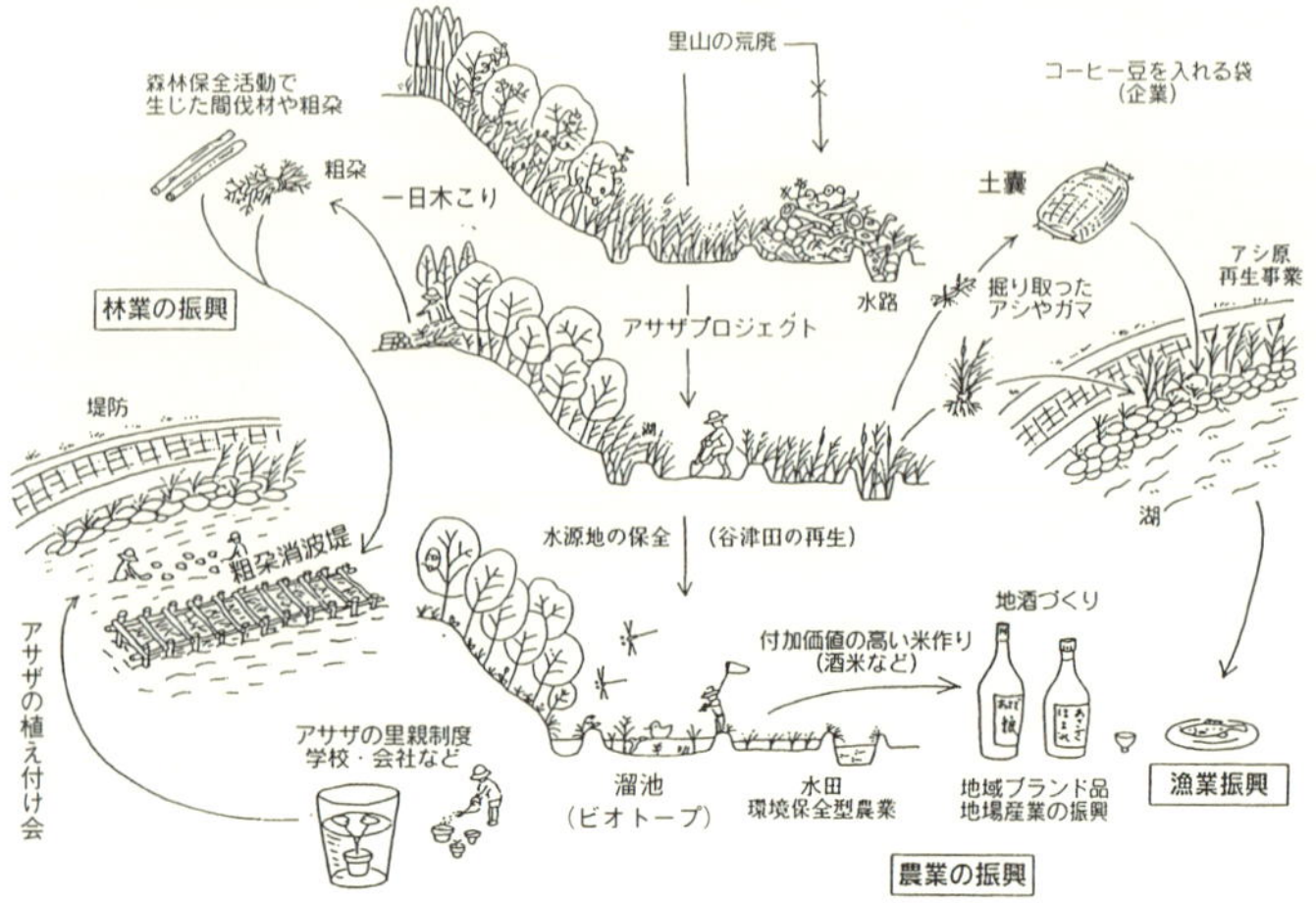

図4・7　アサザプロジェクトによる循環型公共事業

である。現在、国土交通省は私たちの提案を受けて、湖岸植生帯の保全再生事業を行ない、そのなかで粗朶消波堤の設置を公共事業として実施している。これにより、流域全体を視野に入れた森林管理ができる可能性が生まれた。

市民型公共事業による社会への波及効果

粗朶消波堤の採用によって、当初流域の森林組合から間伐材（スギやヒノキなど針葉樹）を供給する体制をつくることができたが、粗朶（雑木の枝）を供給することはできなかった。粗朶は流域の雑木林（落葉広葉樹林）を下草刈りや間伐などの管理をすることで生産される。しかし、流域の雑木林は使われなくなってから三〇年以上もたっていて、どこも荒れ放題である。雑木林を利用する暮らしや産業もなくなって久しいからである。

流域の雑木林から粗朶を供給するためには、新しく産業（地域との結びつき）を生み出すしかない。流域の雑木林の手入れを行ない、そのときに発生する雑木の枝を集めて粗朶をつくり、湖の再生事業（粗朶消波堤）に供給する産業が必要である（図4・8）。そこで、これまでアサザプロジェクトに参加してきたさまざまな自営業者や企業に呼びかけて、㈲霞ヶ浦粗朶組合を結成することになった。環境再生事業がきっかけで流域に新しい産業が生まれたのである。これにより、環境保全以外にも雇用の創出など社会的効果も生まれている。

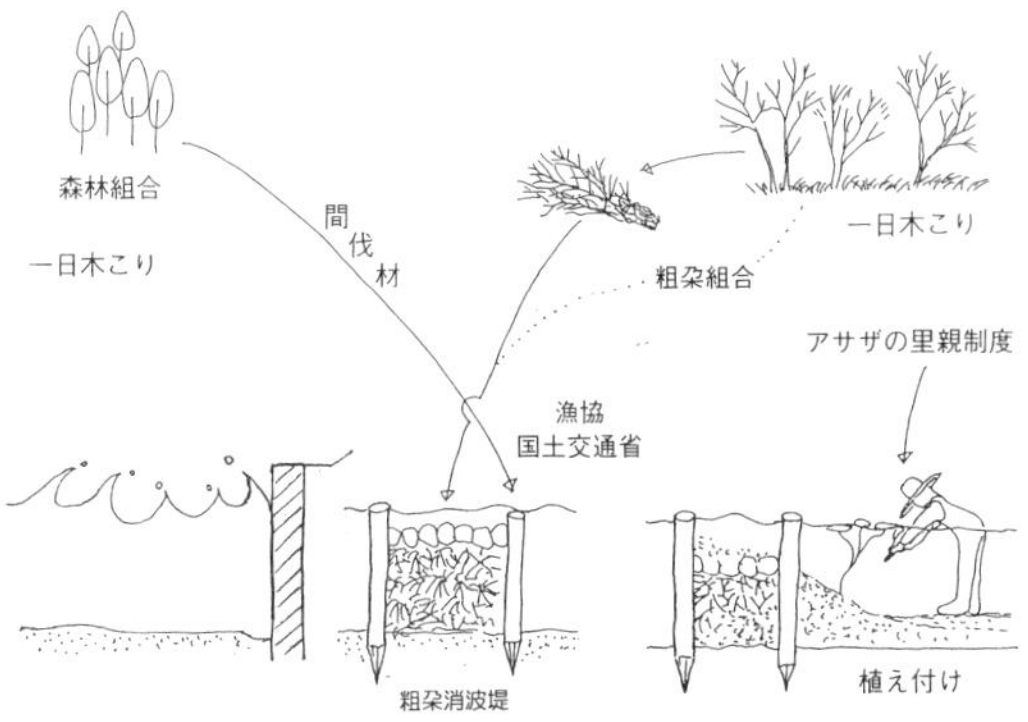

図4・8　湖の自然再生事業と流域の森林保全事業を結びつける

これまでにも、行政や市民団体によって流域の森林保全活動は行なわれてきたが、いずれも特定の区域を対象としたものに限定され、流域全体を視野に入れた広がりのある保全にはほど遠い状況であった。しかし、㈲霞ヶ浦粗朶組合のような新しい産業と連携することで、森林保全がこれまでの「点」から、流域全体を覆う「面」へと展開できるようになった。環境保全の取り組みを流域全体で展開しようとするときに、地域に広がりをもつ産業との連携は不可欠である。㈲霞ヶ浦粗朶組合では、生物多様性保全や水源保全を軸に森林管理を行ないながら粗朶を生産している（図4・9）。

このような仕組みを活かして里山保全や流域管理を効果的に実施していくためには、公共事業に供給される粗朶などが里山保全や流域管理に則して生産されたものであることを表示する仕組みが必要となる。公共事業で使われる林産物に、森林保全を目的にした適切な管理を実施したことを保証する調査資料などを添付することを制度化することができれば、工事資材の流通システムに森林保全機能を組みこむことができ、流域レベルでの森林保全に大きな効果を発揮することが期待できる。

図4・9　上　㈲霞ヶ浦粗朶組合による里山の手入れ作業（下草刈り）
雇用創出効果も生まれた
下　手入れを行ない粗朶を採取した後の雑木林
林床に光が当たるようになり、多くの生物が戻ってきた

㈲霞ヶ浦粗朶組合では、アサザ基金の提案を受け独自の制度で粗朶の生産出荷を行なっている。NPO法人アサザ基金が対象となる森林の環境調査（植生・動物など）を行ない、それらのデータをもとに森林管理台帳の作成を行ない、粗朶組合が管理台帳を産地証明書とともに粗朶に添付するかたちで出荷している。森林の管理手法やモニタリング手法の開発については、東京大学と森林総合研究所の協力を得て進めている。

既存の社会システムを質的に転換することで流域全体に事業を浸透させる戦略

アサザプロジェクトが広大な流域を対象とした事業を展開するための戦略のひとつが、既存の社会システムの質的転換である。アサザプロジェクトは流域内の小学校を各地域の活動の拠点と位置づけ、各学区を事業の基本単位としている。小学校の学区は、生物としての人間（ヒト）のなかでも、移動力の弱い子どもの移動可能な範囲を単位とした空間配置を社会化したものである。人間の日常的な移動範囲を基本単位とすることで、子どもやお年寄りがふだんの生活のなかで水辺や雑木林の自然と触れ合える環境を保全していくことを目標に事業を進めていくことができる。また、半径約二㎞程度の小学校を中心とした区域を単位とする学区は、教育の機会均等などをもとに流域にほぼ均等に分布しているので、流域全体を学区のネットワークで覆うことができる。学区は生物の分布状況を把握する単位として有効であり（たとえば、流域に生息する移動力の弱いトンボでも約一〜一・五㎞移動することがわかっている。守山ほか 一九九〇)、また、地域コミュニティーの単位としても有効である。アサザプロジェクトでは小学校にビオトープを設置して新たな生息地をつくり、学区単位での生物供給ポテンシャルの把握を行なうとともに、市民型公共事業に連動した総合学習の場をつくることで、地域づくりへの人的社会的資源の供給ポテンシャル(多様な主体の参画)を学区単位で常時把握することができる(「自然再生事業と学校ビオトープ」の章も参照。図7・3)。学区という既存の社会システムを質的に転換することで、これまで実現を見ることがなかった流域管理が、膨大な資金や労力を費やすことなく確立できる可能性を示すことができた。

アサザプロジェクトは保全生態学の社会的実践の場であり、研究者と協働で科学的な検証を受けつつ霞ヶ浦再生事業を進めている。目標は霞ヶ浦本来の生物群集の復活である。アサザプロジェクトでは広域的で総合的な取り組みを環境教育と一体のものとして進めている。この取り組みは、流域の一七〇の小学校の参加を得ることで実現できた。湖の植生復元事業で再導入する植物は、すべてこれら流域の小学校で管理するビオトープで育成した個体を使うので、移入種や流域外の種の侵入をコントロールすることができる。あわせて、学校では外来種移入種問題についての授業も行なう。また、アサザなどの特定の種の系統保存も可能となる。それ以外にも、各ビオトープでは学区内のメダカを保存し地域個体群の保護の重要性を学ぶ(メダカの学区制)。

さらに、学校ビオトープネットワークを流域管理の構築に活かしていく戦略を展開している。各学校ビオトープに集まる生物を調べ、ITを使って流域単位で生物情報と環境情報を把握するシステム(流

図4・10　大規模に浅瀬をつくり、生息地の復元を行なった
2002年9月霞ヶ浦・石岡市石川地区

域管理）をNECと共同で開発している。

小学生が主役の公共事業――計画から実施、評価まで、住民参加で進める

霞ヶ浦では、二〇〇一年から湖全域で大規模な自然再生事業が始まった（図4・10）。この事業は国の公共事業として実施されているが、これまで紹介したようなアサザプロジェクトのシステムを前提に実施されている。したがって、公共事業と流域のさまざまな主体との連携づくりやコーディネーター役は私たちNPOが行なっている。もちろん、事業の進め方や専門的な打ち合わせを行なう委員会にもNPOが参加している。

自然再生事業を行なううえで、自然環境が損なわれる以前の状態を知ることが重要である。ところが、霞ヶ浦では護岸工事が実施される以前の自然環境についての詳細な調査はほとんど実施されていない。そのため、現在植生の復元工事を実施している地域には、かつてそこにどのような植生帯があり、風景が広がっていたのかを記録したものが、行政機関や研究機関にはない。そこで、私たちは工事現場周辺の小学校に調査を依頼することにした。調査方法は地元の小学生が祖父母や近所のお年寄りから昔の湖岸の様子を聞き取り、いっしょに絵を描いてもらうという方法をとった。かつてそこにどのような水草が生え、生き物が生息し、どんな遊びをしたかなどを細かく聞き取って絵に描いてもらう（図4・11）。

　これらの調査をもとに、NPOや研究者が子どもたちや地元住民といっしょになって植生復元計画をつくり、さらに、復元に必要な植物の苗の育成などを行なっていく。各学校には、すでに霞ヶ浦産の代表的な水草が植えられたビオトープが設置されている。今後このビオトープで増えた水草を湖での植生復元に使う計画である。

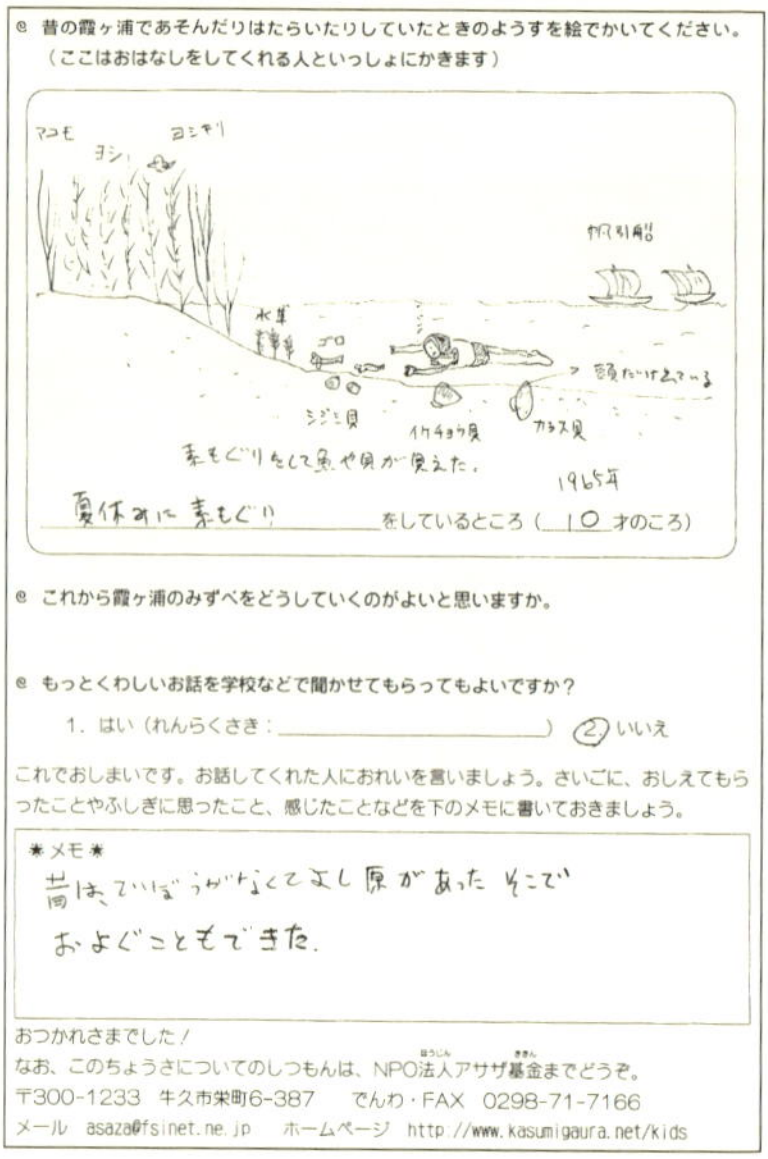

◎ 昔の霞ヶ浦であそんだりはたらいたりしていたときのようすを絵でかいてください。
（ここはおはなしをしてくれる人といっしょにかきます）

マコモ　ヨシ　ヨシキリ　帆引船　水草　ゴロ　シジミ貝　イケチョウ貝　カラス貝　顔だけ出ている

素もぐりをして魚や貝が見えた。　1965年

夏休みに素もぐり をしているところ（ 10 才のころ）

◎ これから霞ヶ浦のみずべをどうしていくのがよいと思いますか。

◎ もっとくわしいお話を学校などで聞かせてもらってもよいですか？

1．はい（れんらくさき：　　　　　　　　）　②いいえ

これでおしまいです。お話してくれた人におれいを言いましょう。さいごに、おしえてもらったことやふしぎに思ったこと、感じたことなどを下のメモに書いておきましょう。

＊メモ＊
昔は、ていぼうがなくてよし原があった そこで
およぐこともできた.

おつかれさまでした！
なお、このちょうさについてのしつもんは、NPO法人《ほうじん》アサザ基金《ききん》までどうぞ。
〒300-1233　牛久市栄町6-387　　でんわ・FAX　0298-71-7166
メール　asaza@fsinet.ne.jp　　ホームページ　http://www.kasumigaura.net/kids

図4・11　お年寄りへのアンケートの例
これらのデータをもとに植生復元計画がつくられる

このようにして事業が完了した後は、実際に目標とした野生生物が戻ってくるか、水質改善が見られるかなどを小学生や住民が調べ、事業の効果を評価する。復元した浅瀬にコイやフナが来て産卵する様子を記録したり、復元したヨシ原にオオヨシキリが巣をつくったり、ツバメがねぐらにしたりする様子を記録していく。

これらの事業はお年寄りに地域づくりへの参加の機会や、孫の世代との交流の機会をつくることになり、お年寄りには大変好評であった。今後は将来の自然再生事業に向けて湖の周囲全域で、小学生による聞き取り調査を実施する計画である。

アサザプロジェクトが進める市民型公共事業は、計画から実施、評価までを住民や小学生が参加して行なう新しい公共事業である。そして、多くの住民が主体的に事業に参画することによって、その効果を環境だけではなく、教育や福祉、産業など、既存の枠組みを超えて、地域へ最大限に広げていくことができる公共事業である。

人格が機能するネットワークの構築――環境保全と福祉の一体化

社会が複雑化し同時に組織の機能が専門化したことで、相互の関係性が見失われた結果、実社会の課題が個別の技術や対策では解決されなくなった。今日の環境問題は環境政策の枠組みのなかにとどまるかぎり解決できないのは当然である。それは環境にかぎらず、福祉政策についてもいえる。つまり、福祉は福祉政策の枠組みを超えた取り組みよって実現することになる。生活者の立場から見れば、福祉はすべての分野に開かれたシステムによって実現するものである。

福祉においてもっとも重視されるべきは個々の人格であり、人生の最後の瞬間まで自己実現の可能性を失うことなく、個々の人格が尊重される社会こそ、真に福祉が実現した社会といえるのではないか。同じことは環境保全についてもいえる。個人を核とした現代社会では環境保全が人びとの生き方や価値観と結びつかないかぎり、人びとの主体的な行動を引き出すことはむずかしい。つまり、自分の生活のなかで起きるさまざまな出来事を総合化し、人格を通して統合しようとする意志をもつ個々人が核となったネットワークこそが、自然と共存する社会の基礎となるものである。その意味で、環境保全と福祉は切り離せない。

今、私たちの社会に求められているのは、まさに人格が機能するネットワーク型社会の構築ではないのか。二〇世紀の社会はピラミッド型の社会であり、その原理はつねに力による問題解決であった。二〇世紀が戦争と自然破壊の世紀であった背景には、強力な中央集権（センター）を志向する力の論理があった。私たちがめざす二一世紀型社会は、総合化する主体を権力に頼らない、力に頼らない、中心をもたないネットワーク型の社会であり、その社会の特徴は個々の人格が機能することにある。

アサザプロジェクトが構築する広域ネットワークの中心には組織はない。中心にあるのは、すべての人びとに開かれた協働の場である。この広がりつづけるネットワークは、プロジェクトに参画する個々の人格を通して総合化され統合される。これはすべての人格が尊重される社会、つまり真の福祉があってはじめて実現するものである。アサザプロジェクトが構築するネットワークは上記の福祉社会の実現を志向するものであり、環境と福祉との一体化をめざすものである。福祉社会の実現を通して、自然保護と対立する現在の公益のあり方も見なおしていくことができるだろう。

NPOが公共事業と公共事業を連携させる

流域管理や流域一貫といった言葉が聞かれるようになって久しいが、実際はその具体化は進んでいない。流域内ではさまざまな行政機関による施策が実施されているが、それらの施策をたんに寄せ集めただけでは、総合的な施策が実現できないことは明らかである。霞ヶ浦においても過去に何度か、各行政機関が集まって共同プロジェクトが試みられたが、総合的な施策は実現を見ていない。このことは行政主体の取り組みでは、縦割り機構を克服して施策の総合化を実現することが、きわめて困難なことを示している。

私は行政機関は「市民型公共事業」を軸に据えることで、流域管理や流域一貫の施策を進めていくことができると考える。アサザプロジェクトでは、これまで個別に行なわれていた市町村や国の公共事業を、市民活動を媒介に連携させることで新しい効果を引き出しているからである。ここにその一例を示す。

霞ヶ浦に流入する山王川は、石岡市中心部を流れる中小河川で流域の都市化にともない水質汚濁が進

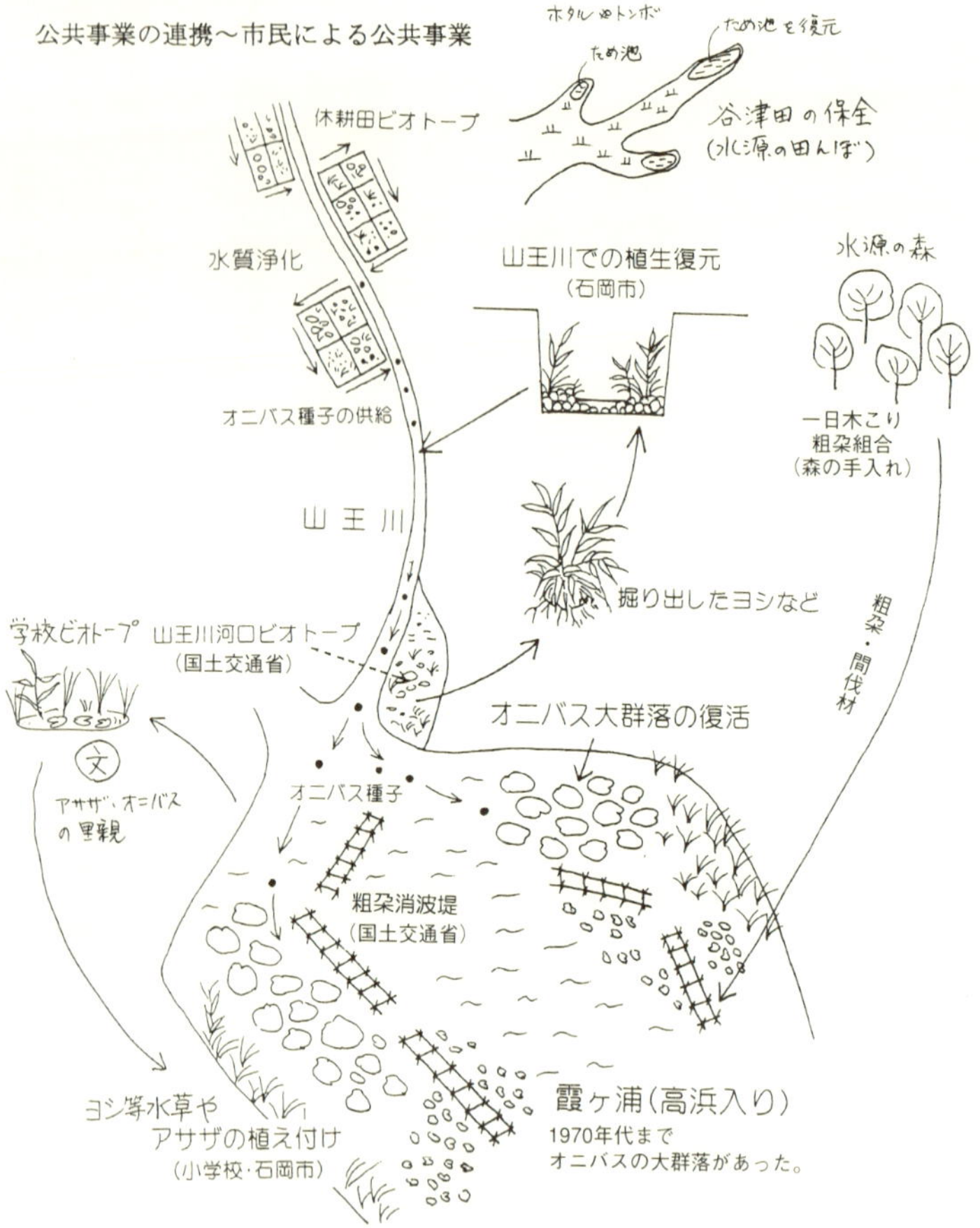

図4・12　霞ヶ浦と流入河川山王川を一体的に保全・再生する取り組み

んでいる。また、護岸化により河川の自然環境も大きく失われている。山王川は河道が直線化され、三面コンクリート張りの区域が大半を占めている典型的な都市河川である（図4・12）。また、山王川の周囲では休耕田が増えつづけている。山王川を管理する石岡市では、環境保全課が河川の水質浄化策を行なってきた。周囲に広がる休耕田対策は農政課が行なっている。しかし、互いの施策は関連なく実施されている。

一方、山王川が流入する霞ヶ浦を管理しているのは国土交通省である。国土交通省も湖での保全事業を実施しているが、流入河川で市町村が行なっている施策とは連携していない。水系として一体でありながら流入河川と湖では、行政の枠のなかでそれぞれに個別の施策が講じられているのが現状である。それは、流域を管理する茨城県と湖を管理する国土交通省も同様である。

アサザプロジェクトの展開が進むなかで、国土交通省も石岡市もプロジェクトに参加するようになった。そこで、プロジェクトを核に行政の垣根を超えた水系単位の総合的な取り組みを市民側が提案したところ、実施することになった（図4・12）。

まず、山王川では一九九八年から三面コンクリート張りの河川内に植生を復元し、生物の生息空間をつくる取り組みがアサザ基金の設計で石岡市によって始められた（図4・13）。

これにあわせて、国土交通省は山王川河口にかつて造成し現在は土砂が堆積して機能しなくなっている植生浄化施設をビオトープに改造する工事を開始した。こちらもアサザ基金が設計した。区画内にヨシを植えて水質を浄化する目的で造成した施設だが、数年で土砂が堆積して陸化してしまい施設内に水

図4・13　三面コンクリート張りの川に、くず石（花崗岩）を入れ、水草を植えた
トンボや水鳥、魚が生息するようになった

を引きこむことができなくなり、施設としては機能しなくなっていた。また、魚類など水生生物も生息地として利用できない状態になっていた。

そこで、河口の攪乱が起こる水環境を復元し、絶滅の恐れのある生物の保全を行なうビオトープとして改造する計画を、アサザ基金が提案した。ビオトープ造成ではふたたび施設内に湖や河川から水が流れこむ状態にして、生物が移動できるようにする。そのために、陸化した部分を掘り下げる工事を行なう。この工事にともなってヨシなどの抽水植物が掘り取られることになるが、掘り取られたヨシなどをそのまま上流に運び、石岡市が行なっている山王川での植生復元工事に使う（図4・12、13）。同じ河川内（約一㎞）での生物の移動なので、問題が生じる可能性は少ない。二つの工事の工期が重なる

図4・14
休耕田を利用したビオトープの例、オニバスの群落をつくる
石岡市山王川流域

ように、NPOが国土交通省と市のあいだに入り調整した。

河川周辺の休耕田のビオトープ化も同時に行なっている（図4・14）。山王川の水を休耕田に汲み上げ、在来の水生植物オニバスなどや水鳥、トンボなどの生育・生息地をつくり、同時に水を浄化して河川に戻す取り組みである（図4・12）。一九九九年度は約五〇a、二〇〇〇年度は約八〇aの休耕田をビオトープ化したが、今後も規模を拡大していく計画である。

また、二〇〇〇年度からは、水田の上流部にある谷津田に伝統的な溜池を復元する取り組みも始まっている。溜池はセイタカアワダチソウやヨシに覆われた休耕田を整備して、開放的な水面をもった湿地に戻す。溜池に溜める水は、周囲の森林からの湧き水である。谷津田は谷間につくられた水田で、機械化がむずかしいなどの理由で耕作が放棄されることが多い。最近は荒廃が進んだ谷津田で産業廃棄物の不法投棄が行なわれるようになり各地で問題化している。湖の水源部に位置する谷津田の荒廃や汚染は、将来にわたり深刻な影響を及ぼすことになる。アサザプロジェクトでは、谷津田の保全を各地で実施していく方針である（図4・15）。休耕田が広がった谷津田では、ビオトー

図4・15　上　谷津田の谷頭に多い伝統的な溜池を休耕地を利用して復元した
　　　　下　谷津田は湖の水源として重要であり、多くの生物の生息地にもなっている

図4・16
浅瀬の復元工事が終わったかつてのオニバス群生地
2002年5月
霞ヶ浦・石岡市石川地区

図4・17
学校ビオトープで増やした霞ヶ浦産の水草を復元地区に植える

プづくりや蔵元（地酒造業者）と連携した酒米栽培などを各地で実施していく準備を進めている（図4・7）。

また、これらのビオトープは市内の小学校の環境教育の場として活用されている。広域的な取り組みを通して、互いに関連のあるさまざまな場所での学習を重ねることで、総合的なものの見方ができる人づくりにもつながる。

このようにアサザプロジェクトでは、市民が縦割りの行政組織を組み合わせていくことで、失われていた連続性（水田、河川、湖）を取り戻している。この目標のひとつは、山王川が流入する高浜入り（霞ヶ浦の

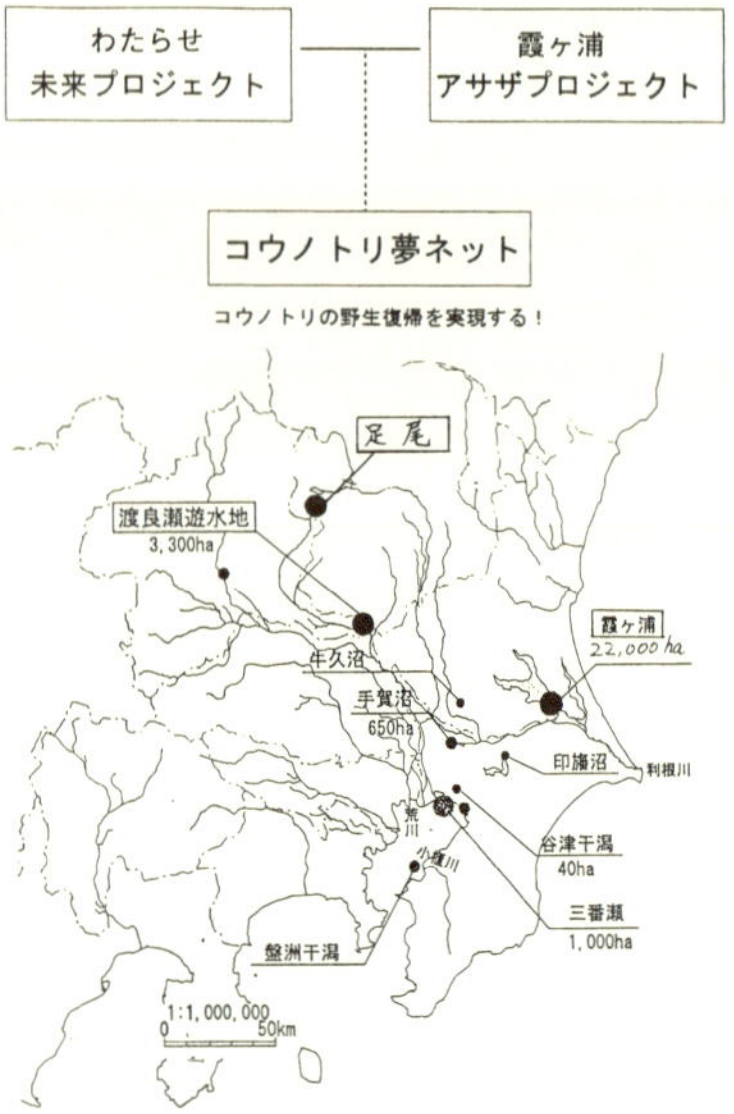

図4・18　霞ヶ浦流域と渡良瀬川流域、足尾山地の連携による環境保全・再生

入り江）に一九七〇年代まであった国内有数のオニバス（絶滅危惧種）群落を再生することである。それには、休耕田ビオトープで毎年生産される大量のオニバス（霞ヶ浦産）の種子が、山王川を通して高浜入りに流れこむという、連続した水環境の再生が水系単位で実現されなければならない。高浜入りでは、二〇〇一年度に国による粗朶消波堤や浅瀬の造成工事（図4・16）が行なわれ、石岡市内の全小学校が参加して、オニバスの育成や水草の植え付けなどの再生事業が実施されている（図4・17）。

このように、流域の水田地域や流入河川と湖をひとつの連続した水系としてとらえ、同時に保全・再生する取り組みが、公共事業と公共事業を連携させるかたちでアサザプロジェクトを軸に進みつつある。

図4・19
荒廃した足尾の山
国やNPOによって緑化事業が行なわれている

わたらせ未来プロジェクト「治水は造るものにあらず」

二〇〇〇年からはアサザプロジェクトと連携した自然再生事業「わたらせ未来プロジェクト」が、霞ヶ浦と同じ関東平野に位置する渡良瀬遊水地（以下、渡良瀬湿地帯とする）で始まった。関東平野に存在する二つの大きな湿地を連携させてコウノトリやトキの野生復帰を進める計画である（図4・18）。

わたらせ未来プロジェクトは、日本で最初の公害事件「足尾鉱毒事件」が起きた足尾山地を含む渡良瀬川流域を対象とした自然再生事業である。足尾鉱毒事件を契機に本格化した利根川改修工事（利根川東遷）は、下流の霞ヶ浦の未来にも大きな影響を与えた。足尾山地では約三〇〇〇haもの森林が失われ、国による緑化事業が四〇年前から行なわれているが、一〇〇年以上たった今もその傷跡が生々しく残る（図4・19）。上流での大規模な森林破壊にともなう洪水や、垂れ流しの鉱毒を食い止める

図4・20
国内有数のヨシ原が残る渡良瀬遊水地（旧谷中村）今は野生生物が豊富である

ために、治水事業と称して旧谷中村を強制廃村に追い込んでつくったものが、現在の「渡良瀬遊水地」である。

わたらせ未来プロジェクトでは、渡良瀬湿地帯のヨシを上流の足尾山地の森林再生事業に活用する提案を行なっている。上流の公共事業（森林再生・治山）と下流の地場産業（ヨシズ業）とを連携させて、上下流を一体化した環境再生事業を行ない、同時に地域の活性化を実現しようとしている。地場産業に新たな価値（ワイズユース・湿地の賢明な利用）を見出し、その活性化を促すことで広大なヨシ原の保全を実現しようとする戦略である。

渡良瀬湿地帯（三三〇〇ha）には国内最大級のヨシ原（図4・20）があり、そこには絶滅に瀕した生物が数多く生息している。このヨシ原を維持管理してきたのは地場産業のヨシズ業であったが、近年は輸入ヨシズに押されヨシズ業が衰退しているため、ヨシ原の存続がむずかしくなっている。かつて、旧谷中村を追われた多くの人びとが、ヨシズ業を営むようになった。

そこで、渡良瀬湿地帯のヨシを上流の足尾の森林再生事業に

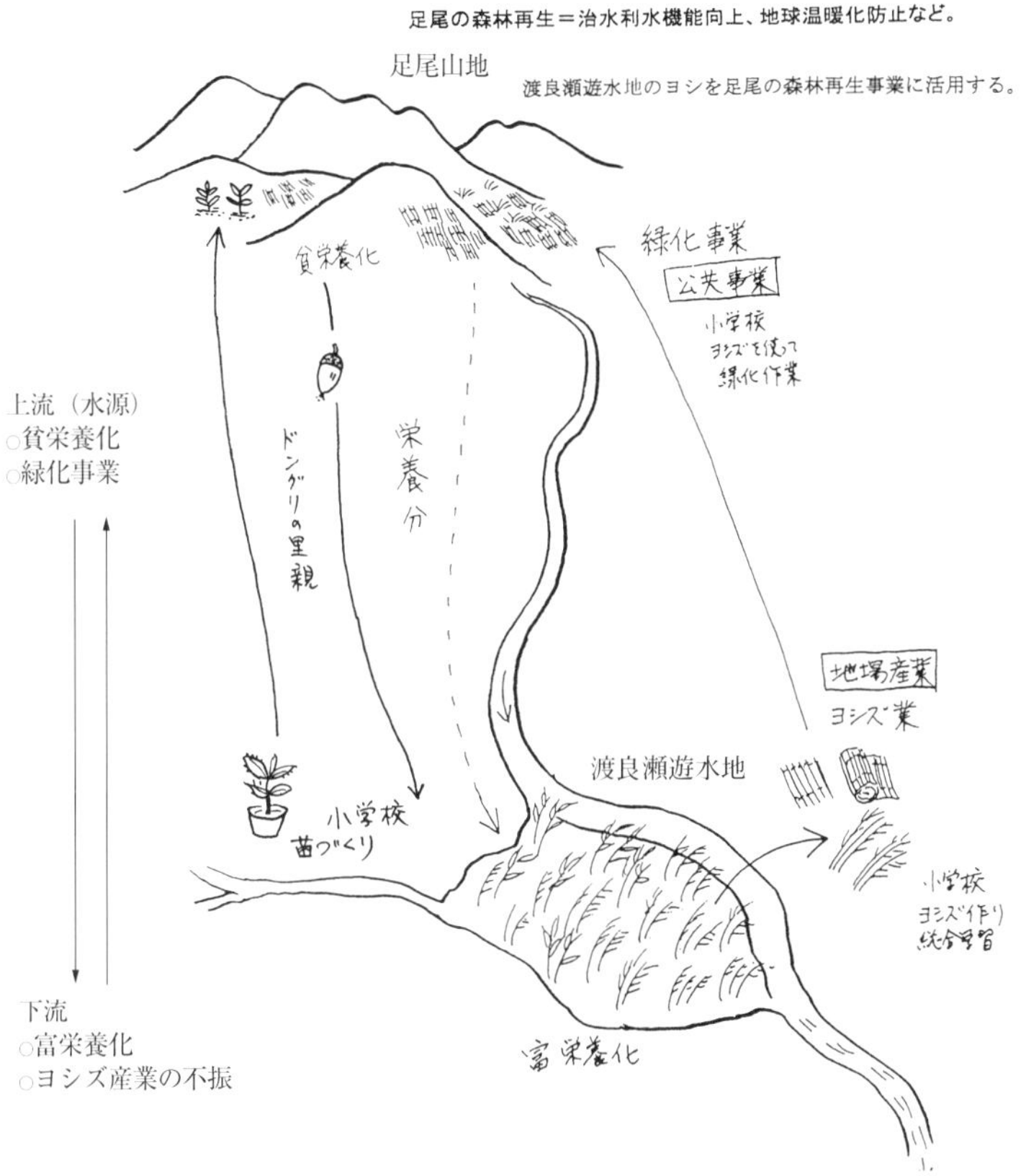

図4・21　わたらせ未来プロジェクト
一次産業・地場産業と公共事業の連携〜市民による公共事業
渡良瀬遊水地の湿地再生事業と足尾の森林再生事業の連携

図4・22
渡良瀬遊水地のヨシ原を保全するためのヨシ刈り作業
NPOとヨシズ組合、小学校が共同で行なう

遊水地で刈ったヨシを使って、ヨシズを編む小学生
ヨシズは足尾に送り、緑化事業で活用される

活用することで、ヨシの新たな需要を生み出し、地場産業の振興を図ることにより、広大なヨシ原の保全を行なうという提案をした（図4・21）。まず、この取り組みは小学校の学習の一環として始まった（図4・22）。また、林野庁と共同の実験も始まっている。かつて、足尾鉱毒事件によって森林が荒廃し足尾の山から大量の栄養分が流出した。そして、その多くが洪水とともに渡良瀬湿地帯へと流れこんだ。それから一〇〇年後に今度は栄養分を環境再生事業によって、ヨシというかたちでふたたび足尾に戻す取り組みが動き出している。ヨシは足尾での森林再生事業で、土壌流出防止や堆肥として活用する計画で実験が進められている（図

図4・23
植樹をしたまわりに遊水地のヨシを敷いて、土壌の流出防止や保湿を図る足尾に緑を育てる会

足尾の緑化事業に使うヨシの堆肥づくり
青葉のヨシを刈って、堆肥にする技術は古くから地元にあった

4・23)。

同時に、上流と下流の交流事業として、足尾山地で採取したドングリを下流の渡良瀬湿地帯周辺の小学校や家庭で育ててもらう里親制度を行なっている。これまで足尾山地ではヤシャブシやヤマハンノキ、ハリエンジュ、牧草などの緑化用植物を主体に森林再生事業が行なわれてきたが、とくにハリエンジュや牧草などの外来種の利用は、水系全体に影響を及ぼす恐れがある。今後は、足尾山地にもともとあった植生の復元をめざして再生事業を進めていくことが課題となっている。そのためには、足尾山地で採取した種子をもとに苗木を育て、足尾山地の森林再生事業に使うシステムをつくる必要があ

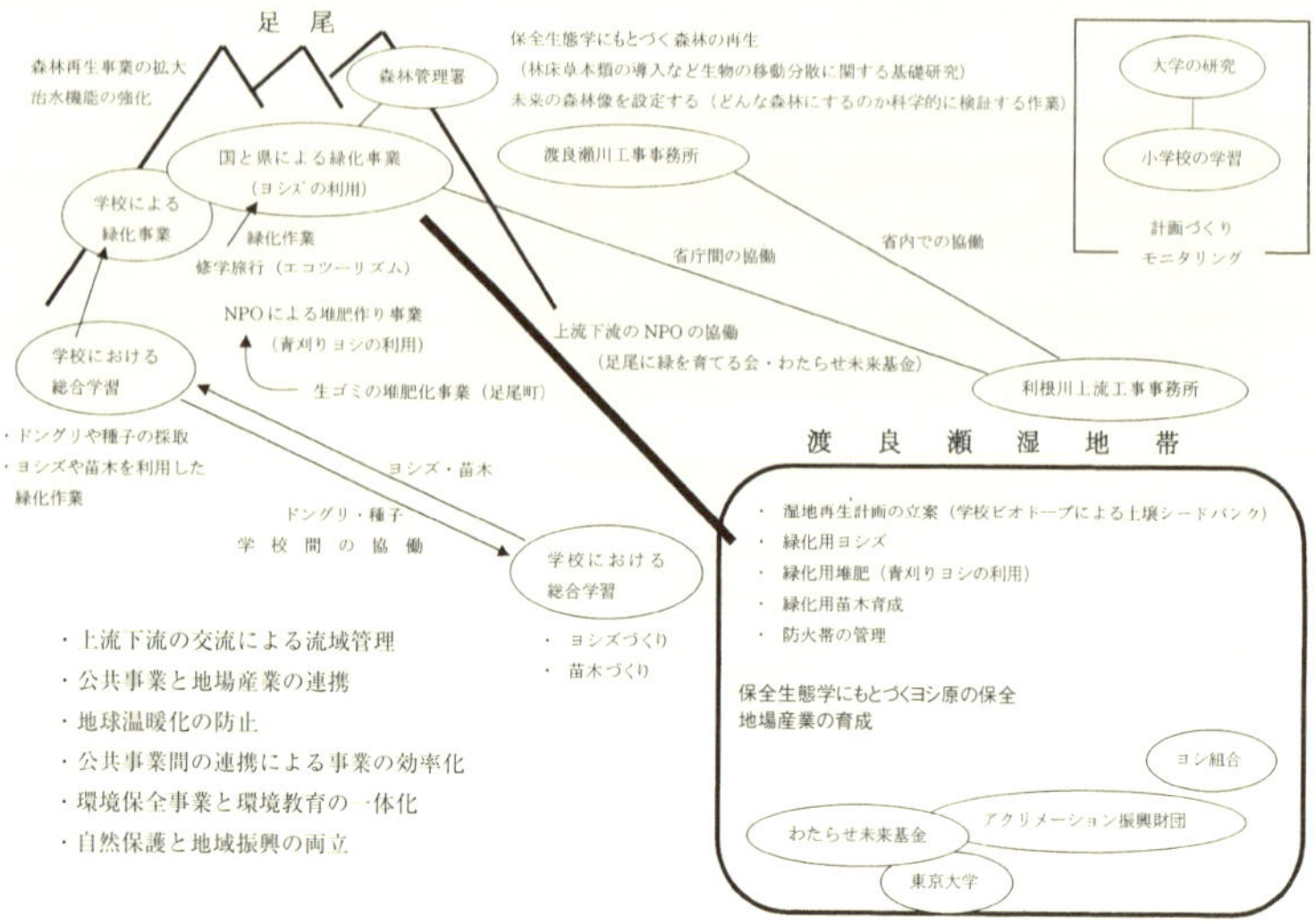

図4・24　市民と行政の協働による渡良瀬川流域管理計画

る。そこで、足尾山地で採取したドングリなどの樹木の種子を土壌の肥沃な下流に送り、里親に苗木を育ててもらうシステムを提案した。上流下流の小学校を中心とした交流で、植樹を育成するシステムをつくることで、水系外からの種の導入を防ぐことができ、水系単位での生物多様性の保全が図られる。

渡良瀬湿地帯では遊水池化にともない土砂の流入量が増えた結果、湿地帯内の多くの池沼や湿地が埋まって消え、湿地の乾燥化が進んでいる。そこで、わたらせ未来プロジェクトでは、湿地復元計画の立案のための土壌シードバンクの実験を周辺の小学校と協働で行なっている。学校の校庭につくった池の底に渡良瀬湿地帯で採取した土砂を敷きつめ、水を張って、土砂の中から発芽する植物を調べるという実験である。詳細な調査を東京大学の鷲谷研究室が担当し、出前授業などの学校活動とあわせて、渡良瀬湿地帯再生のための基礎的な研究が進められている。ここでも、自然再生事業と環境教育、研究が一体のものとして進められている。

各学校に設置された池はビオトープとしても活用され、霞ヶ浦流域と同様に池に集まる生物の供給ポテンシャルの把握を通した流域管理システムの構築に役立てられる。わたらせ未来プロジェクトは、これらのNPOが提案した取り組みを総合化したかたちで進められている（図4・24）。そして、この多様な取り組みを統合する主体は、これに参画するひとりひとりの市民である。

田中正造は「治水は造るものにあらず」という言葉をこの土地で書き残している。わたらせ未来プロジェクトは渡良瀬川流域の自然環境のネットワークの構築と、それに重なる人的社会的ネットワークの構築をめざしている。そして、私はこれら二つのネットワークが流域に構築されたときに、この土地ははじめて足尾鉱毒事件によって課せられた「遊水池」という「くびき」から解放され、本当の意味の自然再生が始まると考えている。

新しい時代を開くために、私たちの社会システムを野生生物が評価する

アサザプロジェクトでは湖の自然を取り戻すのも、社会を変革するのも、力ずくではない。それは社会にゆるやかではあるが深い変革をもたらす取り組みである。その戦略は地域に根ざした既存の社会システムに環境保全機能を組みこみ、面として広がる取り組みをつくり、同時にそれぞれの組織に全体と

の結びつきを意識させることでその質的転換を促すものである。また、環境保全の視点から既存のシステムのなかに新しい価値を見出し、その価値を環境保全を軸につくる新しい関係性（ネットワーク）のなかで社会に根づかせる。それにより、社会はその地域の自然をモチーフに再構築されることになる。

したがって、私たちがめざす霞ヶ浦の再生は、地域の「生物多様性の保全」と「健全な生態系の維持」を支える構造（構成要素や関係性）を明らかにする研究と、その構造を社会というカンバスに社会的要素をもって再構成するという、保全生態学の理論構築と社会システムの再構築を双方向的な思考で進める創造的な取り組みによって実現すると考える。

自然保護や環境保全も、規制や制限を求めるだけでは、人びとに主体的な行動を喚起することはむずかしい。だから、私は自然保護や環境保全は本来創造的な取り組みであると考えている。それらの取り組みは、新しい文化や社会、技術、価値、さらには「人間の生き方」を生み出すものでなければ、個人を核にした（多様な価値観にもとづく）現代社会には浸透していかないからだ。つまり、自然保護は人びとが「自分らしく生きる」生き方のなかに浸透していくことではじめてかたちになるものであり、その意味では「すべての人に自分らしく生きる権利」を保障するための福祉とは切り離せない。アサザプロジェクトはそのような創造的な取り組みとして提案した。

さらに重要なことは、一〇〇年後の破滅的シナリオを回避するためには、一〇〇年後の再生のシナリオが必要だということである。人びとが主体的に行動するためには、「破滅しないという目標」よりも、「再生するという目標」が必要だと考えるからだ。

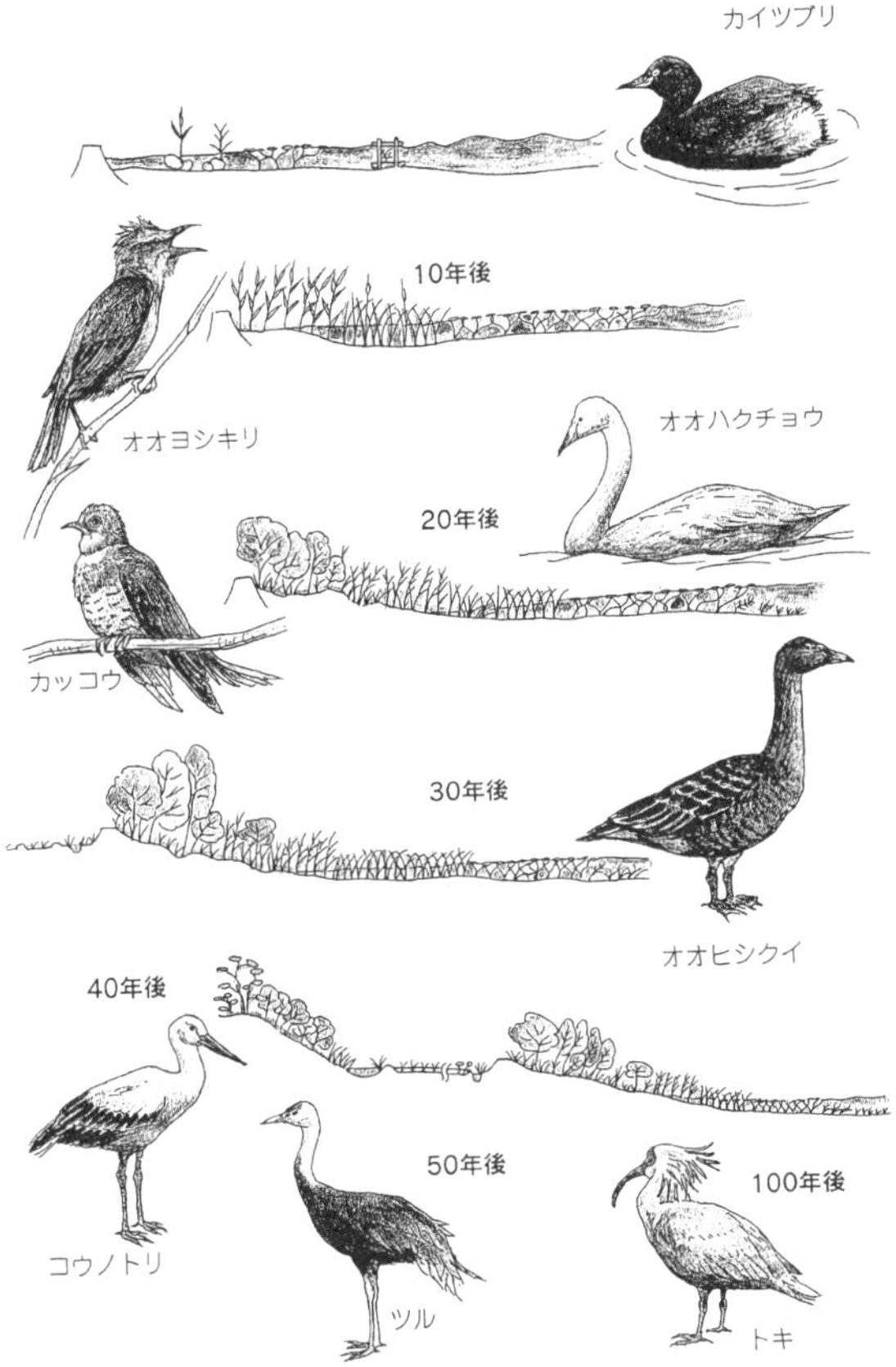

図4・25 生物が社会システムを評価する
霞ヶ浦再生100年計画

そのためには、環境が再生され持続可能な社会が構築されていく過程を、具体的にイメージできるかたち（野生生物の復帰）で人びとに示していく必要がある。もちろん、これはたんなる夢や希望ではない。科学的で政策的な裏づけが必要であることはいうまでもない。

アサザプロジェクトは一〇〇年間の長期計画である。一〇年ごとの達成目標を具体的な野生生物に設定している（図4・25）。それぞれの生物は湖と流域に再生する環境要素とそのために必要な施策を総合化するものとして示した。一〇年後にオオヨシキリ、二〇年後にカッコウやオオハクチョウ、三〇年後にオオヒシクイ、四〇年後にコウノトリ、五〇年後にツル、そして、一〇〇年後の目標は、トキである。日本の近代化一〇〇年のなかで滅ぼしたトキを、次の一〇〇年で復活させる計画である。長期計画であるがゆえに、取り組みの各段階でモニタリング（科学的検証）を行ないながら、柔軟に対応していく手法の確立をめざしている。

自然再生事業とは、野生生物に評価される社会システムを構築することを意味するものである。

アサザ基金とNEC（日本電気株式会社）は、同社が開発した太陽電池で駆動し環境情報（温湿度や画像等）を無線で送ることのできるセンサーネットワークシステム（アドホック・マルチホップ通信技術）を使い霞ヶ浦流域の環境情報を日常的に収集するシステムを共同開発している。流域の各学校を中心にカエルの移動を想定した形で、学区内のハビタットにセンサーを設置していく総合学習を行ない、学区内で集めた環境情報と生物観察記録をITを使って日常的に流域全域の学校ネットワークで共有する試みである。

自然再生事業には、地域住民の理解と参加、日常的な環境監視やきめ細かな管理等の継続が不可欠である。この取り組みはトキやコウノトリなどの野生復帰に必要な地域ぐるみの受け皿づくりとなる。今後はこのシステムを活用して、流域から全国に、さらに海外に渡り鳥等の生物の移動ルート上の学校同士の連携「生き物の道地球儀」を作りながら、地域コミュニティー（学区）を基本単位にした環境保全のためのグローバルなネットワークを構築していきたい。（二〇〇四年二月　追記）

参考文献

飯島博　二〇〇〇　創造的自然保護のすすめ　遺伝54（四）　裳華房
飯島博　二〇〇〇　自然保護のための市民型公共事業　環境と公害29（四）　岩波書店
守山弘・飯島博・原田直国　一九九〇　トンボの移動をとおしてみた湿地生態系のありかた　人間と環境15（三）：二一―一五頁
西廣淳・川口浩範・飯島博・藤原宣夫・鷲谷いづみ　二〇〇一　霞ヶ浦におけるアサザ個体群の衰退と種子による繁殖の現状　応用生態工学4（一）：三九―四八頁
田中正造選集（七）　一九八九　法と人権　岩波書店
鷲谷いづみ　一九九四　絶滅危惧植物の繁殖／種子生態　科学64（十）：六一七―六二四頁
鷲谷いづみ・飯島博　一九九九　よみがえれアサザ咲く水辺―霞ヶ浦からの挑戦　文一総合出版
鷲谷いづみ　二〇〇一　生態系を蘇らせる　日本放送出版協会

自然再生事業を支える科学

西廣 淳・鷲谷いづみ

自然再生への科学の寄与

順応的管理の手法による自然再生と科学

生物多様性と健全な生態系機能の回復に真に寄与する自然再生事業には、生態学をはじめとする科学の関与が欠かせない。では、自然再生事業において科学はどのような役割をどのように果たすべきなのだろうか。ここでは、いくつかの基本的な視点を示すとともに、霞ヶ浦の湖岸植生帯の再生事業における例を具体的に紹介してみたい。

自然再生事業の対象は生態系である。それは、ある空間に生きるすべての生物とその環境からなるシステムと定義される。すなわち、多様な生き物、それらの生活にさまざまな影響を与える物理的環境要因、それらのあいだの膨大な関係からなるシステムである。自然再生事業は、その要素のすべてを把握することができないほど複雑なシステムを対象として実施される。したがって、生態系に何らかの人為を加えることがもたらす効果の予測にはおのずと限界がある。人為が期待通りの効果をもたらすことも

図5・1　自然再生事業の過程において科学が果たすべき役割
再生事業の諸過程がさまざまな分野の科学に支えられるとともに、事業の取り組み自体が仮説―検証型の科学となっている

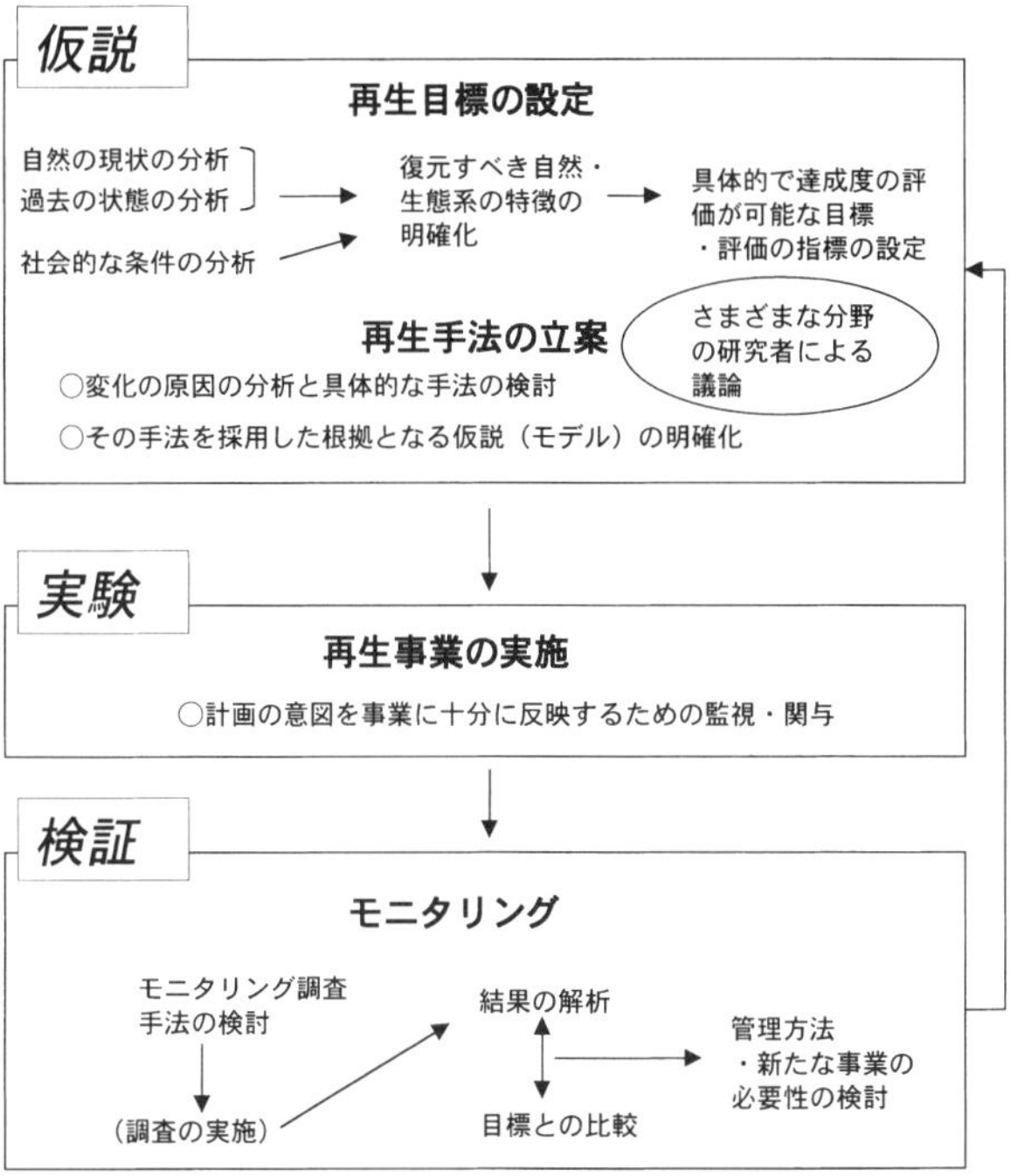

あるだろうが、予期しない出来事が起こる可能性もけっして小さいとはいえない。そのため、あらゆる取り組みを順応的に進めることが必要となる。取り返しのつかない失敗を避けるため、自然への働きかけの効果を科学的なモニタリングで確かめながら、よりよい方向を探るという進め方である。

　第1部ですでに述べたが、それは順応的管理手法（鷲谷一九九九、二〇〇一）と呼ばれるシステム管理の手法であり、科学研究の一般的な進め方にならい、仮説―検証のサイクルの螺旋的な繰り返しによって進め

られるところに特徴がある（図5・1）。

自然再生の目標設定

自然再生は、生物多様性の保全と健全な生態系の回復を目的に実施されるものであるが、それぞれの事業において、十分に具体的で検証可能な目標を立てることが必要である。

その目標は、現在、著しく減少したり損なわれている生態系の要素、関係、機能などに関する望ましい状態の回復の方向性を具体的に表現するものである。すなわち、「○○の個体群を絶滅の危険がないと見なせる水準にまで回復させる」、あるいは「十分な水質浄化機能が発揮できる水辺の生物群集を取り戻す」といったものである。

もちろん自然再生の目標は、自然科学の視点だけから導かれるものではない。何よりも重要なことは、自然やそれとの関係に関する人々の想いや願いを反映させることである。しかしそれは、その土地本来の自然を取り戻すこととは矛盾しないはずである。

その土地本来の自然を回復させるためにより具体的な目標を立てるとすれば、まず、その土地の過去から現在にかけての生物相や生態系の変遷を知ることが必要である。しかし、それは必ずしも容易なことではない。過去の調査データがほとんどないことも少なくないからである。したがって、さまざまな資料を活用し、聞き取りなどで情報を集め、さらには一般的な知見を基礎とした推測などにも頼りながら、過去の状況を「復元」して、人びとが共有できる目標のかたちに集約していく作業が必要である。

そのような検討にもとづいて設定された目標は、たとえば「落葉広葉樹林から水田を経て河川につながる連続性をもった自然」というように、漠然と「自然の特徴」を表現したものになるかもしれない。しかし、事業実施後のモニタリングによって到達度を客観的に評価するためには、あわせて具体的で操作的な目標も欠かせない。それは、指標となる種あるいは種群の個体群サイズ（個体数）、絶滅危惧生物種の状態、生物生産性、定量的把握の可能な何らかの生態系機能など、科学的な評価の容易な対象に関する目標である。

自然再生手法の検討

目標が設定されたら、それにもとづいて自然再生の具体的な方法を検討する。その検討の前提になるのは、生態系を変化させた原因についての分析である。自然再生のためには、望ましくない方向に生態系を変化させた原因をひとつひとつ丁寧に取り除いていくことが必要だからである。すでに生態系の変質が著しく、たんに問題の原因を取り除いただけでは回復が望めず、どうしても新たな外力を加えないと望ましい状態をつくり出せないと予測されることもあるだろう。あるいは、若干の人為を加えるだけで生態系が自己修復性にもとづいて、健全な状態へ回復することが期待できるかもしれない。また、絶滅危惧種の絶滅の危険性が急速に高まるなど緊急を要する保全上の課題が生じた場合などには、原因が十分には明らかにされていなくとも「疑わしい」要因を取り除き、それによって衰退原因を確かめるという予防原則にもとづくアプローチをとることが必要となることもある。このように、さまざまなケースが考えられるが、選択できる方法に関する科学的な情報を提供し、あわせて有効な具体的な技術的方策を提案することがこの段階における科学の役割である。その検討には、対象とする生態系やその構成種の現状についての詳細な情報、過去の生物や自然環境の調査資料、類似した他地域で得られた科学的知見などを十分に踏まえなければならないことはいうまでもない。

そのような自然再生の方法の検討におけるポイントを三つだけ挙げてみよう。

①分野横断的な検討を行なう

生物多様性や生態系機能の異変の原因には、さまざまな物理・化学的な環境変化が輻輳していることが少なくない。そのため、自然再生の手法の検討においては、生態学分野の研究者のほかに、地学、水文学、河川・海岸工学、気象学、化学など、対象に応じて、さまざまな分野の研究者の関与が必要となる。また事業の有効な実行手段を明らかにするためには、土木工学などによる技術面からの検討が必須である。さらに、事業の経済的なコストや行政上の制約などを具体的に提示できる主体（行政担当者など）がこの段階での検討に加わる必要がある。これらが保障されることによって、十分に科学的な根拠にもとづきながら、実行可能性の高い手法や手順を明らかにすることができるだろう。

②回復手順に関する仮説（モデル）を明確にする

その事業で想定しているモデル（ある措置の実施が、何にどのように影響して目標の実現に結びつくのか、という予測についての仮説の記述）を明瞭なものにすることが望ましい。モデルは、対象とする系によって、量的なシミュレーションモデルであることもあれば、因果関係の連鎖についての定性的な記述であることもある。いずれにしても、モデルの明瞭化は、事業後のモニタリング調査の結果を事業にフィードバックさせるための必要条件となる。モニタリングと評価にもとづき、手法や手順の妥当性や、どの部分に誤りや問題点があったのかを検討することができなければ、順応的に目標に近づいていくことができないからである。

③順応性が保障されない手段を避ける

自然再生のための具体的な措置としては、それが適切ではないことがわかったときに取り除いたり変更したりすることができるものを採用することを原則にする。そうでないと、順応的に事業を進めることがむずかしいからだ。たとえば、コストの大きい恒久的な人工構造物を設置したとしよう。予測に反しそれが何らかの悪影響を生じても、当初のコストが無駄になるだけでなく、撤去にさらに大きなコストがかかることになる。また、当該地域にもともと存在しなかった生物をもちこむことは、問題が生じてもそれを除去することが著しく困難であるため厳に慎まなければならない。

自然再生事業の実施とモニタリング

自然再生事業は、従来の土木工事のように「設計図通りに完成させる」事業ではありえない。順応的に実施するためには、事業の実施にともなう自然へのインパクトを常時監視し、必要であれば実施方法の再検討や変更を行なう必要がある。そのため、事業の目標、設計の意図などを熟知している研究者が監視結果を把握し、必要があればただちに事業の実施者と手法の変更や再検討について協議できる仕組みが保障されていなければならない。

事業実施後のモニタリングにおいて取り上げる項目は、自然再生の目標の達成度を評価するのに十分なものである必要がある。それらは、実施計画で想定された仮説の検証を念頭に置いて設定されるべきであろう。事業や実施方法策定の根拠となった仮説・モデルが異なれば、当然、評価すべき事項も異なるため、事業ごとにモニタリングの項目や方法を検討しなければならない。

モニタリング・評価において期待通りの成果が得られないことが示された場合には、仮説としたモデルのどこかに誤りがあったと判断する。そして、それを是正するためのいっそう進んだ段階の新たな仮説を立て、新たな管理案・事業案を検討する（図5・1の上向きの矢印）。新たな検討では、当初の事業計画案を検討した科学者だけでなく、別の分野の科学者が検討に加わる必要が生じることもあるだろう。

科学の質を保つために

順応的管理は、その時点で利用可能な科学の諸分野の最新知見を総合的に用いて実行されるべきものである。そのため自然再生の諸過程が、科学として十分な「質」を備えているかをチェックする仕組みが求められる。これまで、行政が作成する自然環境に関する調査報告書などは、科学的な面からの質のチェックがほとんどなされてこなかった。膨大な調査費が使われても、科学的な評価に堪えることのむずかしい報告書がつくられることもしばしばあったように見受けられる。

現在の科学において、その質の維持に寄与しているのは、学術雑誌への論文掲載における同分野の専門家による査読（ピアレビュー）である。近年では、保全や復元をテーマにした新しい学術雑誌や、インターネットを使った速報性の高い「雑誌」も刊行されている。そのなかには日本語論文を受けつける学会誌、学術雑誌もある。事業の検討の根拠とした科学的知見や、事業全体を通した仮説とその検証結果は、論文としてそれらの学術誌に公表されることが望ましい。それによって情報を広く人類の共有財産にすることができるからである。

しかし論文の審査や雑誌の発行と事業の進行のペースが必ずしもあわないことなどのため、この従来型の審査制度だけでは十分とはいえないかもしれない。自然再生における科学の質を維持するために、新たなピアレビューのあり方を考えることも必要になるだろう。

霞ヶ浦の湖岸植生帯の再生事業を支える科学

三〇年間の自然喪失

一九七〇年代初頭の霞ヶ浦には広大な植生帯が存在していた。一九七二年には西浦（霞ヶ浦を構成する最大の湖：約一七〇㎢）だけでも、一二㎢の面積をもつ植生帯が確認されている（桜井ほか 一九七三）。とくに沈水植物帯の面積は植生帯全体の六〇％以上にも上っており、湖岸の大部分が沈水植物と抽水植物あるいはそれらに浮葉植物を加えた豊かな植生帯に覆われていた。湖岸の植生帯は、さまざまな動物に餌や繁殖に適した生息場所を提供し、食物連鎖を通した水質浄化などの機能を担う。一九六〇年代から一九七〇年代初頭の霞ヶ浦は、ときにはアオコの発生などが見られたものの、ワカサギなどの漁業が盛んに行なわれ、湖水浴も可能な「自然の恵み」に満ちた湖であった。それを支えていたのが、広大で豊かな植生帯であったと考えられる。

しかしその後の三〇年間に、霞ヶ浦の植生帯はその大部分が失われた。時代が下るにつれ、植生帯は減少の一途をたどり、一九九〇年代後半には沈水植物がほぼ完全に姿を消し、ヨシ原とわずかな浮葉植物の群落がコンクリート堤防沿いに点々と残存するのみとなった。一九九七年における西浦の植生帯の総面積はわずか二㎢足らずである(西廣・藤原　二〇〇〇)。

今の霞ヶ浦では、泳ぐことも、水辺で貝を掘り、魚をつかまえることもむずかしい。生息環境の悪化で在来魚が減少したところに経済的な価値のない外来魚が蔓延したため、奈良時代からの伝統を誇ってきた霞ヶ浦の漁業もきわめて厳しい状況に追いこまれている。

再生への動き

霞ヶ浦の湖岸植生を蘇らせる自然再生事業は、二〇〇〇年に開始された。その直接のきっかけとなったのは、絶滅危惧植物アサザの急激な衰退である。アサザはかつては湖沼や溜池に普通に見られる水草であった。全国の湖沼や溜池からアサザが姿を消した一九九〇年代の初頭、霞ヶ浦にはまだ多くのアサザが残されていた。その個体群は、面積として国内最大であるだけでなく、健全な種子繁殖に不可欠な遺伝的多様性（長花柱型と短花柱型という花のタイプの異なる個体）を保有しており（丸井・鷲谷　一九九三）、その保全上の重要性が認識されていた。しかし、一九九六年に霞ヶ浦総合開発の計画にもとづく水位上昇管理が開始されると、急激な衰退が起こり、まさに絶滅寸前という状態に陥った。

霞ヶ浦のアサザの危機的状況は、個体の分布、種子生産、発芽、実生定着を経年的に調べた生態学的調査により明らかにされた（西廣ほか　二〇〇一）。すなわち、水位管理の影響や直立護岸がもたらす湖岸の浸食のため、発芽や実生の生育にとっての適地が失われ、実生の定着がまったく起こらない状況に陥っていることがわかっていた。さらに一九九六年から二〇〇〇年までの五年間に個体群の面積が一〇分の一に減少し、遺伝的多様性も低下し、種子の生産も著しく減少した。これらは、放置すれば確実に絶滅するといわなければならないほど危険な状態にあることを示すものである。

アサザは絶滅危惧種として保全上重要であるだけでなく、湖と集水域の自然を蘇らせるための市民運動「アサザプロジェクト」のシンボルとして、市民や子どもたちが大切にしている植物である（鷲谷・飯島　一九九九）。霞ヶ浦におけるアサザの急激な衰退という事実を重く受け止めた国土交通省は、湖岸植生帯の保全と復元に本格的に取り組むことを決定した。それは、一九九六年から開始されアサザ個体群の衰退の主因と疑われた水位管理を暫定的に停止すること、および湖岸植生帯を保全・復元するための検討会を設けて、自然再生事業に取り組むことを内容とするものだった。

自然再生のための検討

霞ヶ浦における自然再生事業の検討会(「霞ヶ浦の湖岸植生帯の保全に係る検討会」)は、行政(国土交通省および水資源開発公団)、研究者(保全生態学、陸水学、河川・海岸工学、土木工学)、NPO(「NPO法人アサザ基金」)のメンバーから構成され、一九七〇年代から現在までの霞ヶ浦の湖岸植生帯の変遷およびその要因の分析、自然再生の目標設定、自然再生のための具体的な措置とモニタリング方法などについて討議した。公開の形式で行なわれた検討会や、非公開で行なわれたワークショップの開催回数は、検討会の設立から事業のための工事が終了するまでの一年半のあいだに二〇回に上った。

検討会では、具体的な検討に先立って次のような自然再生事業の基本理念が明文化された。

1　霞ヶ浦だけでなく流域全体の環境保全をめざす
2　霞ヶ浦固有の健全な生態系の復元をめざす
3　持続性のある生態系の保全・復元をめざす
4　順応的な対策が可能な提案をめざす
5　科学的な立場からの具体的な保全対策の提案を行なう

これらの基本理念は、この自然再生事業が、生物多様性の保全と霞ヶ浦の健全な生態系機能の回復をめざすものであることを表現したものであり、具体的な検討過程で出されたさまざまな提案は、この理念に反することがないかどうかをチェックされた。

次に、全長で約二五〇㎞ある霞ヶ浦湖岸のどこで再生事業を行なうべきかという議論がなされた。その結果、基本的には、アサザが急速に衰退した場所や消失した場所において事業を行なうことになった。すなわち、アサザだけでなく沈水植物・浮葉植物・抽水植物を含む植生帯を大規模に再生させる場所として五カ所、アサザ群落が消失した場所に実生定着の適地を復元し、アサザ個体群の再生を図る場所として二カ所、衰退しつつあるアサザ群落を保護する措置を施す場所として三カ所、系統維持がなされていたアサザ株の再導入による復元を図る場所として一カ所が、それぞれの場所の現況と過去の条件にもとづいて選定された。

具体的な再生目標の設定は、それぞれの事業箇所ごとに行なわれた。この過程では、一八八〇年代の地形図(「第一軍官地方迅速図」)、一九七〇年代、一九八〇年代、および近年の植生図が基本資料として利用された。このうち一八八〇年代の地形図は、事業箇所が埋立地であるかどうかなど、湖岸地形の成り立ちを知るうえでの参考とした。また、一九七〇年代以降の植生図は、事業箇所やその周辺の植生がどのような変遷をたどったかを知り、目標とする植生帯の構造や規模を策定するうえで有用であった(図5・2)。

それぞれの場所で、詳細で具体的な目標が立てられたが、それを実現するための措置は、目標とする植生の成立に適した比高などの環境条件、事業箇所の波浪や湖流の条件、水質や底質の状態、漁業などの水面利用状況、堤内地(堤防の陸地側)の土地利用形態などの情報をもとに検討された。

図5・2　霞ヶ浦の湖岸植生帯再生事業における検討事項の概要

仮説

再生目標の設定

自然の現状の分析

地形測量、水質調査、底質調査、魚介類、底生生物、植物、鳥類、景観調査、利用実態調査を事業箇所ごとに実施。アサザが残存あるいは近年に消失した箇所では、アサザ実生調査、アサザ群落調査を実施。

過去の状態の分析

1880年代の地形図（第一軍官地方迅速図）の分析。1970年代、1980年代、および近年の植生図、横断測量図、航空写真の分析。

復元すべき自然・生態系の特徴の明確化
具体的で達成度の評価が可能な目標・評価の指標の設定

事業箇所ごとに復元目標を設定。設定した目標が基本理念（本文参照）に反していないか確認。
例：「アサザ群落と抽水植物帯からなる広がりのある景観を復元する。また植物の生育場を復元することにより、湖岸への波浪も緩和する。」
「湖岸の土壌シードバンクから発芽する実生からの再生を助けることにより、アサザ個体群を復元する。」など

再生手法の立案

○変化の原因の分析と具体的な手法の検討

霞ヶ浦における植生帯の衰退原因について、既存の知見（世界のさまざまな湖沼の事例などから分析）や最新の研究知見（水位変動と霞ヶ浦の植物の発芽適地の関係の研究など）にもとづき、植生帯の衰退原因やアサザ個体群の衰退原因を分析・整理。

保全生態学・陸水学・河川工学・海岸工学・土木工学・市民団体・行政というさまざまな立場の検討委員が、まず復元目標とする植物の生育に必要な条件についての理解を共有し、それを実現するための工法をそれぞれの事業箇所の設計図案を囲んで議論。計画した措置が基本理念（本文参照）に反していないか確認。それぞれの措置の長所・短所、必要性が予測される管理について議論。

○その手法を採用した根拠となる仮説（モデル）の明確化

事業箇所ごとの目標（たとえば「アサザの実生定着の実現」「沈水植物帯の復元」など）を実現する方法の根拠を明確化（本文参照）。
さらに事業で設置するひとつひとつの構造物（たとえば消波堤など）について、その根拠を確認し、説明資料を作成（現地で事業を説明する看板にも採用）。

実験

再生事業の実施

○計画の意図を事業に十分に反映するための監視・関与

事業による既存植生への影響を回避するための配慮などを、事業者（行政）、研究者、市民団体関係者のあいだで作業現場で打ち合わせ・指示。

検証

モニタリング

地形調査、水質調査、底質調査、魚介類調査、底生動物調査、植物調査、鳥類調査、アサザの個体群動態にかかわる主要な生育段階の調査、景観調査、設置した施設の状況の調査、利用実態調査を実施（一部予定）。

湖岸植生帯再生における仮説

霞ヶ浦の湖岸植生帯の自然再生事業でとられた方法は、その多くが「世界初の試み」といえるようなものである。しかし、それは既存の科学的知見を十分に踏まえたうえで仮説を立て、事業を通してそれを検証することができるように計画されたものである（図5・2）。

たとえば、アサザが消失した箇所での個体群の再生手法は、「過去に生産された種子の発芽は認められるが、発生した実生はすべて定着に失敗している」という知見を踏まえ、アサザの実生定着適地の復元に重点を置いた計画が立てられた。アサザの発芽特性や成長特性、および過去の地形や水位変動パターン（西廣　二〇〇二）の解析にもとづき、過去に広く存在したと考えられる「ヨシ原から湖につながるゆるやかな勾配をもち、強い波浪を受けない裸地的環境」がアサザの定着適地であるという仮説を立て、そのような環境の場所を土木工事によって復元することが計画された。

また多様な植物から構成される湖岸植生帯を自然の再生力を活かして回復させるということは、世界的にもこれまでほとんど成功例のない、重要でありながら未解決のテーマである。とくに、沈水植物がほぼ完全に姿を消した霞ヶ浦において、沈水植物を含む植生帯を再生させる方法を明らかにすることは、世界中の湖沼での同様な取り組みに寄与する画期的な知見を提供するはずである。

霞ヶ浦ではさまざまな種の植物が姿を消しているが、湖底の土砂中には豊かな土壌シードバンクが残されている。このことは浚渫されたヘドロ（水質改善を目的として浚渫された底泥）の処分地で発生した植物の研究（大村ほか　一九九九）や、霞ヶ浦内の漁港周辺を浚渫した土砂（「航路浚渫土砂」）をまきだした「実験池」での調査から確認されていた。とくに航路浚渫土砂には、霞ヶ浦から姿を消してしまった多くの沈水植物の種子やシャジクモ類の胞子が含まれていることが示唆されていた。これら土壌中の種子や胞子（土壌シードバンク）は、霞ヶ浦やその流域にもともと生育していた植物に由来するものであり、地域固有性を損なわない自然再生のためにはもっとも重要な資源といえる（「土壌シードバンクを自然再生事業に活かす」の章参照）。今回の自然再生事業では、沈水植物を含めた植生帯の再生手法として、「土壌シードバンクを活用した湖岸植生帯の再生」が試みられた。

沈水植物を再生させる手法の検討では、次のような議論がなされた。現在の霞ヶ浦は、水質が悪く透明度が低いため、水中を透過した光を利用して成長する沈水植物の生育には適さない環境となっている。また透明度が低くても浅い場所であれば光が湖底に到達できるが、霞ヶ浦の湖岸は浸食が続いているためそのような水深の浅い場所は存在しない。他方、波が強い場所では、水深が浅い場所があっても底質の砂が不安定になるため、種子の発芽や実生の定着には適さない場所となるだろう。これらの知見や予測にもとづいて「『浅く、強い波浪を受けない場所』を造成し、そこに沈水植物の種子を含む土壌をまきだすことにより沈水植物を再生できる」という仮説が立てられた。

ほかにも、湿地性の植物の成立に適した比高などについても検討され、事業地全体としては、ゆるやかな凹凸のある場所に土壌シードバンクを含む土砂をまきだし、そこからの植物の発芽によって多様な植物から構成される植生帯を復元させることが計画された（図5・3）。「比高に多様性がある場所に土

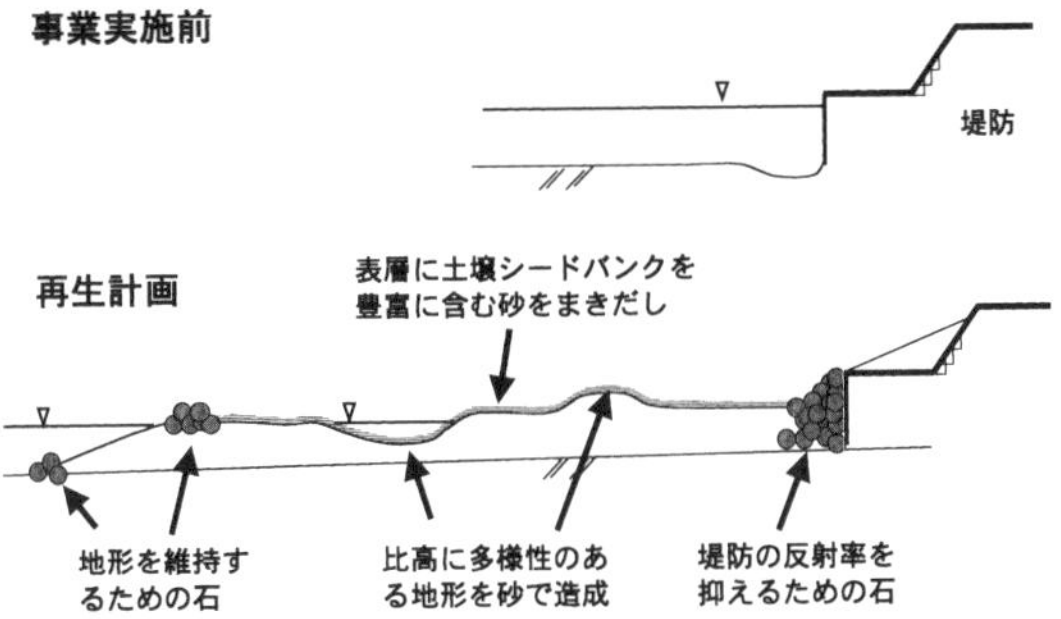

図5・3　湖岸植生帯の再生を目的とした工法の例　霞ヶ浦での湖岸植生帯再生事業では、このほかにも事業箇所の状況などに応じてさまざまな工法が用いられている

壌シードバンクを含む土砂をまきだすことにより多様な植物種からなる植生帯を再生できる」という仮説は、この事業におけるもっとも重要性の高いもののひとつであったといえる。

霞ヶ浦の自然再生事業　成果と課題

霞ヶ浦の自然再生事業は、二〇〇二年三月には多くの場所で工事が完了した。工事完了後の植生の発達は、私たちも驚くほどめざましいものだった。

沈水植物帯を含む大規模な湖岸植生帯の復元を目標とした事業箇所のひとつ、「永山地区」では、三月に工事が完了した直後から、まきだした航路浚渫土中に地下茎（無性繁殖子）が含まれていたエゾウキヤガラが出芽し、湿潤な部分の地表面を覆った。六月ごろには事業箇所の全域が植生で覆われ、事業地域内に造成した水域では、シャジクモ、セキショウモ、リュウノヒゲモ、ササバモ、エビモ、オオササエビモなどの沈水植物が確認された（図5・4）。表5・1は、二〇〇二年九月現在における事業箇所全体（五カ所、合計約一四万五〇〇〇㎡）で見られた沈水植物と、それらの霞ヶ浦（西

施工直後（2002年３月）

施工前

造成した凹地で出現したシャジクモ

2002年５月（エゾウキヤガラが優占）

図５･４　霞ヶ浦の湖岸植生帯再生事業（永山地区）の様子

表5・1　霞ヶ浦の湖岸植生帯の再生事業で出現した沈水植物（在来種のみ）と過去の出現状況

種名	過去の出現記録 1899	1958	1971	1972	1978	1996	1997	1998	1999	再生 2002
シャジクモ	○	○		○						○
キクモ	○	○	○		○					○
コウガイモ		○	○		○					○
クロモ	○	○	○	○	○					○
ヤナギモ	○				○	○				○
ヒロハノエビモ	○	○	○	○	○		○			○
セキショウモ	○	○	○	○	○		○			○
ササバモ	○	○	○	○	○	○	○	○		○
エビモ	○	○	○	○	○		○	○		○
マツモ	○	○	○	○	○			○		○
リュウノヒゲモ	○	○	○	○	○			○		○

出典：
黒田侃 1899 「霞ヶ浦産植物」植物学雑誌 144: 51-53.（1899のデータ）
茨城県 1959 「霞ヶ浦における水位低下が水産生物に及ぼす影響の基礎的研究」（1858のデータ）
茨城県 1973 「霞ヶ浦の自然財分布調査報告書」（1971のデータ）
桜井善雄ほか 1973 「水生植物」（「霞ヶ浦生物調査報告書」建設省・水資源開発公団）（1972のデータ）
桜井善雄 1981 「霞ヶ浦の水生植物のフロラ、植被面積および現存量－特に近年における湖の富栄養化に伴う変化について」国立公害研究所報告 22.（1978のデータ）
建設省「霞ヶ浦開発事業モニタリング委員会資料」（1996-1999のデータ）
1996-1999については霞ヶ浦開発事業モニタリング委員会資料所収のデータから、西浦の調査地点（妙岐の鼻、稲荷の鼻、掛馬、土浦、志戸崎、荒宿、麻生）のフロラ調査結果を引用した。

浦）における過去の確認記録を示している。これを見ると、かつて霞ヶ浦から消失したと考えられていた多くの種が「再生」してきたことがわかる。これらのほかにも、レッドデータブック記載種であるミズアオイ、カンエンガヤツリなどが湿地的な土壌環境の場所で再生してきている。

　アサザの実生定着適地の復元を図った事業箇所でも、明瞭な成果が認められた。アサザ群落が消失した場所に隣接するヨシ原付近に造成した「強い波浪の影響を受けない裸地的な環境」で、過去に生産され、土壌中で眠っていたと考えられるアサザの種子に由来する多数の実生が出現し、そのなかの三〇〇個体近くが定着した（図5・5）。

図5・5
アサザの発芽・定着適地を再生した場所（鳩崎地区）の様子

1999年
かつて水面を覆っていたアサザは完全に姿を消している。ヨシ原の縁は浸食されつつありアサザの定着適地が失われている

2001年7月
ヨシ原の前面に「粗朶消波堤」を設置し、砂の裸地を再生した

同
再生した裸地にアサザが発芽し定着した

2002年6月
一部の個体が成長し開花した

定着したアサザの一部は水中に茎を伸ばしていき開花にいたったものも認められた。いったんは絶滅しかかった霞ヶ浦のアサザ個体群だが、「実生定着」という生活環の欠損部分が補われ、再生の確かな兆しが現われたともいえる。

霞ヶ浦の自然再生事業は、工事の完成からまだ一年も経過しておらず、今後さまざまな問題が生じる可能性がある。たとえば、植生の遷移が進むことで浅い水域に生育する沈水植物が消失するかもしれない。また、設置した消波堤が動物の移動を妨げたり水質の悪化を招くこともないとはいえない。

これらの問題に対処するには、モニタリング調査の結果を分析して、新たなモデルを構築し、それにもとづいて新たな管理や事業を行なうことが必要である。そのような科学的な方法論による管理は、自然を目標とする姿に近づける一方で、水辺の生態系に対する私たちの知識の増大にも寄与する。自然再生事業はさまざまな分野の科学によって支えられると同時に、新しいタイプの科学研究の機会を提供する。

引用文献

丸井英幹・鷲谷いづみ　一九九三　霞ヶ浦におけるアサザの異型花柱性と種子繁殖　種生物研究17：五九―六三頁

西廣淳　二〇〇二　湖水位のダイナミズムの喪失と植物への影響　科学72：八四―八五頁

西廣淳・藤原宣夫　二〇〇〇　湖沼沿岸の植生帯の衰退と土壌シードバンクによる再生の可能性―霞ケ浦を例に―　土木技術資料42：三四―三九頁

西廣淳・川口浩範・飯島博・藤原宣夫・鷲谷いづみ　二〇〇一　霞ヶ浦におけるアサザ個体群の衰退と種子による繁殖の現状　応用生態工学4：三九―四八頁

大村理恵子・村中孝司・路川宗夫・鷲谷いづみ　一九九九　霞ヶ浦の浚渫土まきだし地に成立する植生　保全生態学研究4：一―一九頁

桜井善雄・林一六・渡辺義人・天白精子・大橋通成　一九七三　霞ヶ浦生物調査報告書　水生植物　建設省霞ヶ浦工事事務所・水資源開発公団霞ヶ浦開発建設所

鷲谷いづみ　一九九九　生物保全の生態学　共立出版

鷲谷いづみ　二〇〇一　生態系を蘇らせる　日本放送出版協会
鷲谷いづみ・飯島博　一九九九　よみがえれアサザ咲く水辺—霞ヶ浦からの挑戦—　文一総合出版

土壌シードバンクを自然再生事業に活かす

荒木佐智子・安島美穂・鷲谷いづみ

自然再生事業は、できるだけ自然の回復力に任せ、人間は自然が自ら回復していく過程を手助けするといった姿勢で取り組むことが望ましいことはすでに第一部で述べた。植生は、動物の生活のための資源や場を提供するため、その場所にふさわしい植生を回復させることは自然再生全体の前提であるともいえる。しかし、現在では、開発によって著しく生育環境が損なわれたため、すでにその場からすっかり姿を消した植物が少なくない。そのような植物を含む植生を回復させるには、土壌シードバンクが最後の望みの綱となる。ここでは土壌シードバンクを自然再生事業に活かすための基礎知識と若干の実例を紹介する。

土壌シードバンクと休眠発芽特性

種子植物は花を咲かせて有性生殖をする。その際、種皮など親の組織に幼植物体を包んだ構造体である種子がつくられる。種子は、移動分散に適した形態をもっているだけでなく、芽生えの成長に不適な時期を発芽することなくやり過ごすための生理的特性（休眠発芽特性）をもち、空間的分散のみならず時間的分散にも長けている（Baskin & Baskin 1998）。

四季のある温帯地域では、芽生えの成長に適した季節と不適な季節が繰り返して訪れる。そのため、多くの植物が芽生えの成長に適した季節まで発芽を延期するための生理的な休眠機構を適応進化させている。日本では、高温多雨の夏が、乾燥し寒冷な冬よりも植物の生育に適している。そこで、多くの植物が春に種子を発芽させる。そのような植物の種子は、冬の低温を経験してはじめて休眠から覚める生理的特性をもつことが多い。

一方、攪乱依存種とも呼ばれる耕地・人里雑草および先駆植物（遷移の初期相に出現する植物）など明るい環境でのみ生育する植物の多くが、芽生えの生育に適した裸地的環境、すなわち、ギャップ（植生の隙間の意味）を感知して発芽する生理的特性をもつ。種子のそのような生理的特性はギャップ検出機構と呼ばれる。その際、ギャップ検出のシグナルとして利用されるのは、高温、ある程度大きな温度の日較差などである。

生理的に休眠している種子は、発芽に適した温度や水分に恵まれていても発芽せず、芽生えの成長に適した環境のシグナルを受け取ってから発芽する。種子の休眠発芽特性は、それぞれの種の生育場所や生育季節などに応じて種ごとにさまざまである。

生理的に休眠する特性をもつ種子は、環境条件に応じて積極的に発芽を抑制しているともいえる。土

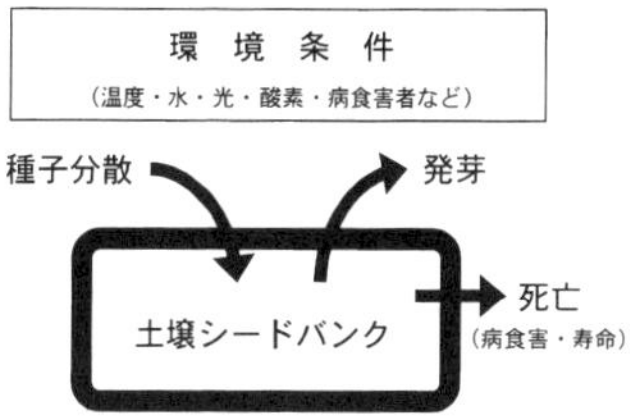

図6・1
土壌シードバンクの概念図
土壌シードバンクは、種子散布によって増加し、発芽や死亡によって減少する。その動態は種子が種ごとにもつ休眠や発芽の特性、生物的・非生物的な環境条件、寿命などによって決まる（Harper 1977より改変）

壌中には、休眠解除のための環境シグナルあるいは発芽に適した条件が与えられないために発芽せず、休眠（発芽に適した条件が与えられていても生理的に発芽を抑制する状態）あるいは休止（発芽に適した条件が与えられないために発芽しない状態）の状態にある種子が多く含まれている。そのような生存種子の集合が土壌シードバンク（種子の貯蔵庫という意味、埋土種子集団ともいう）である（図6・1）。

土壌シードバンクの二つのタイプ

それぞれの植物がつくる土壌シードバンクは、地上の植物体からの種子分散による種子の参入により大きくなり、生物的・非生物的な原因での死亡、あるいは発芽によって縮小する。そのダイナミクス、とくにその存続性は、種子の休眠発芽特性と環境条件によって制御されている。

土壌シードバンクは、とりこまれた種子が一年以内に発芽（または死亡）するか、それ以上の期間にわたって発芽を延期して存続するかにより、季節的シードバンクおよび永続的シードバンクの二つのタイプに分類される（Thompson & Grime 1979：図6・2）。永続的シードバンクの形成には、ギ

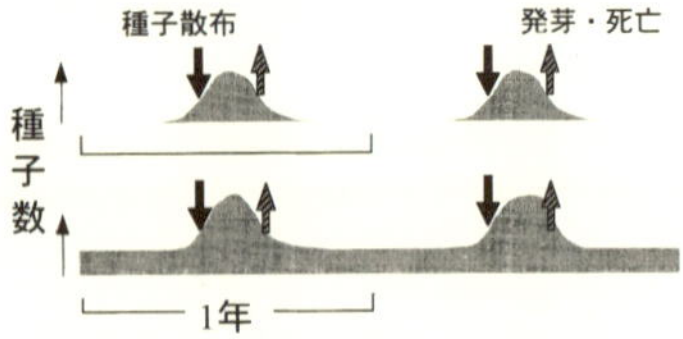

図6・2
土壌シードバンクのタイプ
土壌シードバンクは存続性に応じて2つに大別される。上は季節的シードバンク、下は永続的シードバンク。縦軸は種子数を表わす
(Thompson & Grime 1979より改変)

ャップ検出機構など、特別の環境シグナルが与えられないと解除されない生理的休眠が関与していることが多く、先駆植物や雑草などの撹乱依存種や水辺を生育場所とする植物の多くがこのタイプのシードバンクを形成することが知られている(Grime et al. 1981)。

自然再生におけるシードバンク利用の可能性

永続的シードバンクを形成する種の種子には、発芽のための環境シグナルが与えられず、特別の死亡要因が働かなければ、数十年、さらには一〇〇年以上もの長いあいだ、土壌中で存続するものが知られている(Thompson et al. 1997)。そのような種子をつくる植物種では、地上の植生から生育個体が失われても、土壌中には種子が残されている可能性がある。したがって、その地域からすでに消失したと思われる植物種でも、土壌シードバンクを用いてその再生を図ることができる可能性がある。水辺など環境の変動性の大きい場所で生育する種には、永続的シードバンクを形成するものが多いことが知られている。したがって、土壌シードバンクは水辺やウェットランドにおける自然再生の材料として大きな可能性をもつといえる。

自然再生や植生管理への土壌シードバンクの活用に関連する主要な総説、解説と、活用を検討した国内での具体的事例を表6・1に整理した。

利用における限界と留意すべきこと

しかし、土壌シードバンクは植生復元の材料として万能というわけではない。その利用には限界があるだけでなく、無駄なく有効に活かすには、その特性や限界をよく理解しておく必要がある。次に挙げるのは、自然再生における土壌シードバンクの利用に関して踏まえておかなければならない点である。

①土壌シードバンクからの再生が期待できない植物種も少なくない。永続的シードバンクを形成する植物は、かぎられた生育場所や生態的特性をもつものだけである。たとえば、砂礫質河原に固有な植物でその絶滅が強く危惧されているカワラノギクやカワラニガナなどは、永続的シードバンクをつくる可能性がほとんどないことがその休眠発芽特性から明らかにされている（Washitani et al. 1997；本田・倉本　二〇〇一）。

②土壌シードバンク中の生存種子の量は、地上からの新たな種子の供給がなければ時間とともに指数関数的に減少する（Baskin & Baskin 1998）。そのため、地上植生から生育個体が消失してから長期間が経過している場合は、たとえ永続的シードバンクを形成する種であっても、種子量が著しく少なく、大量の土壌を用いても再生がむずかしいこともある。

表6・1　自然再生や植生復元へのシードバンクの活用に関連する主要な総説・解説・国内の事例

解説		
著者	発表年	内容
Keddy et al.	1989	シードバンクからの再生を操作することによる植生構成種のコントロールは，植生の保全や管理において重要な方途であることを解説.
Van der Valk & Pederson	1989	植生の再生におけるシードバンクを活用に際しては，事前にその組成を調べ有効性を判断することと，発芽やその後の成長を確保できるような環境を整えることが重要であることを解説.
Bakker et al.	1996	永続的シードバンクを形成する種はシードバンクの利用が復元の有効手段となりうるが，ターゲットとなる種には寿命の短い種子をつくるものも多く，活用に限界があることを主張.
鷲谷・矢原	1996	土壌シードバンクの生態学的説明と植生復元に利用する場合の他の方法と比較しての利点の解説.
鷲谷	1996 a, b 97a-c, 98	シードバンク形成に関わる種子の休眠/発芽特性の発芽生理生態学とその実験方法を解説.
荒木・鷲谷	1997	土壌シードバンクの調査に用いるデバイスの紹介.
鷲谷	1997d	すでに失われた植生を復元させるために土壌シードバンクを利用することの提案と，その利点の解説.
Bakker & Berendse	1999	地上植生の変質と散布源の欠乏によりシードバンクの質が低下し，保全が望まれる種のシードバンクが保たれていないなど，植生復元へのシードバンク利用の制約を解説.
Middleton	1999	植生復元のためには，永続的シードバンクの利用が有効な場合があることとともに，植物の健全な更新に必要な環境条件の確保に配慮すべきことを解説.
西廣・藤原	2000	霞ヶ浦での植生衰退の現状と植生復元へのシードバンクの利用可能性や望まれる活用のあり方についての解説.
Orth, et al.	2000	海草の保全や復元を効果的におこなうには，種子生態の知識が重要であるという立場から，既発表の海草の休眠/発芽特性，シードバンク形成についての情報を整理，解説.

事例			
著者	発表年	内容	
		植生タイプ	シードバンク中に含まれていた主な在来種
浜田・倉本	1994	コナラ二次林	ハハコグサ，オニタビラコ，ヤマグワ
今橋・鷲谷	1996	河畔林	ヘビイチゴ，ヤエムグラ，ミドリハコベ
		河畔冠水草原	ミゾコウジュ*，タコノアシ*，タネツケバナ
越水ほか	1997	谷戸の水田放棄地	ホタルイ，カワラスガナ，アゼガヤツリ
梅原・永野	1997	二次林および人工林	ヒメコウゾ，ネムノキ，ヌルデ
池田ほか	1999	霞ヶ浦の浚渫土	オニタビラコ，ハハコグサ，ヒメクグ
大村ほか	1999	霞ヶ浦の浚渫土	ミズアオイ*，ミズワラビ，タタラカンガレイ
木村ほか	2000	河川敷	タコノアシ*，コゴメガヤツリ，アオガヤツリ

*は絶滅危惧種（環境庁、2000a）を示す

③土壌シードバンクから出現した芽生えが定着し、持続的に生育するには、芽生えの生育に適した場や条件が確保されていなければならない。土壌シードバンクから種子を発芽させても、それらが定着できずに死亡すれば、それは、土壌シードバンクの「無駄遣い」であるともいえる。無駄に土壌シードバンクを消費しないためには、目標とする植物種（群）の生育条件をよく吟味し、それを確保したうえで土壌をまきだすことが必要である。

④日本に定着している外来植物には攪乱依存的で永続的な土壌シードバンクを形成する休眠発芽特性をもつものが少なくない。したがって、外来種が優占する景観においては土壌シードバンクにおいても、それらの種子が大量に蓄積し、優占している（安島　二〇〇一）。そのような土壌シードバンクを用いれば、再生どころか侵略的外来植物のいっそうの蔓延をもたらすことにもなりかねない。

このように、土壌シードバンクは植生復元の材料としての優れた特性をもつ一方で、その利用には、留意しなければならない点も少なくない。さらに土壌シードバンクの構成は、その場所の来歴に大きく左右され、また、空間的な不均一性（場所による違い）がきわめて大きい。また、新しい種子の参入と種子の死亡や発芽によりつねにダイナミックに変化しているものでもある。したがって、土壌シードバンクの利用に際しては、あらかじめ、土壌シードバンクの種組成や量、それらの場所による違いなどを十分に調べておくことが望ましい。あらかじめそれらの情報を把握すれば、貴重な土壌シードバンクを無駄に消費せず、効果の高い植生の復元を実施するために、どこの土をどれだけの量、どのように用いるかについて計画を立てることができる。

図6・3
種子選別法の作業風景およびそれによって土壌から得られた種子

土壌シードバンクを調べる方法

土壌シードバンクを調べるには、大きく分けて二つの方法がある。「種子選別法（直接計数法）」と「実生発生法」である（Leck et al. 1989；鷲谷・埴　二〇〇二）。

「種子選別法」は、土壌中から種子をひとつずつ取り出して調べる方法である。採取した土壌から石や植物の根を取り除いた後、不要な土壌粒子を洗い流してから、手作業で種子を選別し観察する（図6・3）。この方法を用いれば土壌サンプル中に含まれる種子は、発芽に必要な条件や季節にかかわらずほぼすべて検出することができる。しかし種子をひとつひとつ選別して種を特定するには、相当な根気と作業時間が必要なだけでなく、種子の形態（中山ほか　二

○○○）から種を判断するための多少なりとも専門的な知識を必要とする。また、選別した種子は、すでに発芽能力を失っていることもあり、別途その生死を調べる必要がある。したがって、大量の土壌を扱うことはできない。ひとりの熟練した調査者が一週間で処理できる土壌の量はせいぜい○・○一m^3程度である。

すべての種子を対象にするのではなく、比較的大きな種子をもつ特定の種に限定して調査を実施するような目的には有効であるといえるだろう。

「実生発生法」は、土壌中の種子を発芽させ、芽生えなど植物体として調べる方法である。土壌サンプルを容器や野外の適切な場所に薄くまき広げ、そこから発生してくる芽生えを調べる（図6・4）。芽生え（浅野　一九九五）あるいは成長した植物体での種の同定は種子より容易で、また、大量の土壌を調査することができる。しかし、種によって発芽季節が異なるため、少なくとも一年以上の調査期間が必要であり、そのあいだ、灌水などの管理を継続しなければならない。また土を薄く広げるためには相当広いスペースを確保する必要がある。さらに、土のなかに含まれるすべての種子を発芽させるのはむずかしいなどの難点もある。ただし、調査時に与えた条件のもとで発芽しやすい状態にある種子を調べていることになるので、植生復元をあらかじめシミュレートするという

図6・4　実生発生法による調査の様子。土壌サンプルを容器に薄く広げて、発生する実生を抜き取りながら調べている

意味では有効な調査法であるといえる。

視点を変えると、植生復元に土壌シードバンクを用いること自体が、大量の土壌についてそこに含まれる土壌シードバンクを実生発生法で調査することを意味する。現状では日本における土壌シードバンクに関する科学的知見がきわめて少ないため、植生復元の現場は、土壌シードバンク研究のためのまたとない機会であるともいえる。科学的に有効な情報をしっかりと把握するためには、土壌をまきだした後には継続的に適切なモニタリングを実施しなければならない。

発生した実生の調査方法

土壌から発生する実生の種や個体数、時期を知るためには定期的で頻繁な調査が必要である。実生の死亡率は生活史のなかでももっとも高いからだ。実生を抜かずに調査する場合には、針金やビニールテープなどを用いて標識しながら記録する（図6・5）。

一方、一定期間を経て成立した植生を調査する方法（成立植生法）も目的によっては有効である。実生を標識する調査に比べると精度は下がるが、水分環境が安定している場合には、種組成に関してはほぼ同様の情報が得られる（越水ほか　一九九七）。調査回数が少なくてすみ、成長した個体を対象とするので同定が容易である。また、実際に土壌シードバンクを用いて同様の条件に植生の復元を試みたさいに成立する植生を具体的に予測できるという利点もある。

図6・5　実生のマーキングの様子
実生が発生した位置と種名を記録しながら、ひとつひとつに旗状のタグをつける。タグは針金とビニールテープを用いてつくったもの

ウェットランドの自然再生と土壌シードバンクの調査

現在、ウェットランドを対象とした自然再生事業が数多く計画・実施されている。ウェットランドに生育する植物の多くが永続的な土壌シードバンクに寿命の長い種子を残すことが知られている。したがって、それらを再生事業のなかでうまく活かし、地上植生から消滅した種の復活を図ることは、「生物多様性の保全」という再生事業の大きな目的によく適うものである。

ウェットランドの植物の種子は、発芽反応が水分環境のわずかな違いに影響を受ける種が多く、実生発生法で土壌中に含まれる種子を網羅的に調べることは容易ではない。しかし、自然再生事業における「連携・協働」「自然環境学習」などの要素と土壌シードバンクに関する科学的情報を得ることをうまく結合させることによって、その問題を解決することができる。そのような例、「渡良瀬遊水地のお宝探し」を以下に紹介しよう。

渡良瀬遊水地のお宝探し

自然再生事業が始められようとしている関東地方のウェットランド渡良瀬遊水地では、ビオトープ池を利用した大規模な土壌シードバンクの調査が、市民団体、地域の学校、教育委員会、国土交通省、研究者などの協働により進められている。日本でも最大級のウェットランドといえる渡良瀬に高い多様性を誇る豊かな生態系を再生させるために市民（わたらせ未来基金）が中心となって進めているプロジェクトのひとつである。土のなかから復活する貴重な植物を「お宝」に見たてて、それは「お宝探し」プロジェクトと呼ばれている。

わたらせ未来基金の企画とコーディネートのもとに、学童・生徒・父母が参加して校庭にビオトープ池をつくる。その池に渡良瀬遊水地の土壌をまき広げて、出てくるお宝、すなわち土壌シードバンクとして土のなかに埋まっているかつて渡良瀬に生育していた貴重な植物を探し出す。子どもたちは、池の水位の管理をしながら、お宝探しをしたり訪れるトンボやカエルを観察する。ビオトープ池は、保全の実践にかかわりながら、身近な自然について学ぶ自然環境学習の場として役立てられる。

そのようにして実施されている、大規模な土壌シードバンクの試験の手順や得られた成果について紹介する。

大きな試験地＝ビオトープ池をつくる

ビオトープ池の形状を土壌シードバンクの調査に適したものにすることが第一に必要である。それには、岸の傾斜をゆるやかにして、水深が連続的に変化するようにする。それによって湿った場所からやや深い水深の場所までの幅広い水分・水位環境を用意することができる。異なる場所でそれぞれの条件に適した植物種が発芽して芽生えを成長させるため、幅広い特性をもつ多くの種を網羅的に調べることができる。

調査の手順（図6・6）を段階を追って説明しよう。また作業の様子を図6・7a～gに示した。

①土壌採取地点の選択

まず、調査に用いる土壌の採取場所を、土地の来歴や植生復元の目標などに応じて吟味して選ぶ。種子の分布は空間的に非常に不均一なため、同じような環境の場所から何カ所かを選んで土壌を採取して調査する。地表面近くの土壌がとくに多くの外来種の種子によって占められていると予想される場合には、地表面から数～十数cmの深さまで土壌を取り除き、深土だけを用いる。

②調査池の造成

土壌シードバンク調査のためのビオトープ池は、陽当たりがよく管理しやすいところに造成する。全体の形状はその場所に適したものでよいが、岸辺はできるだけゆるやかで一定の勾配になるように造成する。条件が許せば、深さ三〇cm、面積五㎡以上の池を複数つくる。それによって、科学的に信頼性の高いデータを得るための「繰り返し処理」（反復）を確保することができる。

③土壌のまきだし

土壌の採取およびまきだしを行なう季節は冬が最適である。地上植生が枯れているため作業がしやすく（図6・7a）土壌採取がその場の植生に及ぼす影響を最小限に抑えられるからだ。また、冬に発芽する植物はないため、作業中の無駄な発芽が避けられる。冬のうちにまきだしをすませておけば、日本

図6・6　土壌シードバンク調査のためのビオトープ池をつくる手順

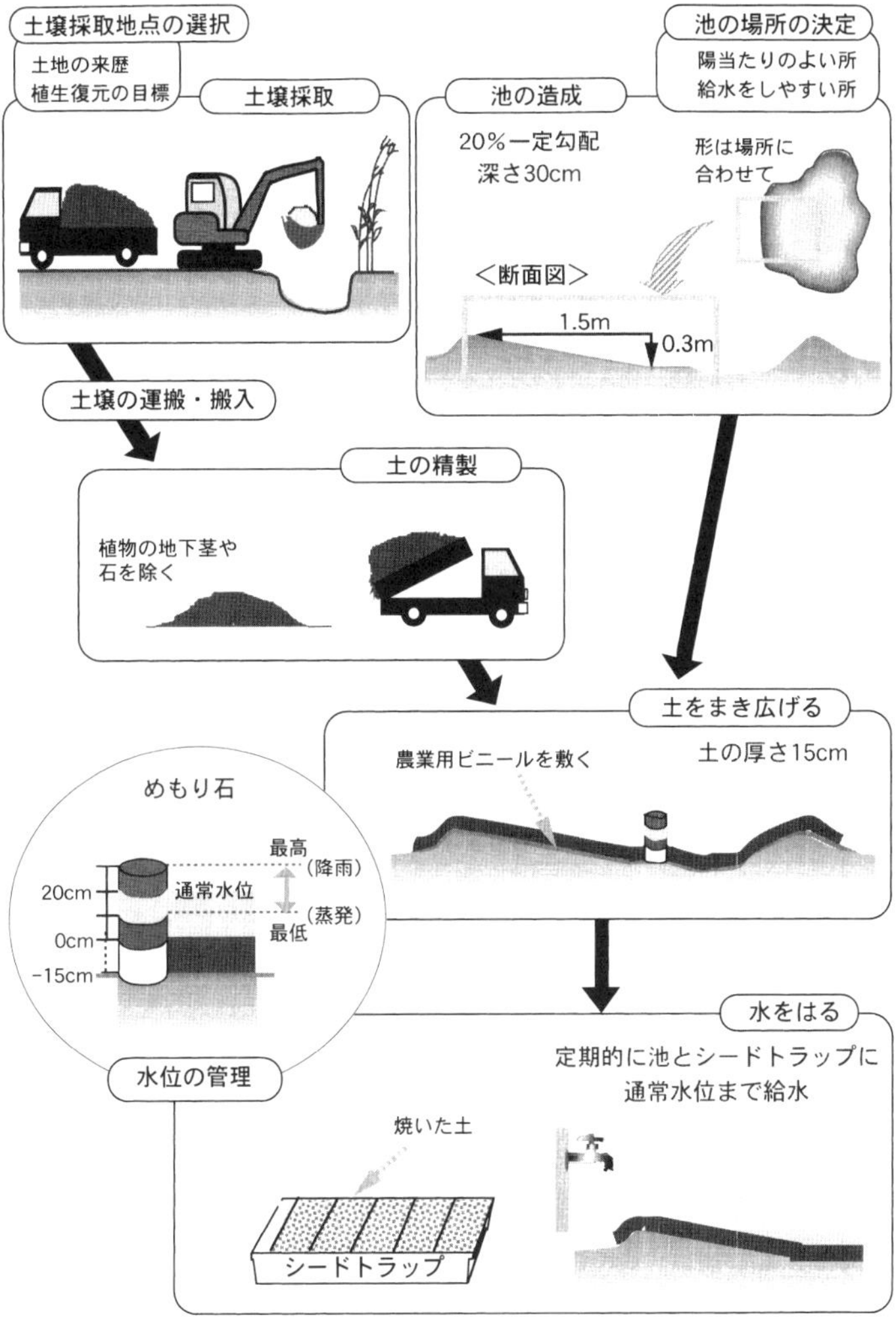

図6・7
a　土壌採取の風景
土壌採取の地点や深さを確認しながら作業を進める
b　土壌の精製
金網とスコップを利用して、植物の地下茎や石を取り除く
c　土壌から取り除いたヨシの地下茎
d　池の中に大きなビニールを敷く

の多くの植物にとっての発芽時期である春から、芽生えの調査を実施できる。

採取した土壌からは地下茎などを丁寧に取り除く（図6・7bc）。地下茎などから再生した植物体を種子から芽生えたものと混同しないようにするためである。作業中は他の土壌の混入を避けるように注意し、土壌の採取後なるべく速やかにまきだす。

造成した池の中に農業用ビニールを敷き（図6・7d）、その上に均一な厚さに土を固めながら広げる（図6・7e）。土は薄く広げる方がより多くの発芽が期待されるが、発生した芽生えが生育するためにはある程度の量の土壌も必要である。厚さ一五㎝前後にまきだすことがその両方を満足させることができるため適当と思われる。

土をまき広げた後、水をはれば調査池は完成する（図6・7f）。水位は池の縁から高さ一〇㎝程度下に保つ。たとえば深さ三〇㎝に掘った池であれば、通常の水深を二〇㎝程度としたい。土壌の質にも

e　土は厚さ15㎝に均一に固めながら、まき広げる

f　ビオトープ池完成したての池に水を塗った石(めもり石)が沈めてある。池の縁近くまで湿っていて土の色が濃くなっている

g　池の横に設置したシードトラップ池の完成後新たに散布された種子を調査する

よるが、水面から一〇㎝程度上の高さまでは、毛細管現象によって常時水が供給され比較的湿った状態が保たれるからである。土壌がやや乾燥する場所に成立する植生についても調べる場合には、水面からさらに高い場所ができるように水位や池の深さを調節する。

④水位の管理

池の水位は週一～二回定期的にチェックして、一定を保つように水を足す。保つべき水位の目印とするような石などを用いると、それにあわせて誰もがたやすく水位の管理を行なうことができる。

⑤新たに散布された種子の見積もり

土壌を池にまきだしたのちに、新たに風や動物などによって散布された種子が芽生えることが考えられる。そのような種子混入が起こらないように目の細かい網で池全体を覆うことも、調査だけを考えれば有効であるが、ビオトープ池としての機能が損なわれる。そこで、新たに散布される種子の混入を防ぐのではなく、それに由来する芽生えを見積もり、調査結果から差し引いて考えるという方法をとる。

焼いた土などの種子が入っていない土壌をプランターに入れたもの（シードトラップ）を池の脇に置き、池と同様に水位を管理する（図6・7g）。そこに芽生えるものを記録し、池の面積を考慮して土をまきだしてから新たに散布された分を見積もる。

図6・8　土壌をまきだしたビオトープ池の季節変化
a（左上）　3月はじめ　b（左下）　6月なかば　c（右）　8月下旬

めぐる季節とお宝発見

まきだした直後には殺風景であった池の岸辺では（図6・8a）、水が温み春らしくなってくると、多様な植物の芽生えが次々に出現してくる。四月には小さい芽生えが散在しているにすぎなかった池では、その後も新たな発芽がつづき、また芽生えが旺盛に成長することによって次第に緑が濃くなっていく（図6・8b）。そして八月にもなれば、すっかり水辺らしい植生で覆われる（図6・8c）。このような変化を目の当たりにすれば、誰もが土壌シードバンクの大きな可能性を実感することだろう。

渡良瀬遊水地の土壌からは多くの湿地

図6・9　土壌から発生したミズアオイの花

性の在来植物が出現した。二〇〇一年に造成された四カ所の池の合計一九七㎡の面積で確認された種は、全部で一〇〇種を超えた。そのなかには青紫の美しい花を咲かせるミズアオイ（図6・9）や水中に生育するシャジクモ（荒木ほか　二〇〇二）やミズニラなど、八種の絶滅危惧種（環境庁　二〇〇〇a、b）が含まれていた。なかでも生育に水面を必要とする沈水植物などは、土壌を採取した地点では少なくともここ三〇年間は、生育が見られなかったものである。これらのお宝は、渡良瀬遊水地の土壌が質の高いウェットランド植生の復元材料として有効であることを示すものである。

池に成立する植生

ゆるやかな岸辺によって水位・水分条件の多様性が確保されたビオトープ池では、それに依存した多様な植物からなる植生が成立した（図6・10）。小規模な池ながら、水中には沈水植物、水際にはアゼナやコガマ、斜面上部になるにしたがって、順次、マツカサススキ、ミコシガヤ、ヒメジソ、ハンゲショウ、ツボスミレなどが生育する、移行帯らしい植生が短期間のうちに成立したのである。このような植生の調査からは、どのような水位・水分条件を用意すれば、どんな植生が成立するかを予測すること

シロネ	ミコシガヤ	ミズアオイ
タコノアシ	アゼナ	ガマ
ヒメジソ	クサイ	シャジクモ
タマガヤツリ	など	セイロンフラスコモ
など		など

図6・10　ビオトープ池に成立した植生
ゆるやかな傾斜の岸によって確保された幅広い水分環境に応じて、水辺の移行帯らしい植生が成立した

ができる。具体的な事業プランの立案になくてはならない情報が得られるといえる。

また、調査用のビオトープ池それ自体が、小規模な水辺の植生復元地として、地域の生物多様性を高めることに貢献する。また、適切に管理すれば、そこで多様な植物が開花・結実して種子を生産するため、大規模な自然再生地に種子や苗を供給するためのストックヤードとして役立てることもできる。

引用文献

浅野貞夫　一九九五　芽ばえとたね―植物三態／芽ばえ・種子・成植物　全国農村教育協会

荒木佐智子・鷲谷いづみ　一九九七　土壌シードバンクをみるために開発した「種子の箱舟」保全生態学研究2：八九―一〇一頁

荒木佐智子・安島美穂・後藤章・鷲谷いづみ　二〇〇二　絶滅が危惧されるシャジクモ類のまきだした土壌からの復活　保全生態学研究7：三三―三七頁

安島美穂　二〇〇一　埋土種子集団中への外来種種子の蓄積　保全生態学研究6：一五五―一七七頁

Bakker J. P., & Berendse F. 1999. Constraints in the restoration of ecological diversity in grasland and heathland communities. TREE, 14: 63–68.

Bakker J. P., Poschlod P., Strykstra R. J., Bekker R. M. & Thompson K. 1996. Seed bank and seed dispersal: important topics in restoration ecology. Acta Botanica Neerlandica, 45 : 461–490.

Baskin C. C. & Baskin J. M. 1998 Seeds. Ecology, biogeography, and evolution of dormancy and germination. Academic Press, San Diego.

Grime J. P., Mason G., Curtis A. V., Rodman J., Band S. R., Mowforth M. A. G., Neal A. M. & Shaw S. 1981 A comparative study of germination characteristics in a local flora. Journal of Ecology, 69: 1017–1059.

浜田拓・倉本宣　一九九四　実生出現法によるコナラ林の埋土種子集団の研究及びその植生管理への応用　日本造園

学会誌ランドスケープ研究58：七六—八二頁
Harper J. L. 1977 Population biology of plants. Academic Press, London.
本田裕紀郎・倉本宣　二〇〇一　多摩川における絶滅危惧植物カワラニガナの現状とその休眠・発芽特性　日本造園学会誌ランドスケープ研究64：五八三—五八八頁
池田佳子・荒木佐智子・村中孝司・鷲谷いづみ　一九九九　浚渫土を利用した水辺の植生復元の可能性の検討　保全生態学研究4：二一—三一頁
今橋美千代・鷲谷いづみ　一九九六　土壌シードバンクを用いた河畔冠水草原復元の可能性の検討　保全生態学研究1：一三一—一四七頁
環境庁　二〇〇〇a　改訂・日本の絶滅のおそれのある野生生物—レッドデータブック8　植物I（維管束植物）　環境庁自然保護局野生生物課
環境庁　二〇〇〇b　改訂・日本の絶滅のおそれのある野生生物—レッドデータブック9　植物II（維管束植物以外）　環境庁自然保護局野生生物課
Keddy P. A., Wisheu I. C., Shipley B. & Gaudet C. 1989. Seed bank and vegetation management for conservation : toward predictive community ecology. In Ecology of soil seed banks.（eds. Leck M. A., Perker V. T. & Shimpson R. L.）pp. 347–363. Academic Press, San Diego.
木村保夫・寺崎史江・大野啓一・棚橋晃子　二〇〇〇　土壌シードバンクを活用したタコノアシの保全に関する検討　保全生態学研究5：一九七—二〇四頁
越水麻子・荒木佐智子・鷲谷いづみ・日置佳之・田中隆・長田光世　一九九七　土壌シードバンクを用いた谷戸植生復元に関する研究　保全生態学研究2：一八九—二〇〇頁
Leck M. A., Parker V. T. & Simpson R. L. 1989 Ecology of soil seed banks. Academic Press, San Diego.
Middleton B. 1999. Wetland Restoration, flood pulsing, and disturbance dynamics. John Wiley & Sons, New York
中山至大・井之口希秀・南谷忠志　二〇〇〇　日本植物種子図鑑　東北大学出版会
西廣淳・藤原宣夫　二〇〇〇　湖沼沿岸の植生帯の衰退と土壌シードバンクによる再生の可能性—霞ヶ浦を例に—

土木技術資料42：三四—三九頁
大村理恵子・村中孝司・路川宗夫・鷲谷いづみ　一九九九　霞ヶ浦の浚渫土まきだし地に成立する植生　保全生態学研究4：一—一九頁
Orth R. J., Harwell M. C., Bailey E. M., Bartholomew A., Jawad J. T., Lombana A. V., Moore K. A., Rhode J. M. & Wood H. E. 2000. A review of issues in seagrass seed dormancy and germination: implications for conservation and restoration. Marine Ecology Progress Series, 200: 277–288.
Thompson K., Bakker J. & Bekker R. 1997 The soil seed banks of North West Europe: methodology, density and longevity. Cambridge University Press, Cambridge.
Thompson K. & Grime J. P. 1979 Seasonal variation in the seed banks of herbaceous species in ten contrasitng habitats. Journal of Ecology, 67: 893–921.
梅原徹・永野正弘　一九九七　「土を撒いて森をつくる！」研究と事業をふりかえって　保全生態学研究2：九—二六頁
van der Valk A. G. & Pederson R. L. 1989. Seed banks and the management and rstoration of natural vegetation. In Ecology of soil seed banks.（eds. Leck M. A., Perker V. T. & Shimpson R. L.）pp. 329–346. Academic Press, San Diego
鷲谷いづみ　一九九六ａ　保全「発芽生態学」マニュアル—休眠・発芽特性と土壌シードバンク調査・実験法（連載第1回）保全生態学研究1：八九—九八頁
鷲谷いづみ　一九九六ｂ　保全「発芽生態学」マニュアル—休眠・発芽特性と土壌シードバンク調査・実験法（連載第2回）保全生態学研究1：一九一—二〇三頁
鷲谷いづみ　一九九七ａ　保全「発芽生態学」マニュアル—休眠・発芽特性と土壌シードバンク調査・実験法（連載第3回）保全生態学研究2：七七—八六頁
鷲谷いづみ　一九九七ｂ　保全「発芽生態学」マニュアル—休眠・発芽特性と土壌シードバンク調査・実験法（連載第4回）保全生態学研究2：一六一—一七三頁

鷲谷いづみ　一九九七c　保全「発芽生態学」マニュアル―休眠・発芽特性と土壌シードバンク調査・実験法（連載第5回）保全生態学研究2：二一一―二三〇頁
鷲谷いづみ　一九九七d　「植生発掘！」のすすめ　保全生態学研究2：一―七頁
鷲谷いづみ　一九九八　保全「発芽生態学」マニュアル―休眠・発芽特性と土壌シードバンク調査・実験法（連載第6回）保全生態学研究3：七九―八四頁
鷲谷いづみ・埴沙萠　二〇〇二　タネはどこからきたか？　山と溪谷社
Washitani I., Takenaka A., Kuramoto N. & Inoue K. 1997 *Aster kantoensis* Kitam., an endangered flood plain endemic plant in Japan: Its ability to form persistent soil seed banks. Biological Conservation, 82: 67–72.
鷲谷いづみ・矢原徹一　一九九六　保全生態学入門　文一総合出版

自然再生事業と学校ビオトープ

後藤　章・鷲谷いづみ

学校ビオトープとトンボ池

最近では、学校の校庭に「ビオトープ」と呼ばれる池をつくることが流行している。ときには池と林、あるいは田んぼなどがセットにされ、ビオトープと称される（山田　一九九九）。生態学辞典によれば、このカタカナ語が本来意味するところは、「特定の生物群集が生存できるような特定の環境条件を備えた均質な、あるかぎられた地域」である。ドイツではこの語が環境計画とかかわる行政上の用語としても使われている。たとえばドイツのバイエルン州では、自然保護の観点からとくに重要性が高く、保存を要する地域をさす用語となっている（Wenisch 1998）。一方、日本においては、生物の生息環境を人工的に復元した場所をさす用語として定着している。たとえば、河川で行なわれる近自然工法、環境修復やミティゲーションのための多自然型川づくり（須藤　二〇〇〇）、湿地の保全・復元（日置ほか一九九八）などにおいて創出される空間がビオトープと呼ばれている。一方で学校ビオトープは、生物の生息空間を整備して子どもたちが動植物に接する機会を増やすことを目的としてつくられる。たとえば、横浜市の各小学校で推進されている「トンボ池づくり」や、神戸市内の小規模の水辺からなる学校ビオトープづくりなどがそれにあたる（杉山・赤尾　一九九九）。

古代の日本の名称「秋津島」がトンボの島を意味することにも表われているように、日本列島には本来トンボが多い。アカネ類など多くのトンボは、幼生期を田んぼや溜池などで過ごし（田口　一九九七）、人びとにとって身近な存在でもあった。ところが、現在では、日本に生息するトンボ目約二〇〇種のうち、三八種が環境庁版レッドリストに記載されるほど、トンボの減少が著しい。島嶼など特殊な環境にのみに生息するトンボを除き、その生息を脅かしているのは河岸・河口の改修や幼虫の育つ水域の埋め立て、周辺での土砂採取や開発行為にともなう土砂流入、農薬の流入等による汚染などであると考えられている。トンボがいなくなることは、人にとっても問題のある生態系の健全性の喪失を意味する。そのため、トンボを水辺環境の健全性の指標とすることもできる。また、トンボの生息環境を取り戻すことは、同様の環境を利用するカエルなどの両生類や他の水生昆虫の生息の条件を確保することにもつながる（Primack 2000）。トンボ池型ビオトープ（後藤ほか　二〇〇二）を利用した身近な水辺環境の保全や学習は、日本に特徴的な自然保全活動のあり方として、海外においても評価が高い（Moore 1987；Primack 2000）。

生物多様性保全の実践と保全学習

生物多様性の保全の実践においては、学習・普及活動が不可欠である。世界のさまざまな地域で、そこでの問題や地域の特性にあった保全学習のプログラムが実施されている。

たとえば、マレーシアのボルネオ島北部にあるキナバル国立公園では、隣接する村の人びとの協力を得るために「モバイルユニットプログラム」と呼ばれる教育プログラムが活用されている（Jacobson 1987）。モバイルユニットプログラムとは、映像機器を備えた乗り物を用いた教育プログラムで、発展途上国の農村地域においてしばしば用いられている手法である。ここでのモバイルユニットプログラムは、国立公園と地域の自然資源についてのスライドショウ、参加者のあいだでの討議、野生生物の動画映像から構成される。スライドは、流域の環境維持と土壌流出に関する基礎的な解説に用いられ、雇用の機会やインフラ整備など、国立公園に由来する経済的利益についての説明も強調されたものである。このプログラムは、国立公園のスタッフによって国立公園近隣の五一の村で実施され、すでに約七〇〇〇人の人びとが参加したとされる。

もう一例を挙げてみよう。スイスのドイツ語圏の中等学校において行なわれている絶滅が危惧される渡り鳥ヨーロッパアマツバメの保全のための教育プログラム（Bogner et al. 1999）は、次のような四つの単元から構成される一年間のプログラムである。

第一単元「アマツバメのことをよく知る」：アマツバメの空中生活へのみごとな適応や狩猟戦略、ツバメとの違いといった事柄を通して、アマツバメの生態を理解する。

第二単元「巣箱をつくり、設置する」：適切な営巣場所の喪失がアマツバメ個体群の衰退の主な要因のひとつである。巣箱の製作と設置を通じて生徒が直接アマツバメの保全活動に参加する機会をつくる。

第三単元「アフリカの子どもたちに手紙を書く」：アマツバメは南西アフリカから渡ってきて夏の三カ月間だけをスイスで過ごす。授業で、セネガルの三つの主要な環境問題である森林伐採、過放牧、温暖化について学んだ後、生徒たちはセネガルの同世代の子どもたちに手紙を書いて、アマツバメを介した交流を行なう。

第四単元「アマツバメを観察する」：自分たちが設置した巣箱に出かけていき、アマツバメを観察する。

これらの教室内外の一連のプログラムを通して、子どもたちはアマツバメの問題に深い関心を寄せるようになる。このプログラムは、スイスの二つの非営利環境保全団体のコーディネートによって実施され、すでに二七五クラス、約五四〇〇人の生徒が参加しているという。

生物多様性保全の活動が地域の多くの人びとの支持を得るためには、このような保全学習のプログラムが欠かせない。

自然再生事業と保全学習の場

日本で実施されている、あるいは今後実施される「自然再生事業」はそれ自体が自然環境に関する学習そのものともいえるが、そのなかで未来を担う子どもたちが楽しみながら地域の自然環境と保全上の問題を学ぶための保全学習プログラムはとくに重要な意味をもつと考えられる。しかし、学校において自然再生にかかわる保全学習を実施するには、現状ではいくつかの困難な点がある。

①多くの場合、授業中に実際に自然再生が実施されている場所を訪れることがむずかしい。なにかと制約の多い現在の学校では、子どもたちの移動をともなう行事を実施することは、教員にとって負担が大きすぎるためである。

②学校の教員が自分自身で自然再生や生物多様性の保全に関して授業プログラムを作成し、実施することが現状ではむずかしい。そのようなトレーニングを受けた教員が今の学校にはほとんどいない。自然再生は生物多様性や生態系を対象にするものであるため、保全教育を行なうには、生態系に関する基本的な知識が必要とされる。ところが、理科を専門とする教員は学校のなかでごく一部であり、そのなかで生物、とくに生態学を専攻した教員はさらにかぎられているのが現状である。しかも、自然再生は、「為すことによってともに学ぶ」という順応的管理の手法によって実施されるため、事業の進行状況によって、学習テーマ自体を順応的に変えていかなければならない。ただでさえ忙しい学校の教員が、自

図7・1　学校ビオトープを中心とした協働

然再生事業全体の進行状況を常時把握して時宜に適ったプログラムを実施することには無理がある。

これらの問題を解決し、子どもたちにとって得るところの大きい保全学習の機会をつくるにはどうしたらよいであろうか？　その答えのひとつが、「学校ビオトープ」（トンボ池型ビオトープ）である。その利点を挙げてみよう（図7・1）。

①ビオトープを校庭につくることにより、学校内での保全学習が可能となる。ふだんの授業のなかでの利用だけでなく、授業時間以外にも、子どもたちが自由に観察や学習を行なうことができる。

②教員と研究者、NPOなどが協働して保全教育を実践する場となる。協働により、テーマとして取り上げられることの範囲が広がる。

③実際の体験をもとに保全学習を行なうことができる。ビオトープに生息する生物の生態や生物の移動、生物間相互作用で結ばれた生物群集が形成される過程

を、実際の体験をともないながら学ぶことが可能になる。
④子どもたちを中心として、地域住民を巻きこむことができる。学校教育は、教員やPTA、近隣住民など、さまざまな地域住民がかかわり合って実施されているため、同時に地域住民への広報や情報伝達が可能となる。
⑤保全学習の目的にあわせて学習対象の観察に適した場を用意することができる。
次に、トンボ池型ビオトープを生物多様性保全のための「保全学習」に活用している霞ヶ浦と渡良瀬遊水地における実践例を紹介する。

アサザプロジェクトにおけるビオトープ

アサザプロジェクトは、市民が中心となり国土交通省や研究者、企業、学校などが協働して行なっている霞ヶ浦再生のためのプロジェクトである(「公共事業と自然の再生」の章参照)。このプロジェクトでは、アサザをシンボル種およびキーストーン種とした水辺植生帯の復元、流域の雑木林管理、ビオトープづくりなど霞ヶ浦とその流域の再生のための多様な活動が行なわれている。このプロジェクトの一環として、現在急速に衰退しつつあるアサザの遺伝的な多様性と将来の復元のための材料を維持するために、二〇〇〇年の時点で霞ヶ浦に残存していたすべてのアサザ群落から株分けをし、それを湖の外で維持・育成する取り組みが実施されている。この株分けしたアサザを保護育成する場として、霞ヶ浦流域の小中学校の敷地内に造成した学校ビオトープ（図7・2）が利用されている（後藤ほか 二〇〇二）。

図7・2　アサザプロジェクトにおける学校ビオトープ

ビオトープを活用した保全学習——敷地内につくったビオトープ

アサザプロジェクトは、アサザ育成のためのビオトープを活用した「霞ヶ浦の自然再生」のための保全学習を流域全体の幼稚園や小中学校に提案しており、現在では約八〇の学校においてそのような保全学習が実施されている（図7・3）。

アサザプロジェクトにおいてつくられたビオトープは、アサザの定着に必要なゆるやかな土の斜面の縁をもつ池である。そこに、霞ヶ浦の水辺の植生帯を模して、陸側からマコモやガマ、ミクリ、ショウブなどの抽水植物、アサザ、ガガブタやデンジソウなどの浮葉

図7・3　アサザプロジェクトにおいてつくられた学校ビオトープの位置

植物、ササバモやリュウノヒゲモ、シャジクモ類などの沈水植物が生育する小規模な植生帯がつくられている。植物材料はすべて地域由来のものである。このようなビオトープをつくることにより、授業で霞ヶ浦を訪れることができない学校でも、霞ヶ浦に生育する水辺の植物を実際に観察し、学習に活用することができる。また、近隣で採取したメダカとタニシ以外の動物や水生昆虫はいっさい導入しないこととしている。植物以外は、トンボやその他の水生昆虫など自力で移動してくる生物を観察・研究する場となっている（図7・4）。

このようなビオトープ池がうまく活用されている例として、潮来市の津知幼稚園の例を紹介してみよう。この幼稚園では、もともとあった金魚やコイを飼うためのコンクリート製の池の中に土を入れ、植物を移植してビオトープがつくられた。

ビオトープに水辺のミニチュアの植生帯が発達すると、アオモンイトトンボやクロスジギンヤンマなどをはじめとして水辺の植物を産卵基材とする多くのトンボがそこにやってくるようになった。多種類

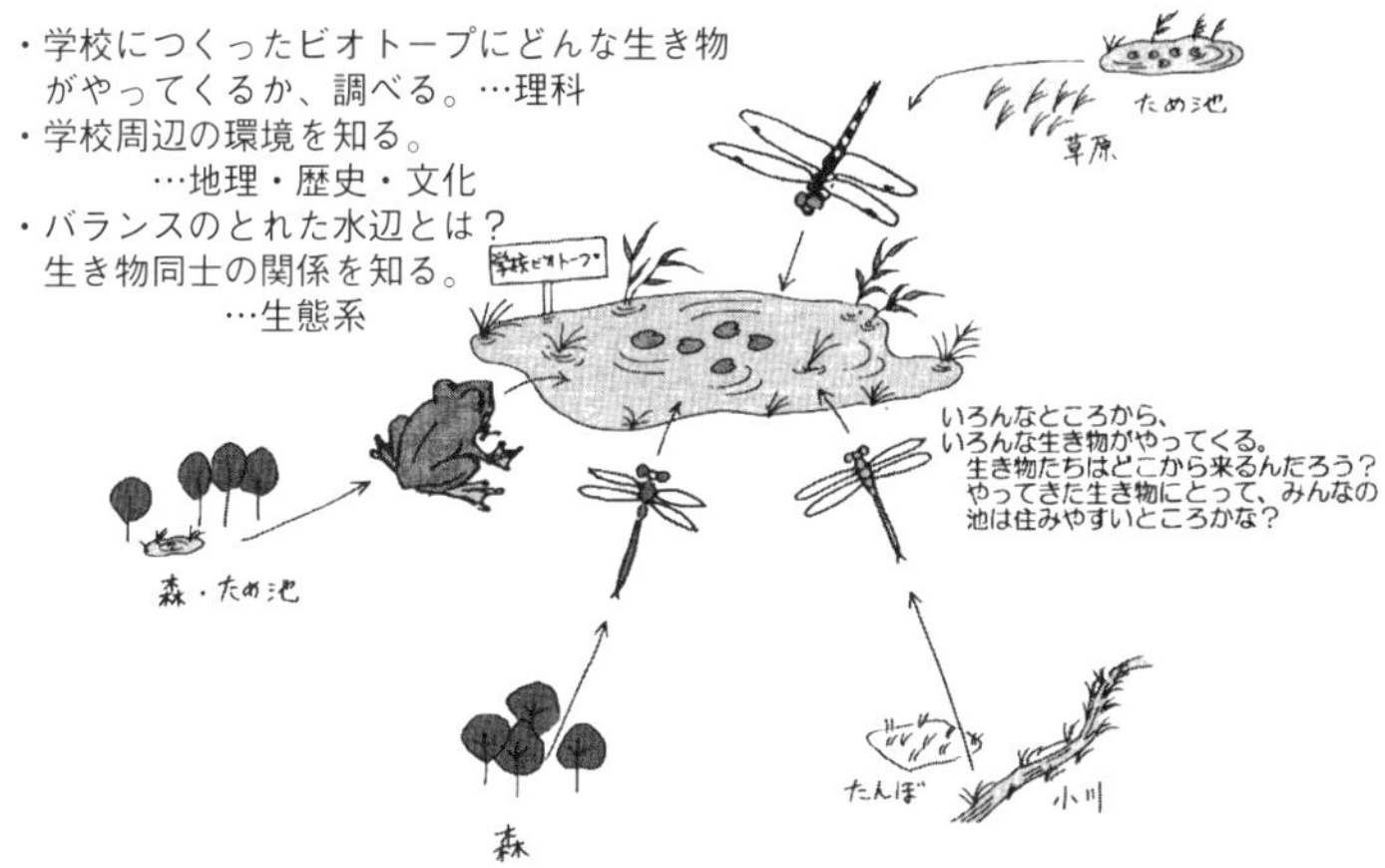
・学校につくったビオトープにどんな生き物
がやってくるか、調べる。…理科
・学校周辺の環境を知る。
…地理・歴史・文化
・バランスのとれた水辺とは？
生き物同士の関係を知る。
…生態系
ため池
草原
いろんなところから、
いろんな生き物がやってくる。
生き物たちはどこから来るんだろう？
やってきた生き物にとって、みんなの
池は住みやすいところかな？
森・ため池
森
たんぼ
小川

図7・4　学校ビオトープのねらい

のトンボの来訪を園児らは驚きをもって歓迎し、そこは人気のある遊び場となっている。このビオトープでは、東京大学保全生態学研究室のメンバーがトンボなど水生昆虫の調査を行なっている。調査者が訪れるたびに、「あっ、トンボ博士だ！」と子どもたちが池のまわりに集まってきて、我先に、最近見たトンボ、つかまえたトンボの話を始める。しばらくは、まわりに園児らが集まりすぎて調査にならないほどである。ヤゴの調査をしていると、捕獲したそばから名前を尋ねたり、見覚えがあるものであればそれを見た経験を語る。積極的な子は、自分で調査用の網をもって昆虫を掬いはじめる。園児らが掬ったヤゴについて、その生態を説明すると、熱心に耳を傾ける。ビオトープが子どもたちがトンボに関心をもつきっかけとしておおいに役立っているだけでなく、高い学習意欲を引き出すことにも寄与していることがうかがえる。

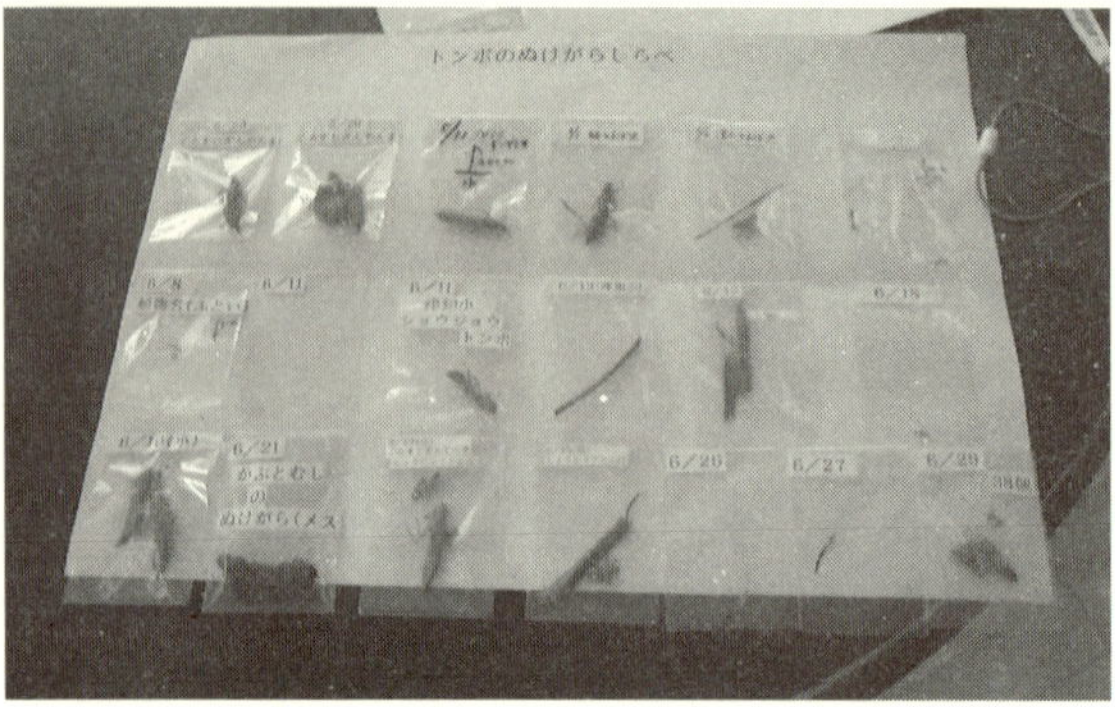

図7・5　園児が行なったトンボの羽化殻調査

教員と研究者、NPOの協働による保全教育

小学校や幼稚園のビオトープでは、トンボの調査・研究が子どもたちの学習と連携したかたちで進められている。トンボの羽化殻集めは園児や学童にとっては楽しい遊びでもあり、熱心に羽化殻を集める（図7・5）。それは次のような手順を経て、研究資料としても活用される。子どもたちは、ビオトープでトンボの羽化殻を見つけると、それを日付を書いた袋に入れ、保管する。後日、研究者が園を訪れて昆虫調査を行なうさいにそれらの羽化殻を同定し、園児や学童にその生態について解説をする。幼稚園や学校教員だけでは困難な、昆虫の同定やくわしい生態の解説を学習に取り入れることができる一方で、研究者が頻繁に調査に出かけなくとも年間を通じたトンボの羽化状況の調査が可能となっている。

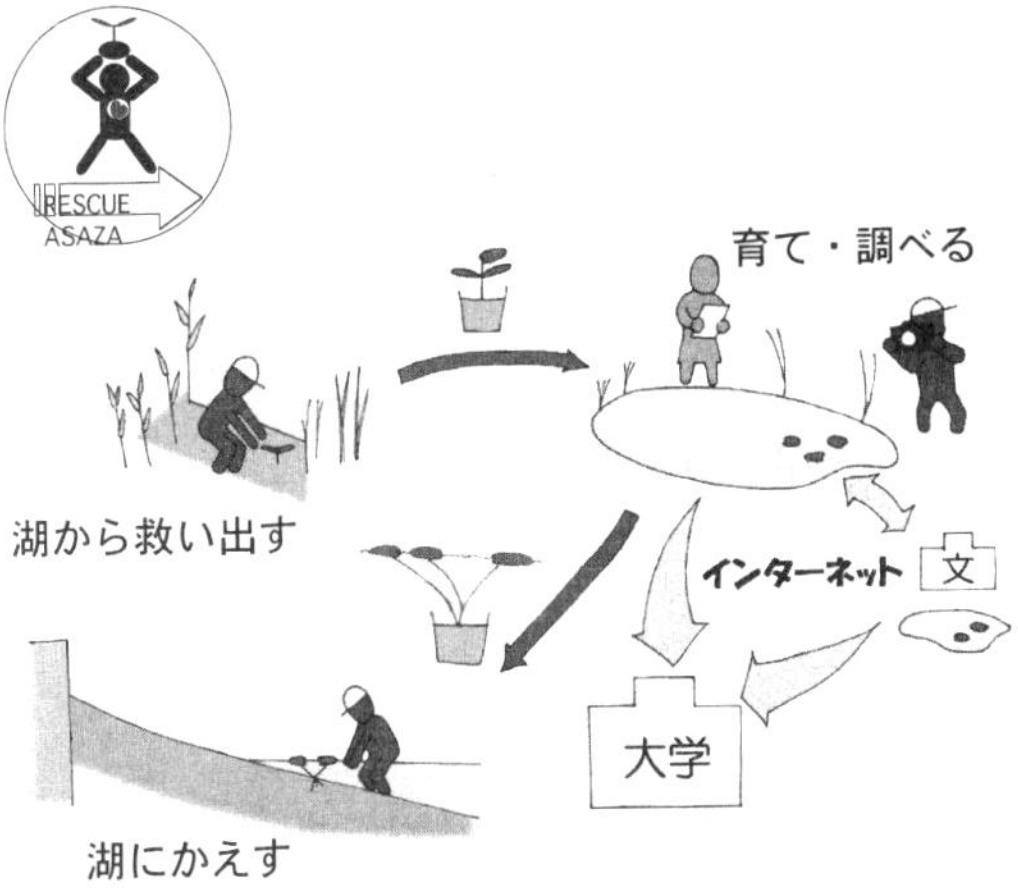

図7・6　アサザ芽生え救出作戦

体験をもとにした保全学習

霞ヶ浦湖岸の近隣にある小学校では、学校ビオトープを活用して、「アサザ芽生え救出作戦」を展開している（図7・6）。「アサザ芽生え救出作戦」とは、湖岸において土壌シードバンクから発芽するものの、環境条件が整わずに定着に失敗してしまうアサザの芽生えを「救出して」学校ビオトープに植えることでその地域のアサザの系統保存を図ろうという取り組みである。

「アサザ芽生え救出作戦」では、春に湖岸でアサザの実生を探索することから始まる。教室でアサザの現状や発芽特性について授業を行なった後、子どもたちとともに学校から歩いて湖岸まで行き、アサザの実生を探し出して掘り起こす（図7・7）。その後、校内につくったビオトープに移植し、アサザの成長の過程を観察する授業を行なう（図7・8）。子どもたちは、自分たちの名札をアサザにつけ、詳細な成長記録をつけている。その後、アサザの実生は、短期間にビオトープを埋め尽くすほど成長し（図7・9）、子どもたちを驚かせている。

これら一連の学習を通じて、小さなアサザの芽生えがやがてたくましく成長する姿やその健全な成長に必要な環境について、感動をもって印象深く学ぶことができる。

図7・7　霞ヶ浦湖岸でのアサザの実生救出

図7・8　学校ビオトープへのアサザの植え付け

わたらせ未来プロジェクトの「お宝探し」学習プログラム

「わたらせ未来プロジェクト」の一環として、学校ビオトープを活用して、ウェットランドの再生における材料としての土壌シードバンク（埋土種子集団）利用の有効性とその方法の検討が、東京大学保全生態学研究室のメンバーを中心として、実施されている。渡良瀬遊水地周辺の小中学校の校庭につくられたビオトープでは、子どもたちが土壌シードバンクの存在に気づくとともに、遊水地を身近に感じ、遊水地の生物多様性の保全に目を向けるきっかけとなるような学習プログラムが実施されている。土壌中に眠る種子を「お宝」に見たてたこの学習プログラムでは、渡良瀬遊水地の土からどのような植物が芽生えてくるかを観察し、発芽してきた植物の成長を見守る（図7・10）。芽生えた植物の調査に子どもたちが参加するような授業も実施されている。そ

図7・9　学校ビオトープに定着したアサザ

図7・10　シードバンクの学習のために調査をもとに作成した植物同定テキスト

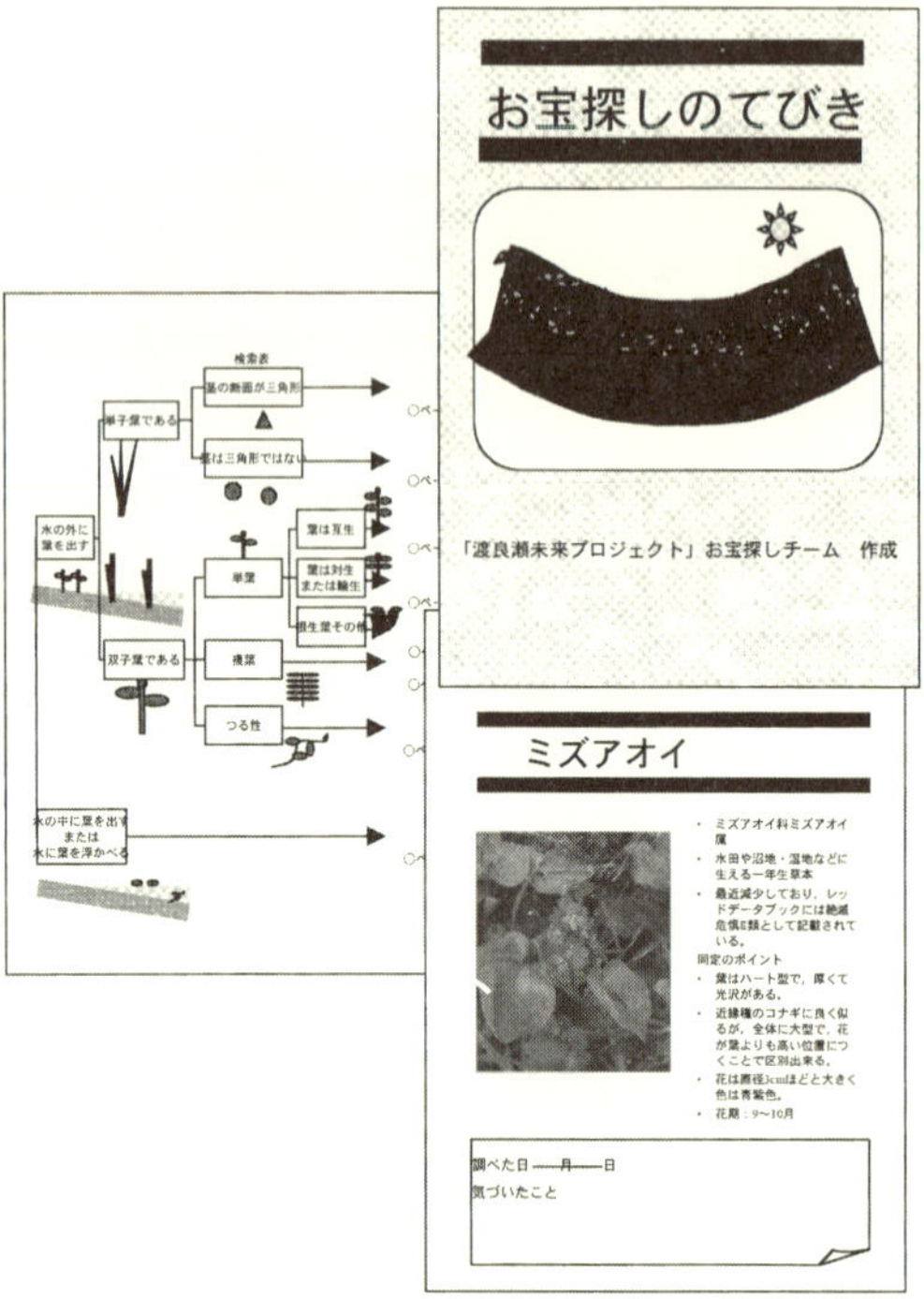

の授業では、ひとつひとつの芽生えに印をつける作業に子どもたちが参加する。その作業を通じてふだん何気なく見過ごしていた芽生え、そしてそれをもたらした土壌シードバンクの存在を子どもたちが意識するようになれば、このプログラムは成功したといえよう。

おわりに

生物多様性の保全のための協働の一環として、トンボ池型ビオトープを活用した研究と学習の例を紹介した。いずれの例も、地域の生態系の保全のための研究と実践、学習が一連のものとして展開されているものであり、生物多様性の保全に多面的に寄与するかたちでトンボ池型ビオトープが活用されている。これらの例は、学校ビオトープが自然再生事業における生物多様性保全のための学校・市民・研究者などの協働の場として大きな可能性をもっていることを示している。

引用文献

Bogner F. X. 1999 Empirical evaluation of an educational conservation programme introduced in Swiss secondary schools.International Journal of Science Education, 21（11）: 1169―1185.

後藤章・飯島博・鷲谷いづみ　二〇〇二　トンボ池型ビオトープを利用した保全学習　環境情報科学31：四三―四八頁

日置佳之・田中隆・塚本吉雄・田中真澄・裏戸秀幸・養父志乃夫　一九九八　湿地ビオトープ研究のための土地環境ポテンシャル評価手法に関する研究　ランドスケープ研究61（五）：五二一―五二八頁

井上清　一九九七　日本のトンボの生態と文化　緑の読本43：六―一一頁

Jacobson S. K.　1987　Conservation education programmes : evaluate and improve them. Environmental Conservation, 14（3）: 201–206.

Moore N. W. 1987　A most exclusive preserve. New Scientist, 115 : 65.

Primack R. 2000　Dragonfly pond restoration promotes conservation awareness in Japan. Conservation Biology, 14（5）: 1553–1554.

杉山恵一・赤尾整志　一九九九　学校ビオトープの展開　信山社サイエンテック

須藤隆一　二〇〇〇　環境修復のための生態工学　講談社サイエンティフィク　二二九頁

田口正男　一九九七　アカトンボの生態と生息環境―ただの虫が語るもの　緑の読本43：一八―二四頁

我が国における保護上重要な植物種および植物群落の研究委員会植物種分科会　一九八九　我が国における保護上重要な植物種の現状　日本自然保護協会・世界自然保護基金日本委員会

Washitani I. 2001　Traditional sustainable ecosystem 'SATOYAMA' and biodiversity crisis in Japan : conservation ecological perspective. Global Environmental Research, 5（2）, 119–133.

鷲谷いづみ・埴沙萠　二〇〇二　タネはどこからきたか?　山と溪谷社
Wenisch E. 1998　ドイツ・バイエルン州におけるビオトープ図化　BIO—City13：二一—一六頁
山田辰美　一九九九　ビオトープ教育入門　農山漁村文化協会　二五〇頁

湿原の保全と再生――その理論・技術と実践例

波田善夫

湿原再生の考え方

湿原は過湿・貧栄養の立地に発達する植生であり、自然性の高い植生であるとされている。たとえば、冷涼な地域に発達する泥炭湿原は、泥炭の蓄積にともなって自ら地形を改変し、高層湿原へと発達する環境形成能力をもっている。このような泥炭湿原は長い歴史のもとに発生・発達してきたものであり、人工的な周辺環境の変化や直接的な湿原への強い影響がないかぎり、自然の遷移に委ねられるべきものである。しかし、温暖な低地に発達する湿原植生は、さまざまな意味で人間の活動と無縁であるものは少なく、年月を経ての変化の速度も速い。その意味では、その保護・保全にも人間の関与が許される側面がある。ここでは温暖な低地に発達する湿原に焦点をあわせ、その保護・保全と再生について述べてみたい。

湿原の成立条件と保護・保全に関する対策

水条件について

湿原は生産性の低い立地に発達する。その意味では乾燥地と共通した性質をもつ。草丈の高い草本や樹木が生育できない土地で、過湿であれば湿原が発達する。湿原を涵養する水は、火山などに由来する強酸性の湧水である場合を除き、貧栄養であることが必要。目安としては五五μS／㎝以下の電気伝導度をもつ水質が望ましい（波田ほか　一九九五）。このような水質は山間の渓谷であっても得ることはむずかしい。もちろん水道水がそのような水質を備えている可能性はない。

水は晴天がつづいても絶えることがなく、豪雨時においても濁流が流れる状態になってはならない。したがって集水域は狭い必要があり、湧き水があれば、湿原が発達しやすい。湧水は長い年月、地下に貯留された無機水ではなく、降水が比較的短期間に湧出する性格をもつものである必要がある。

このような水環境を備えた立地はまれであり、よって湿原は貴重なのだ。このような条件を備えていない場所に、安易に湿原を移設してはならない。

光条件について――周辺樹木の成長による日照阻害――

典型的な湿原植物は強い日照のもとで生育する。したがって無林地では狭い湿地でも湿原植生が存在できるが、周辺森林の樹高が高いと相当な広い面積をもつ立地がなければ湿原植生は発達できない。瀬戸内の花崗岩や流紋岩地域では山林火災の跡地に小さな湿原が発生し、その後、周辺森林の回復によって次第に湿原が消失している。このような現象は、周辺樹木の成長による日照阻害の結果であると考えると納得がいく。

昔は貧弱なマツ林に囲まれていた湿原も次第に周辺の樹林が発達し、樹木に覆われつつある。とくにマツ枯れ病以降、コナラなどの夏緑広葉樹が大きく成長し、その下層には常緑広葉樹が繁茂しつつある。現在の湿原は、次第に日照不足になりつつあるといえる。

コイヌノハナヒゲ、シロイヌノヒゲ、トキソウ、モウセンゴケなどの典型的な湿原植物は相対照度六五％以上の、ほとんど遮るもののない光環境の立地に生育する。湿原植物のなかでもヌマガヤ、コバギボウシ、キセルアザミ、ヤチカワズスゲなどはより耐陰性が高く、相対照度二〇％以上の広い範囲に生育が見られる。一方、カサスゲ、チダケサシ、ヨシなどは相対照度一〇％を下回る暗い場所から明るい場所にまで生育が見られる（図8・1）。

このような光環境と生育植物の関係から、同一の水質環境であっても日照が制限されるにしたがい、次第に典型的な湿原植物が減少することになる。とくに暗い場所ではカサスゲやチダケサシなどからなる、組成的には沼沢地と判定されるような植生になる。もちろん日照の減少によって植物の生育密度も減少し、さらに暗い場所では、わずかにカサスゲが散生する植生となる。山間の幅が狭い湿地では水条件を満たしていても、これらの沼沢性の種のみが生育する湿地となる。

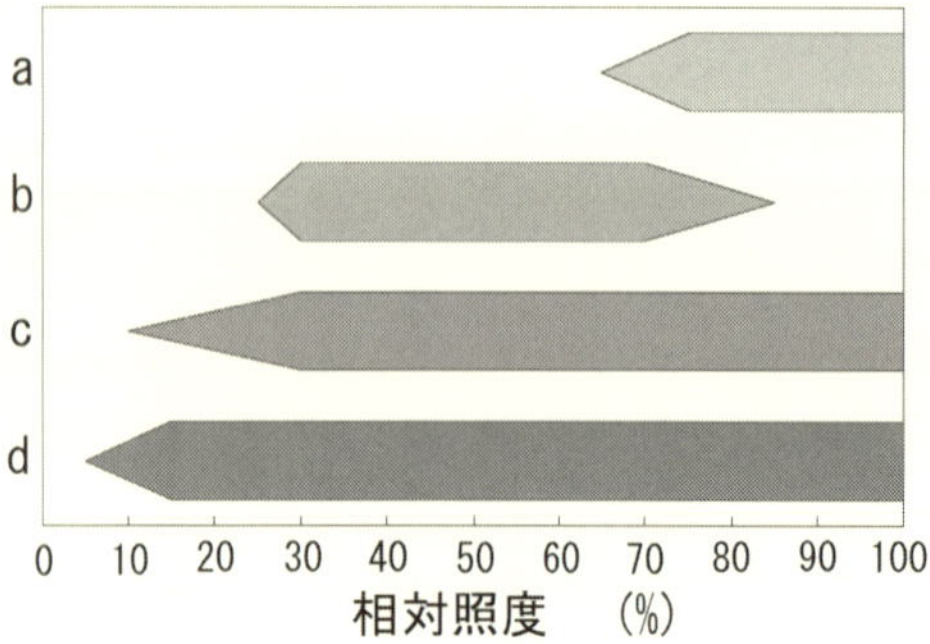

図8・1
湿生植物と相対照度
a　典型的湿原植物：コイヌノハナヒゲ、シロイヌノヒゲ、トキソウ、モウセンゴケなど
b　中程度の日照地に生育する湿原植物：リュウキンカ、オグラセンノウ、ミコシギクなど
c　低照度に耐える湿原植物：コバギボウシ、マヌガヤ、マアザミなど
d　沼沢性植物：カサスゲ、チダケサシ、ビッチュウフウロ、ヨシなど

対策：湿原が、周辺樹林が成長しても十分な光環境を得ることができるほどの広さを備えていない場合、保護・保全のために周辺樹木の適度な伐採が必要となる。湿原に差しかかる低木・亜高木、境界から仰角四五度の範囲に入る高木も伐採したい。樹種としては常緑広葉樹がもっとも光を強く遮蔽し、ついで夏緑広葉樹の順となる。アカマツなどの針葉樹は光を遮断する量が少なく、景観の保全の観点からも残すとよい。大木を伐採することは作業的に大変であり、本来ならば、小径木の時点で計画的に伐採除去するべきである。

木道に関する留意点：湿原に設置された木道の直下は強度に日照が制限されることが多い。木道の直下および周辺では沼沢性の植物が優勢となることが多く、植生がまばらであるために浸食が発生して流路が形成されることが多い。湿原が人に踏まれてしまうことから守るための木道ではあるが、このような人工構造物を設置すると、湿原内の水の流れが変わってしまう。木道を設置した場合には常時観察し、水路が形成されて水の流れが変わった場合には土嚢などの投入を行なって管理する必要が生じる。

谷湿原における土砂の流入出のバランス

温暖な低地に発達する湿原は、有機物が速やかに分解するので鉱物質土壌上に発達している場合が多い。したがって、周辺から流入する土壌量と湿原から流出する土壌量のバランスによって基盤の地形が成り立っていると考えられる。とくに谷底に発達する谷湿原では、土壌の流入・流出のバランスが湿原植生の発生・発達・衰退に大きくかかわっている。

谷湿原の基盤地形である谷底に土砂が堆積した広いU字形の谷が形成されるためには、大量の土砂が供給される必要があると同時に、堆積した土砂が流出しにくい条件を備えた地形の存在が前提となる。このような条件を備えた地形は自然状態でも存在するが、砂防堰堤などの人工的な構造物が、湿原地形の発達に貢献する場合がある。

土砂の流入量が流出量を上回る場合、湿原内の流路は頻繁に場所を変えて網状となり、湿原植生は良好な状態で発達する。現在の温暖な低地に発達する湿原の多くは、周辺地域の植生発達によって土砂の流入量が減少し、浸食傾向にある。過去においては人類の森林利用が湿原成立の基盤地形をつくり出した。しかし、現在では森林放棄によって湿原地形が失われつつあるのだ。

湿原における浸食は、湿原面全体の浸食として発生するのではなく、まず流路が固定化し、つづいて流床の泥が流出して水深が深くなる現象として発生する。典型的な湿原植物の根茎は地表付近に局在していることが多く、三〇cm以上の水深になると容易に浸食が発生し、大量の土砂が搬出される状況にな

図8・2　下流側から浸食されつつある湿原（東広島市）
流出する水路と湿原面の落差は２ｍ近くある

ってしまう。この段階になると流路の水位は湿原面から次第に低下し、周辺の乾燥化が始まる。河床の浸食は、湿原域のみで発生しているのではなく、河川上流域全体で進行しており、渓流域の下刻が下流側から次第に進行し、浸食頭が湿原に到達した段階で急激な土砂流出が発生する（図８・２）。

対策：温暖・低地に発達する湿原の多くにおいて、浸食による乾燥化が観察される。これにたいする対応策は比較的簡単である。流路に土砂流出防止の対策を実施すればよいわけであり、堰堤を構築すればすむ。堰堤構築の位置は、湿原からの流出口がもっとも重要であり、この一カ所のみでも、やがて湿原全体に好影響を与える。しかしながら相当の年月が必要なので、数カ所の設置がより効果的である。

構造的にはコンクリート製の砂防ダム状のものが恒久的であるが、大規模な工事となり、工事にともなって周辺地域の大規模な破壊が発生し、費用も高額であるのでよほどの条件が整わなければ実施は困難であろう。従来工法である蛇籠工なども検討されるべき工法であるが、現地の礫を集めて蛇籠をつくる技術はすでに失われているようで、よそで蛇籠をつくってクレーンでもちこむ方法などでは周辺地域が破壊されてしまい、あまり意味がない。板柵や杭なども短期間で漏水し、漏水箇所から浸食が発生するので推奨できない。もっとも簡便で効果的なものは土嚢によるダムアップである。

土嚢は袋をもちこみ現地の周辺土壌でつくることができるので、工作機械をもちこむ必要もなく、もっとも安価である。設置後に都合が悪ければ撤去することができる点でも優れている。土嚢袋は分解性のものが市販されており、これを利用したい。施工は植物が休眠している冬季に実施し、湿原植生の破壊を最小限にするために板などを引いて作業を行なうとよい。土嚢を高く積み上げる必要がある場合には基盤を広くとり、最後に杭を打ち込んで崩壊を防止する（図8・3）。積

図8・3　湿原を流れる流路への土嚢製堰堤の設置作業
土嚢に木製の杭を打ち込み、補強する

み上げた土嚢の天端は、土砂や枯れ草を被せておくだけで植物が定着し、晩春には存在がわからなくなる。

湿原植物の刈り取り

自然教育施設などとして管理されている場合、刈り取りをしたいという要望もある。湿原植物は栄養分が少ないためか、初夏になってもなかなか分解しない。とくに積雪がほとんどない温暖な地域の湿原では枯れ草が立ったままとなり、トキソウなどが枯れ草のあいだに開花しているという景観になったりする。このような景観的な問題から、冬季に草刈りを行ないたいという要求が出てくるわけである。問題は刈り取った枯れ草の処分である。枯れ草の湿原外への搬出には大変な労力が必要となる。

刈り払い機によって草刈りされると、部分的に枯れ草が集積される場所ができる。刈り草が厚く堆積した場所がそのまま放置されると、モウセンゴケやサギソウなどの小型の植物はこれを貫いて成長することができず、植生に悪影響を与える。よって、原則は湿原外へ枯れ草を搬出すべきである。枯れ草の域外搬出は栄養分を除去することになり、湿原存続に好影響を与えるはずであるが、具体的な調査事例はない。

一方、初夏から盛夏における刈り取りは、場合によっては成果を上げることができる。土砂の流入などによってイグサやアゼスゲなどが繁茂することがあるが、これらにたいしては成長期に刈り取りを行なうことによって、大きなダメージを与えることができる。初夏から盛夏においては、湿原植物はスゲの株間で細々と生育している状態であり、刈り取りの影響を強く受けないために、結果として湿原植物の回復を促進することになる。刈り取り作業は手鎌などで慎重に実施すべき。また、林縁のイヌツゲなどの低木刈り取りは湿原の日照条件を確保するために有効である。

湿原への火入れが行なわれることもあるが、湿原植物の冬芽の位置は地表付近であり、影響は大きい。表水がない枯れ草が集積された場所では、湿原植物は焼死してしまいセイタカアワダチソウなどが侵入した観察事例がある。湿原への火入れは慎重に対処すべきだ。

具体的事例

高速道路などの大規模開発によって湿原の移植が試みられる例があちこちに見られる。湿原を無視したり、たんなる植物の移植を行なうよりも一段階の進歩とも思えるが、成功例は多くなく、開発の免罪符となっている例も多い。

湿原をまったく新たな場所に創造することは非常に困難である。一方、わずかでも湿原植物が生育している移植地を選ぶのであれば、水質的には条件が備わっているわけであり、地形を改変することによって湿原を造成できる可能性がある。多くの失敗例は、自然に学ぶことなくたんに事業者の都合によって移植地が選定されている場合に多い。

以下に私の関与した湿原の保護・保全および移設の実例のうち、詳細な調査がなされている三例について解説する。

鯉ヶ窪湿原

岡山県阿哲郡哲西町の鯉ヶ窪湿原はオグラセンノウ、ミコシギク、ビッチュウフウロ、リュウキンカなどの生育によって国の天然記念物に指定されている。この湿原の一部に、春にはリュウキンカが、夏にはビッチュウフウロが一面に群生するハンノキ林が発達している。このハンノキ林にミゾソバやアメリカセンダングサなどが生育しはじめ、優勢となってリュウキンカやビッチュウフウロなどの生育が不良になる湿原植生の退行変化が観察された。これが契機となって、湿原全域にわたって保全・回復に関する基礎調査が実施された（一九九八年〜）。調査によって抽出された主な問題点は、水路の下刻による地下水位低下、周辺樹林の発達による被陰、エントランス地域における土砂の流入と水路の下刻による乾燥化の三点であった。

①ハンノキ林におけるミゾソバの繁茂―水路の下刻による地下水位の低下

リュウキンカやビッチュウフウロの群生するハンノキ林の中央を流れる水路は、深さが二m近くにもなっている場所があり、水路の水位の低下によって湿原域の地下水位も低下していることが明らかとなった。流路付近のハンノキの根元は二〇cm以上根上がりの状態になっており、水位の低下によって表土が分解・流亡したものと考えられる。水位が低下して表水流がなくなった場所の土壌水の電気伝導度は高く、水位の低下による土壌有機物の分解が富栄養化を引き起こし、ミゾソバ、アメリカセンダングサ、アキノウナギツカミ、クマイチゴ、ノブドウ、イボタノキなどの繁茂を引き起こしたものと考えられた。

一五年前の調査時にはすでに水路が深掘れしており、このままではやがて湿原が衰退することが指摘されていたが、植生の変化は一五年を経過して現実のものとなった（岡山県 一九八五）。

水路下流部の浸食が著しい地域三カ所において、土嚢による堰堤を設置するとともに、堰堤から湿原全体に水が行き渡るよう導水路を掘削した（一九九九年二月）。掘削したといっても踏みつける程度の水路である。マツ枯れによる倒木も水の流れを妨げており、除去した。これらの対策により、中央水路に集まっていた水が湿原全体を網の目のように流れる状況が再現できた。一九九九年には顕著な効果は見られなかったが、翌年にはリュウキンカの開花状況が好転し、二〇〇二年には最盛期の状況まで回復。ミゾソバなどの生育量は激減し、わずかに生育が見られる程度となっている。

土嚢による堰堤は植物によって覆われ、堰堤の上流側の水路には植物遺体や泥土が堆積して浅くなり、ヨシやカサスゲなどが生育してその存在すらわからない状態となっている。土嚢による堰堤の構築は安価・簡便であり、高い効果を得ることができたと評価できよう。

②周辺樹林の発達による被陰

鯉ヶ窪湿原の周辺地域は牧野・採草地として利用されていた時代がある。その後放置され、現在はコナラなどの夏緑広葉樹を交える樹高二〇m前後のアカマツ林となっている。湿原の周辺にはソヨゴ・アセビなどの常緑広葉樹が繁茂しており、相対照度は数%にまで低下している地域も多い。根茎が浅いソヨゴは湿原側に傾いて強度に湿原を被陰しており、コナラは高い位置で湿原に到達する光を遮っている実態が明らかとなった。鯉ヶ窪湿原ではこの結果をもとに湿原の一部で樹高に相当する二〇m範囲の落葉広葉樹を伐採し、一〇m程度の幅に生育する低木を伐採した。アカマツは強く日照を遮らないことから残した（二〇〇〇年二月）。

伐採直後の夏には植物の生育が良好となり、目標としていた貴重種であるオグラセンノウやビッチュウフウロなどが増加した。一方、アキノウナギツカミなどの沼沢性の種も増加した。これは伐採木の一部を現地で焼却処分したことや、周辺の伐採地から表土の分解などによって栄養分が供給されたためと考えられるが、二年後にはその増加も落ち着きつつあり、オグラセンノウなどの生育状況も改善されつつある。伐採前のオグラセンノウはわずかな個体しか開花せず、茎が細くてツル植物状に他の植物に支えられての生育であったが、伐採後は自立して開花数も増加し、新規定着個体も確認されるなど、良好な反応を示しつつある。現時点では三シーズンの観察のみであるが、十分な効果が示されつつある。

③エントランス地域における土砂の流入と水路の下刻による乾燥化

鯉ヶ窪湿原のエントランス地域にはノハナショウブ、シモツケソウ、ミコシギクなどの咲く、湿原としてはやや栄養分の多い植生が発達した地域があり、来訪者には湿原への導入を感じさせていた。この地域は次第に乾燥化し、毎年の刈り取り作業にもかかわらずススキやササ類、低木類などの繁茂する地域へと退行してしまった。原因は地域外から流入する谷からの大量の土砂供給と、水路の下刻による地下水位低下であった。

この地域に関しては、蛇籠による堰堤構築と流入した土砂を取り除く工事が実施された（二〇〇一年二月〜）。これは大規模な工事となり、移植する植物も少ないことから、播種による植生回復および自然の回復を待つこととしている。現時点（二〇〇二年）においては埋土種子集団からのイグサやアオコウガイゼキショウ、スゲ類が繁茂する状況となっており、湿原植物の発生はイトイヌノヒゲ程度にとどまっている。今後、長期にわたる回復状況を調査し、適宜対策を行なって湿原植生に復帰させる予定である（波田　二〇〇二）。

ヒイゴ谷湿原

岡山県総社市のヒイゴ谷に湿原が存在することが知られたのは、高速道路の工事にともない、樹木が伐採された時点だった（波田　一九九七）。すでにこの地域の周辺では道路の建設工事が進行しつつあり、路線の変更なども不可能な状態であった。日本道路公団では委員会を設置するなどして調査を行なった。その結果、①サギソウなどの生育する良好な湿原植生の存在、②その周辺にはやや沼沢性の高い湿原植生やハンノキ林が発達していること、③流下する流路が下流側から湿原を浸食しており、これにともなう乾燥化によって面積を減じつつある湿原であること、などが明らかにされた（図８・４）。

委員会では湿原に関する現況調査を踏まえ、岡山県での湿原造成や湿原植生移植などの先行事例（波田ほか　一九九五など）から得られた知見を参考に、現在発達している湿原の下流側を拡大し、消滅する地域の植物を移植することを提言した。

道路の設計に関しては基本的な線形の変更は不可能であり、法面の直壁化や側道の廃止、溜池の設計変更などを行ない、良好な植生が発達していた地域の消滅は回避された。湿原の一部は公団用地外の民

図8・4　湿原を浸食しつつある流路（総社市ヒイゴ谷湿原：工事前）

有地であったが、現在は総社市が一体的に管理している。

湿原の面積は地形的に制約されている場合が多く、下流側の地形を湿原植生が発達可能な地形に変更することによって面積を拡大することができる場合が多い。当地においても、もともと湿原が存在しているので水質などの条件は満足されているはずであり、安定的に湿原が発達できる地形的条件を実現し、下流側に面積を拡大することが主眼であった。

湿原の下部から大量の土砂を排出していた水路は幅四m、深さ二mにも及び、日々周辺の湿原が崩壊している状態であった。浸食頭は湿原中部に達していたが、その影響は湿原全体に及んでいた。そこで、このような状況にたいして次のような対策を実施した。

①谷の埋め戻しと下流側への湿原拡大

図8・5　流路の埋め戻し
流路を埋め戻した状態。木杭と板で浸食を防止している

浸食谷の埋め戻しと湿原面積の拡大に使用した土壌は、近隣の工事地域から調達した。花崗岩の風化土壌である「真砂土」であるが、極力粒度の小さなもの（姫真砂土）を選んだ。地形造成の直後は植生の土壌緊縛力がほとんどないために浸食が容易に進行し、ガリが形成されやすい。これを防止するために、木杭と板による土留とトンネル掘削のさいに発生した岩石による石積を傾斜を配慮しつつ設置した（図8・5）。

浸食谷を埋め戻した地域と下流側に面積を拡大した地域における植栽は、上部ではサギソウなどの咲く良好な湿原植生を発達させることを目標とし、下流側にいたるにつれてノハナショウブなどの比較的栄養分の多い植生へ、末端地域ではトンボなどが生息するトンボ池をつくることとし、周辺は明るいハンノキ林へと導くこととした。

植栽に使用した植物・植生は本格的着工前に採取し、仮植えしておいた植物を利用。生育していたハンノキは、一時水田に仮移植し、あらためて目的の場所に植栽した。

②上・中・流部への土嚢・木柵の設置

下流からの浸食は湿原の全域に大きな影響を与えており、随所にスゲ類の株が谷地坊主状になっており、乾燥した高い場所ではイヌツゲやミヤコイバラなどの低木類の生育が顕著であった。これらを改善するために、土嚢や木杭と板などによって土砂の流出を防止する対策を実施した。土嚢の投入は簡単な対策でありながら、比較的短期間に良好な成果を収めた。

③井戸の掘削と上流域からの導水路の設置

面積を拡大したことと、基盤土壌が砂質であるために水量的には不足が懸念され、谷頭に井戸を掘り、地下水を自然流下によって湿原へ導く工事を行なった。井戸とはいえ流出量は降水に大きく影響され、渇水期には水不足が発生する。このような夏の渇水は本湿原の基本的特性であったのではないかと思われる。このほか、湿原全域に水が回るよう、等高線状に幾本かの水路を掘削した。一部は塩化ビニール製のパイプも使用している。

④周辺の低木伐採

湿原周辺のマント群落として発達していたイヌツゲ群落は全伐し、湿原域に生育するイヌツゲやハンノキなども原則的に伐採した。湿原周辺のイヌツゲ群落の伐採は予期せぬ湿原面積の拡大となった。密生したイヌツゲ群落の林床には、わずかにノギランなどが生育していたにすぎなかったが、伐採直後から短期間でイヌノハナヒゲなどの湿原植物が芽生え、一年後には湿原植生といってよいものにまで回復した。回復した植物のなかには事前調査では確認できなかった希少種も再生してくるなど、意外な状況となった。おそらく、浸食谷によって湿原が乾燥化し、周辺からイヌツゲの生育範囲が次第に広がりつつある状況であったものと思われる。

工事から八年が経過した現在、これらの対策によって、良好な湿原植生の面積は大幅に増加し、サギソウの個体数も格段に増加した。ハンノキ林の様相も自然性が高まり、景観的にも落ち着きを示しつつある。工事前には確認されていなかった湿原特有のトンボであるハッチョウトンボの生息も確認され、年々個体数を増加させつつある。

地域の自然教育施設としての利用度も高く、地域住民に見守られて現在にいたっている。水量不足の側面はありながら、いちおう成功事例に入れてよかろうと評価している。

岡山県自然保護センターの湿生植物園

岡山県自然保護センターでは、建設にさいし敷地内の一角に湿原の造成が計画された。計画された場所は基盤整備が行なわれた直後の水田であり、概観したところ周辺には湿原は存在せず、まったく新たな場所への湿原造成であった。水質的には湿原成立の境界域であり、量的な問題がクリアできれば湿原造成が可能かと判断されたが、はじめてのことでもあり課題は大きかった。もともと水不足が深刻な山

図8・6　工事中の岡山県自然保護センター湿生植物園

田であり、毎年全域が耕作できる状態ではなかったようである。湿生植物園の造成手法および経過観察については波田ほか（一九九五）などに始まり、多数のレポートがあるので、ここでは概要にとどめておく（図8・6）。

湿原造成の予定地は二つの谷（「西の谷」「東の谷」と呼ぶ）からなっており、合流部には二つの池を設置した。「東の谷」は集水域が広く、電気伝導度がやや高かったので中栄養的な植生の発達を期待することとし、湿生植物の保護・保全を図ることも役割として担わせた。「西の谷」は湿原造成が十分可能であると考え、「当地における湿原植生の創造」を目標に設定した。

地形の造成については、ビニールシートを敷きつめ、その上に花崗岩風化土壌である「真砂土」を敷きつめた。傾斜が急な場所ではもとの棚田地形を活かした部分もある。豪雨時の増水

図8・7　湿原造成後、10年経過した湿生植物園

を排水するために、管渠によるオーバーフロー水系を埋設している。

移植した植生は主に三カ所のゴルフ場建設により消滅した湿原から搬入したものを利用した。これらのゴルフ場開発では、それぞれの地域内の湿原の一部を残して面積を拡大し、植生を移植するなどして保全しているが、完全に開発地域内で保全することができなかった残りの植生をセンターに搬入して利用したわけである。

二〇〇一年、岡山県自然保護センターは開設一〇年を記念して、湿生植物園に関するシンポジウムを開催した。湿原の移設に関し、植生、植物プランクトン、ハッチョウトンボ、微小貝類などの面からの現状が報告され、一〇年間の評価を行なった。湿原特有の植物プランクトンであるチリモ類に関しては非常に豊富であり、植生のみならず水中の状態も湿原として良好な状態に発達できていることが示された（大谷・西本　二〇〇一）。湿原特有の微小貝類に関しては、ミズコハクガイなどの絶滅危惧貝類が四種生息していることが確認されるなど、湿原としての環境を十分実現できていることが示された（福田ほか　二〇〇一）。植生に関しては次第に遷移が進行して植被率が増大し、植生高も高くなりつつあるのが現状である。これにともなって開水面が減少し、ハッチョウトンボの生息数は一時異常とも思えるほどであったが、現在は次第に落ち着きつつある（森　二〇〇一）。小型の植物であるモウセンゴケなどの個体数は遷移の進行とともに減少しつつあり、部分的に遷移をリセットして初期段階に戻す必要を感じている（西本　二〇〇一）。近年イノシシの出没が増加し、湿原を攪乱してこの役割を果たしている（図8・7）。

自然保護センターにおける湿原の植生は当地における自然の姿へと遷移し、移植元の植生とは異なったものに発達した。したがって、開発によって消滅する湿原の保護には失敗し、当地における湿原の造成には成功したことになる。

引用文献

福田宏・鈴木田亘平　二〇〇一　人工湿原に定着しえた絶滅危惧貝類　岡山県自然保護センター研究報告（九）：六三―七〇頁

波田善夫・西本孝・光本信治　一九九五　岡山県自然保護センター湿生植物園1　基盤地形の造成と植生移植の方法　岡山県自然保護センター研究報告（三）：四一―五六頁

波田善夫　一九九七　高速道路の建設にともなう湿原の移設とビオトープの創生　道路と自然　日本道路緑化協会（九五）：三六―三九頁

波田善夫　二〇〇二　国指定天然記念物鯉が窪湿原における湿原復元事業報告書　岡山県阿哲郡哲西町教育委員会　四〇頁
森生枝　二〇〇一　トンボ類から見た人工湿原の評価―ハッチョウトンボの生息と経過―　岡山県自然保護センター研究報告（九）：七一―七六頁
西本孝　二〇〇一　湿原の管理と植生遷移　岡山県自然保護センター研究報告（九）：三五―五八頁
岡山県　一九八五　自然保護基礎調査報告書　七四頁
大谷修司・西本孝　二〇〇一　岡山県自然保護センターにおける開設後一〇年目のチリモ類の種組成　岡山県自然保護センター研究報告（九）：五九―六二頁

本稿では、主要な文献のみを掲載した。文献の詳細および各項目の画像等に関しては、ホームページ　http://had0.big.ous.ac.jp/~hada/moor/moor.htm　を参照されたい。

神奈川県丹沢山地における自然環境問題と保全・再生

羽山伸一

はじめに

ここで取り上げる「自然環境問題」とは、人間と自然環境（あるいは自然資源）とのかかわり、または自然環境をめぐる人間同士のかかわりに存在する問題群をさす。私たち人間は自然環境から水、酸素、生物資源などさまざまな恵みを受けることでのみ生存が可能である。一方でこれらの恵みを受けるための開発（たとえば、ダムや人工林化など）が、水や生命の循環を絶ち、生態系に大きな影響を与えたり、美しい景観を損なってきたことも事実である。つまり、ここで発生するさまざまな問題群、たとえば、森林などの生態系や景観の破壊、生物種の絶滅、水資源の枯渇や水質汚濁などが自然環境問題である。そしてまた、私たち人間が存続してゆくためには、永続的に自然環境に依存するしかないので、自然環境問題の解決はもっとも優先されるべき政策課題といえる。

著者が長年かかわってきた神奈川県丹沢山地は、首都圏にもっとも近い山岳地帯であることから、さまざまな利用が行なわれ、かねてより自然環境問題が起こっていた地域である。しかも、丹沢山地の自然環境問題は、九〇年代に入って急激に顕在化かつ深刻化し、問題解決に向けたさまざまな取り組みが行なわれてきた。現在、これらの取り組みは施策の基本理念として「生物多様性の保全・再生」が掲げられ、本書の主題である「自然再生」にかかわるものとしては我が国における先行的な事例といえる。さらに、現在、丹沢山地を中心に展開されようとしている水政策にかかわるプロジェクトは、関係する流域面積が約二〇〇〇㎢にも及ぶもので、「自然再生」にかかわるものとしては我が国最大規模である。

本稿では、神奈川県丹沢山地における自然環境問題を概説し、この問題解決に向けて、関係する主体がどのような役割を果たし、またどのような仕組みづくりをしたのかを紹介する。そのうえで、今後の新たな制度設計でさらに改善が必要な課題を示したい。さらに、これらの経験から「自然再生」がこうした制度設計のなかでどのように位置づけられるべきなのかを明らかにしたい。

なお、本稿では、神奈川県で行政上使用されている「保全・再生」という用語を用いているが、これは保護、保全、修復、回復、復元などを含んだ略語的な意味合いと理解される。本来であれば、生物学用語である「再生」を用いることは不適切であり、一方で「自然再生」とは、「共生」などと同様に社会科学的な用語としてあらためて定義されるべきものと考えている（羽山 二〇〇二）。読者は、こうした著者の意図にご理解をいただきたい。

神奈川県丹沢山地における自然環境問題

丹沢山地は、神奈川県の屋根とも呼ばれるおよそ四〇〇㎢の山岳地帯で、大山信仰などで古くから栄えてきた。現在では、都心からもっとも近い山として、年間の入山者は一〇〇万人を超える。また、中核的な地域は丹沢大山国定公園にも指定され、公園利用者が五〇〇万人に達する（県立公園を含む）我が国有数の自然公園である。

丹沢山地の自然を特徴づけるものは、ブナやモミの森林とツキノワグマ、シカなどの大型動物をはじめとする多様な生物相であり、また、随所に滝を形成する深い渓谷が一段と魅力あるものにしている。しかし、近年、丹沢山地の生態系に大きな異変が起こり、広範囲のブナの立ち枯れ、林床植生とササの後退など、とくに主稜線部のブナ帯における植生の劣化が目立ちはじめた。そしてその元凶としてシカの存在が取りざたされるようになった。

六〇年代に起こった国定公園指定運動のさいには、シカは丹沢山地における自然保護のシンボル的存在であった。戦後の乱獲によってシカが絶滅寸前に追いやられていたこともあり、その後、禁猟となった。しかし、一方でこの時期、拡大造林政策によって大規模な森林伐採が行なわれたため、森林は一時的に草原化して大量の餌をシカに供給する結果となり、シカは急速に分布を拡大していった。

結局、シカによる林業被害問題が起こり、一九七〇年に禁猟は解除されることとなる。ただし、丹沢山地全体を狩猟解禁にしたわけではなく、自由狩猟区（いわゆる乱場）は低標高域に設定して、高標高域を保護区とし、その中間地帯を管理猟区に指定するというゾーニングを同時に行なった。

また神奈川県はシカと林業との共存を図るため、新たな植林地は防鹿柵と呼ばれるフェンスで囲うことを決めた。これは、すべて公費で負担するという画期的な保護政策であったが、その後二〇年あまりで柵の総延長が七一七・五km（二〇〇〇年現在）となり、山中が柵だらけのようになってしまった。この柵によって植林への被害は減少したものの、シカの利用できる空間を狭め、結果的にさらにシカを高標高域にあるブナの天然林地帯に定着させてしまったのである。

こうして、三〇年足らずで丹沢山地の景観は激変してしまった。以前は、丹沢山地といえば藪漕ぎなしに頂上に達することができないほど、ササやブッシュで覆われた山であったが、現在ではブナ林のなかでもまるで都市公園のように快適に歩くことができる。そもそも、シカは平野に生息する動物で、大量の草本類を採食する。高標高域の森林にはシカの個体群を支えるのに十分な餌資源量は存在しないため、シカは森林を破壊して草原へ変えてしまうのである。

ただし、九〇年代以降になると、ブナやモミの大木の立ち枯れが顕在化し、また丹沢山を中心とした東丹沢地域ではササが枯死してしまった。結局、シカの餌として重要なササをはじめとした下層植生が大面積で退行したために、餓死するシカも多く見つかるようになった。この段階になって、これらの森林の荒廃はシカだけの影響ではないとの指摘も出てきた。その原因のひとつと考えられたのが酸性雨や酸性霧による影響である。多くの登山者は以前から目の痛みなどを経験していた。こうした現象は一九七〇年代ころから顕著になり、京浜工業地帯からの大気汚染物質が原因と考えられてきた。

さらに、丹沢山地は水資源開発が積極的に行なわれてきた地域でもある。神奈川県では、県民八七〇万人が利用する水の大半を丹沢山地に頼っている。安定した水供給を行なうために、戦後に次々とダムが建設され、とくに二〇〇一年に完成した宮ヶ瀬ダムは我が国最大級の多目的ダムで、有効貯水量は箱根・芦ノ湖に匹敵する（約一・八億㎥）。こうした大規模な水資源開発によって自然の水循環が断ち切られ、生態系にたいして累積的に大きな影響を与えたことは想像にかたくない。

市民主導の科学的調査と提言

いずれにしても、このまま放置すれば丹沢山地の生態系は壊滅的な状況になりかねず、ひいては水資源の確保や土砂災害などの防災上にも大きな問題が生じる恐れが出てきたのである。事の善悪は別として、今は人間が、シカや森そして自らを管理しなければならないことは明白であった。もっとも、このような自然環境管理には科学的データが不可欠である。しかし、丹沢山地では対策に利用可能な調査はほとんど行なわれていなかった。

そこで、丹沢自然保護協会、神奈川県自然保護協会、日本野鳥の会神奈川支部などをはじめとした地元の自然保護団体や研究者たちは神奈川県にたいして調査の必要性を訴え、ついに一九九三年から四年間で丹沢山地における自然環境問題の実態を明らかにし、その対策を策定するための調査が県によって事業化された。この調査は、予算総額が二億円近い大がかりなものであったが、さまざまな分野の専門家など約四六〇人がボランティアで調査団（団長・遠山三樹夫・横浜国立大学教授）に参加したため、調査結果は当初の予想以上に精緻なものとなった。

このような市民主導の大規模な調査は他に類を見ないもので、しかもたんなる科学的調査にとどまらず、科学的データにもとづいた具体的かつ実行可能な対策についての提言をまとめる作業までを市民の手で行なったのは画期的といえる。

これらの成果は一九九七年に『丹沢大山自然環境総合調査報告書』として刊行された。この報告書で調査団は、ブナ林やモミ林における枯死の実態を明らかにするとともに、林の乾燥化、土壌動物や水生生物の衰退、大型動物の孤立化、水質の汚濁をはじめとするオーバーユースの影響、乱獲や外来種の導入あるいは開発の影響などによる生物相の攪乱などを科学的に解明している。

こうした結果を踏まえて、調査団は、丹沢山地を保全するのに必要な対策を実行するためのマスタープランを緊急に策定することや、モニタリング調査や管理を実行する新たな機関の設立を提言した。とくに、シカの科学的管理の体制整備は急務であることが強調された。

実行体制の整備

この提言を受けた神奈川県は、マスタープランづくりの専門委員会（委員長・新堀豊彦・神奈川県自然保護協会会長、ほか五名）を立ち上げ、一九九九年三月に「丹沢大山保全計画」を決定した。このマスタープランでは、「生物の多様性の保全・再生」を基本理念として、ブナ林などの保全、大型動物個体群の保全、希少動植物の保全、オーバーユース対策の四つを重点的に実行することとなった（表9・1、2）。

具体的には、丹沢山地を一一の大流域エリアに分けて（野生生物の生息調査などはさらに一一九の小流域エリアに分けて実施）、それぞれの流域ごとに保全・再生や利用にたいする管理目標を設定し、さまざまな施策を実行するという考え方が取り入れられた。この計画の基本となる仕組みは、野生生物の個体群を維持できるように、モニタリングを通じて生息地管理を土地利用計画に反映させる、フィードバック管理と呼ばれるものである（276ページのコラム参照）。

また二〇〇〇年四月に、神奈川県では環境政策を担ってきた環境部と農林水産業政策を担ってきた農政部が再編・統合され、環境農政部が誕生した。土地利用政策と自然保護政策が合体したのである。この部局の統合で、従来の自然保護部局が土地利用にかかわる管理権限や計画権限を十分に行使できなかったために政策の実効性を欠いてきた弊害を改善できると期待された。

環境農政部の誕生にともなって、自然環境にかかわる県の機関である森林研究所、自然保護センター、県有林事務所、丹沢大山国定公園管理事務所、箱根国立公園管理事務所の五つを統合して「自然環境保全センター」が設置された。これは、先の調査団が提言した丹沢山地保全の実行機関として位置づけられる。

表9・1　丹沢大山保全計画における主要な施策および事業の体系（2002年現在）

将来像	基本方向	主要施策	主要プロジェクト	関連事業（表9・2）
多様な生物を育む身近な大自然	ブナ林や林床植生等の保全	ブナ林の保全・再生	ブナ等の後継樹の保護・育成	4
			ブナの立ち枯れ原因の調査等	7, 11, 12, 13, 27
		林床植生の保全・再生	自然林の林床植生の保護・育成	21
		登山道周辺の植生回復	崩壊地や裸地の植生回復	22
		その他の森林の保全・再生	ボランティア活動による森林の保全	4, 16
			多彩な森林づくり	1, 2, 3, 4, 5, 6, 7, 8, 9, 18
	大型動物個体群の保全	ニホンジカ個体群の管理	ワイルドライフマネジメントの導入の検討	23, 24, 26
			農林業被害等防止に係る個体数調整	24
		大型動物個体群の孤立の解消	シカコリドー・緑の回廊構想の推進	10, 17, 20, 23
	希少動植物の保全	希少動植物の保全	希少動植物の保全対策の研究・実施	10, 17
	オーバーユース対策等	オーバーユースによるゴミやし尿などの対策	ゴミし尿等の対策	14, 15, 25
			キャンプ場等による水質汚濁や河原等の荒廃の防止	19
		特別保護地区指定の見なおしやその他の保全手法の検討・実施	冷温帯林，暖帯林および沢の保全手法の検討・実施	22
		公園区域の拡大等の検討・実施	丹沢大山周辺地域の県立公園への編入	10, 17
			県立公園の国定公園への編入	10, 17

表9・2　丹沢大山保全計画に関連する事業（2002年現在）

	事業名	所管部署	事業主体
1	水源林の整備の推進	林務課，水源の森林推進課	県
2	活力ある森林づくり	林務課，水源の森林推進課	県
3	水源林整備技術を確立する研究	保全センター研究部	県
4	県民参加の森林づくりの推進	林務課，水源の森林推進課	県
5	保安林整備と治山事業の推進	林務課	県
6	生態系に配慮した森林土木技術の開発促進	林務課	県
7	酸性雨等森林衰退モニタリング調査	保全センター研究部	県
8	自然にやさしい渓流づくり	砂防課	県
9	造林契約による水源涵養林の保育・管理	企業庁電気局	県
10	野生動植物等に関する調査研究の推進	県立博物館	県
11	大気汚染対策の推進に係る事業	大気保全課	県
12	自動車交通公害対策の推進に係る事業	大気保全課	県
13	大気汚染の森林に及ぼす影響に関する研究の実施	環境科学センター	県
14	合併処理浄化槽の設置促進	水質保全課	県，市町
15	不法投棄・散乱ゴミ総合対策事業	環境整備課	県
16	環境学習・環境教育の推進に係る事業	環境政策課等	県
17	生物多様性調査の実施	緑政課	国
18	自然公園区域に係る自然保護奨励金の交付	緑政課	県
19	自然公園施設の整備	緑政課	県
20	鳥獣保護の取り組みの推進	緑政課	県，市町
21	植生保護柵の設置	保全センター自然公園部	県
22	森林水環境総合整備事業	林務課	県
23	環境収容力増進に配慮した森林整備の推進	保全センター県有林部，水源の森林推進課	県
24	野生鳥獣保護適正化事業	緑政課	県
25	丹沢大山自然環境保全対策事業（グリーンキャンペーンなど）	保全センター自然公園部	県
26	広域獣害防止柵の設置	緑政課	県
27	ブナ衰退の機構解明研究	保全センター研究部	県

この新たな組織は職員一〇〇名を擁し、森林管理、自然公園管理、野生生物管理、研究、教育など総合的な自然環境管理を行なう我が国でも最大規模で、かつ他に類を見ない先進的な機関と評価される。

水源としての新たな展開

これまで述べてきた丹沢山地における生物多様性の保全・再生を目的とする丹沢大山保全計画が実行に移される一方で、神奈川県では一九九〇年代に入ってから、水源地域としての丹沢山地の保全・再生を図ろうという動きが始まっていた。これは、水資源の量的および質的な確保のうえで、深刻な問題が顕在化しはじめ、放置すれば将来の県民生活に重大な影響を及ぼすことが懸念されたからだ。

神奈川県の上水道は給水量の八割以上を県内のダムに依存している。大規模なダム開発の結果、現在のところ需要を満たすだけの水資源を確保しているが、一方でダムの構造が抱える堆砂問題や水質汚濁問題が将来に向けての大きな課題となっている。

ダムの堆砂は構造上の必然である。しかし、丹沢山地は森林が荒廃したことによって表土などの流出が著しく、すでにいくつかのダムは堆砂への対策が必要となっている。とくに相模湖ダムは堆積の速度が著しく速く、今後、何らかの措置を講じなければ一〇〇年で完全に埋まってしまうという計算もある。そのため、浚渫することで総貯水量の三〇%程度に堆砂率を維持しているが、その経費は毎年約二〇億円にも達する。また、上流域やダム湖周辺からの生活排水や自然系（農地、森林）水質汚濁物質の流入で、ダム湖は富栄養化しやすく、アオコ対策が必要な状況となっている。

一九九六年に神奈川県が行なった森林荒廃の実態調査では、水源地域の約三一%を占める私有人工林の約九割で、手入れが不十分であることがわかっている。とくに近年の木材不況から森林所有者は独力で手入れができる状況にはなく、一方でこのまま放置すれば水源林としての機能は低下し、さらに防災上も大きな問題になる恐れがある。こうした背景から、丹沢山地をはじめとするダム湖の集水域における森林保全の施策を進めることが、水源の確保という観点からは神奈川県の重要な課題となった。

そこで、神奈川県は水源地域の森林（対象地域：約六万ha）のうち、私有林（約四万ha）の七割にあたる約二万八〇〇〇ha（広葉樹林を含む）にたいして、一九九七年から二〇一九年まで公的な管理・支援を行なう「水源の森林づくり事業」に着手した。

この事業は年間の総予算が約一五億円で、神奈川県の一般財源以外に県営水道の負担金として五億円を充てている（標準家庭一世帯あたり約二五円を水道料金に上乗せ）。また、個人や企業からの寄付を受け入れ、一九九七年から五年間の累計は総額一億三〇〇〇万円に上る。この事業を進めるためには県民参加によって都市住民と水源地域住民の連携を進めることが重要であるため、ボランティア活動や森林インストラクターの育成などの支援も行なっている。こうしたボランティア活動の参加者は年間六〇〇〇人を超え、またこれらの活動支援に年間六〇〇〇〜七〇〇〇万円の助成金を㈳かながわ森林づくり公社に交付している。

財源の確保と水源環境政策の統合化

このように、ダム湖の堆砂対策や生活排水対策、さらには水源の森林づくりなど、多様な水源環境の保全にかかわる対策が行なわれてはいるが、一方でこれらは必ずしも自然環境の保全・再生を目的としたものではなく、また事業の目標も一致しているわけではない。しかも、これらの対策には一九九六年からの六年間で総額二一四〇億円（年間平均三五七億円）が投じられているにもかかわらず、水道水にたいする県民の不安は解消されていない。実際、神奈川県が二〇〇〇年に県政モニターを対象に実施したアンケート調査によると、水道水をそのまま飲む県民は三一・四％にすぎず、半数以上の県民は浄水器を利用したり煮沸した水を飲んでいる。さらに、水道水の安全性に不安を感じている県民は四九％に上った。

いずれにせよ神奈川県にとって、安全かつ安定した水供給を県民へ保障することが重要な政策目標となった。こうした水供給にかかわる自然環境問題の原因は、本来自然生態系が保っていた健全な水循環を人工的に断ち切って水を大量に利用してきたことや、ダムや取水堰などの水源施設に対応した集水域にある森林や農地を荒廃させたために表土が流出し、さらに保水能力が低下したことなどにある。したがって、安全かつ安定した水供給を実現させるには、自然生態系を保全・再生し健全な水循環を取り戻す必要がある。

自然環境問題の解決という視点に立てば、当然、個々の既存事業を見なおして水源環境の保全を効率的に実現できる新たな仕組みづくりが必要となる。県の総合計画では、自然生態系の保全・再生が重要プロジェクトとして位置づけられてはいるが、昨今の厳しい財政状況では、予算や事業の組みなおしだけで対応することは困難であり、十分な事業化にはさらに相当の財政出動が予想された。そうしたなか、神奈川県知事の諮問機関である地方税制等研究会（座長・神野直彦・東京大学教授）は、二〇〇〇年五月に、自然環境や生活環境にたいして考えられる負荷全般を規制・抑制するとともに、その税収を幅広い生活環境対策の費用に充てる「生活環境税制（アメニティー税制）」の構築をめざすべきとする提言を提出した。

これを受けた神奈川県は、研究会の下部組織として二〇〇一年六月に生活環境税制専門部会を設置し、水や大気に関する環境諸施策と税制措置などのあり方を検討することとなった。この専門部会は、環境関係団体、消費者、経済団体、企業、学識者などを中心に三〇名の委員から構成され（部会長・金澤史男・横浜国立大学経済学部長）、議事録の公開や県民の意見を反映させるなどによって、二〇〇二年六月に水源環境税（仮称）や超過課税による新たな税制措置などの導入を盛りこんだ報告書を提出した。

さらに、この提言を具体化するために、財政学、環境経済学、河川工学、生態学などの学際的な専門家による検討を行ない、二〇〇三年度前半までには一定の結論を出す予定だ。

現在のところ、専門部会では今後展開すべき施策として、水源地域の森林の保全・整備や生活排水対策などを中心に検討している。また、これらの施策を推進するために、水源環境保全施策を促進するための費用負担制度、市町村の水源環境保全施策の支援制度、水源環境保全に関する県民会議の創設、などが論議の対象として挙げられている（表9・3）。

これまでの取り組みの課題と改善の方向性

これまで述べてきたように、神奈川県丹沢山地における自然環境問題の解決に向けて、さまざまな取り組みが行なわれてきている（表9・4）。しかし、その成果はまだわずかで、しかもさらに改善すべき課題が山積しているのが実態である。ここでは、他の地域における自然環境問題の解決にも共通するであろう制度設計上の注目点をいくつか挙げて、これまでの取り組みで明らかになった課題と改善の方向性を示したい。

生態系アプローチと種アプローチ

従来の自然環境管理では、それぞれの土地所有者や行政部局ごとに個別の目標をもち、問題が生じれば個々に対症療法的な対応を行なってきた。これは、森林管理を例に挙げると、森林計画にもとづいて適正に管理されていれば、当然そこでの生態系は保全されるという予定調和論が、暗黙の了解となっていたからだ。しかし実際には、多様な生物の動態をモニタリングして、計画や管理手法を軌道修正していかなければ破滅的結果になることを丹沢山地での経験は教えている。

表9・3　水源環境を保全するうえで推進すべきと考えられる主な施策

施策内容			
自然のもつ水循環機能の保全・再生	森林の保全・再生	一般的な森林保全・整備	
		私有林の公的管理・支援の推進	・水源の森林づくり ・里山の保全 ・県外上流域の森林整備
		丹沢・大山の保全・再生	・丹沢大山保全計画
		森林づくりの基盤整備	・治山・林道整備等
		森林整備の担い手対策	・就業者の確保・育成 ・森林専門官の育成
	河川の保全・再生	ダム湖保全対策	・堆砂対策 ・エアレーション等
		河川保全対策	・水路の水質浄化対策 ・河川流域の生態系保全等
	地下水の保全・再生		・地下水の涵養推進 ・汚染対策等
水源環境への負荷軽減	水質汚濁負荷対策の推進	水源地域における生活排水対策の促進	・公共下水道の整備促進 ・合併処理浄化槽の整備促進
		その他の水質汚濁負荷対策	・自然系汚濁負荷や有害化学物質等による汚染対策
	水の効率的利活用の推進	雨水・雑排水の利用促進	
		節水の推進	
水源環境保全を支える仕組みづくり	県域を越えた流域環境保全の推進		・上流県との連携強化 ・流域保全活動の推進
	水源地域の活性化	環境共生型産業の促進	
		水源地域交流の里づくり	
	水源環境保全意識の醸成		・水量，水質等に係る情報提供 ・環境教育の推進
	水源環境保全施策推進制度の検討		・水源環境保全施策を促進する費用負担制度 ・市町村の水源環境保全施策の支援制度 ・水源環境保全に関する県民会議の創設
	国や他の自治体との連携		

表9・4　丹沢山地における自然環境問題への取り組み年表

	丹沢大山保全対策	水源環境対策
1990 年代初頭	ブナの立ち枯れなど自然環境の異変が顕在化	ダムの堆砂が顕在化　人工林の荒廃顕在化
1993 年	丹沢大山自然環境総合調査開始	ダム湖の富栄養化顕在化
1994 年		
1995 年		
1996 年	調査団による最終報告と提言	水質悪化が顕在化
1997 年	丹沢大山自然環境保全対策検討委員会設置	水源の森林づくり事業開始
1998 年	緊急対策の実施	宮ヶ瀬ダム完成
1999 年	丹沢大山保全計画策定	
2000 年	環境農政部，自然環境保全センターの設置，ニホンジカ保護管理指針策定	地方税制等研究会・水源環境税導入の提言
2001 年		生活環境税制専門部会設置
2002 年	科学的自然環境管理の導入，ボランティアネットワークの立ち上げ，ニホンジカ保護管理計画の策定	総合的な保全・再生の仕組みづくり

このひとつの原因は、人間にとって必要な自然資源の開発と最大持続生産の確保が自然環境管理の目標とされてきたために、自然生態系がもつシステムを攪乱させる結果となってしまったところにある。したがって、健全な自然生態系を維持してゆくためには、水や生命の循環を確保し、生物多様性を保全することを前提として、自然生態系から人間が永続的に利用可能な自然資源を得ていく仕組みに変えていかなければならない。このような自然生態系にフォーカスをあてた思考や対策を「生態系アプローチ」という。今後、自然環境管理を行なうには、こうした生態系アプローチが必要不可欠である。ただ、一方で生態系アプローチは思考としては重要なのであるが、実際に施策を具体化することがむずかしいという側面もある。そこで、むしろ特定の種に注目した手法が実際的であり、これを「種アプローチ」という。

これまで丹沢山地では、シカによる林業被害や生態系への影響への対策が急務であったために、シカに注目した種アプローチ的な対応を中心に行なってきた。これ自体は必要不可欠なものであると評価されるが、一方で予算的あるいは人的にかぎられていたとはいえ、シカ以外の野生生物への対応がほとんど行なわれていないのが実情である。とくに、絶滅危惧種の保全・再生が丹沢大山保全計画で重点施策に位置づけられているにもかかわらず、めだった対策は行なわれてこなかった。

もっとも、高標高域におけるシカ対策で設置された植生保護柵によって、丹沢山地では絶滅したと考えられていた植物が八種も発見された。これまで、こうした植生保護柵の位置づけは、シカからの植生保護対策という消極的なものであった。今後は、むしろ絶滅危惧種の回復を目的とした対策へと視点を変えるべきだろう。そうすることによって、柵の設置場所や規模、そして投資すべき予算も大きく変わるはずだからだ。

結局、実際の制度設計では、生態系アプローチを導入しつつ、具体的な事業としては多様なスケールによる絶滅危惧種の回復を実施することが、もっとも実効的に生物多様性を確保することにつながるのである(羽山　二〇〇二)。

流域一貫管理のプロジェクト

自然環境管理の施策を進めるうえでもっとも大きな障害となるのは、行政の縦割りによる弊害である。政策に生態系アプローチを導入しようとしても、森林、河川、野生生物、農地など、それぞれの生態系の構成要素がバラバラに管理されているのが実態だからである。

こうした弊害は、丹沢山地でも例外ではなく、たとえば丹沢大山保全計画が策定されるまではシカの生息地である森林の管理とシカ個体群の管理は、ほとんど関係づけられてこなかった。

このように自然環境問題の解決に複数の行政部局がかかわる場合には、部局横断的なプロジェクトが不可欠である。問題は、その枠組みをどうするかであるが、前述の生態系アプローチでは基本的に流域を単位とすることが自然で、流域一貫管理が必要である(中村　一九九九)。

丹沢大山保全計画では、こうした考えを取り入れ、流域を単位とした管理目標を設定した。ただし、これは主な管理対象である森林の計画単位が基本的に流域ごとになっているためで、実際には大きな改革を必要としなかった。むしろ、この計画では下流域とのかかわりを想定せず、流域一貫管理とはいえない。

これは水循環システムの回復という視点から見ても問題で、たとえば森林だけをいくら保全・再生させても河川や下流域の水循環が保たれなければシステムとして機能しないと考えられる。たとえば、ダムによって丹沢山地などの土砂が堰き止められた結果、湘南海岸の浸食は著しく、相模川河口の干潟はすでに一〇〇mあまりも後退し、干潟の存在すら危ぶまれている状況だ。

したがって、神奈川県で検討されている水源環境保全にかかわる施策の統合化に向けた取り組みは高く評価されるが、現段階では施策の対象範囲が水源地域を中心に考えられているために、水循環システムの回復にはほど遠い。今後は、流域全体を視野に入れ、生態系アプローチにより水循環システムを回復させるという共通のゴールのもとで個別施策が実行される、流域一貫管理のプロジェクトが必要である。

自然環境管理の三つの方向性

このところの「自然再生」ブームで言葉がひとり歩きしてしまい、ことさらに再生が注目されている。しかし、生物多様性の保全を目的とした自然環境管理において、施策の主な方向は保全、再生（回復、修復など）、人工的環境の質の改善（農地や人工林などを、生産は持続しつつ野生生物の生息に適した環境へ転換すること）、の三つであり、しかもこれらは不可分のものである。

その理由は、以下のような実際的な問題解決のための思考過程から明らかであるからだ。

①生物多様性を確保するには野生生物の生息地として土地を確保しなければならない。

②それにはまず、現在、野生生物たちに残されている土地で保全すべき場を明確にし、生息地のコアとして認識する必要がある。

③現実的には、こうしたコアだけでは面積的に不十分であり、しかもその多くは分断されているため、コア同士をネットワーク化させる必要がある。

④この過程を経ることで、作業仮説として自然環境を再生させるべき場、あるいは人工的環境の質を改善させるべき場が明らかとなる。

⑤つまり、保全、再生、人工的環境の質の改善とは、問題解決のためのプログラムにおいて互いに手法は異なるが、不可分の実行ツールである。

実際、米国カリフォルニア州の新たな水政策にともなう自然環境管理は、これらが一体的にプログラムされている先進的事例だ。二二〇〇万人に飲料水を供給する水道事業であるベイ・デルタ・システムは、一方で水資源開発や水循環の攪乱などによって自然生態系に大きな影響を与えている。そこで絶滅危惧種の回復や湿地帯などの生息地復元を盛りこんだベイ・デルタ・プログラムが連邦政府と州政府によって策定され、保全、再生、人工的環境の質の改善がそれぞれ実行されている。我が国でも自然再生の成功例として紹介されることが多いサクラメント川やサンフランシスコ湾における事業は、こうした水道事業を改善するためのプロジェクトの一環として行なわれていて、再生自体が目的化しているわけではない。

丹沢大山保全計画では、大型動物を指標にその生息地を回廊でネットワーク化させることをめざすなど、保全と再生に重点を置いた対応を行なっている。とくに保全については、国定公園の再編・拡大やオーバーユース対策を重点施策としている。

丹沢山地における再生の取り組みで緊急性が高いのは、国定公園特別保護地域における植生回復である。前述したように、シカによる採食圧を低減させる目的で、現在この地域では植生保護柵が拡大されており、二〇〇六年までの計画期間で約四億円強が投入される予定だ。しかし、長期的な再生の目標が明確にされていないために、こうした事業の評価方法や今後の取り組みについては先送りにされている。

人工的環境の質の改善にかかわる取り組みは、この計画では関連事業として人工林の整備が位置づけられているにすぎず、個別地域における管理目標も曖昧であった。

二〇〇三年に鳥獣保護法の法定計画として策定が予定されている神奈川県ニホンジカ特定鳥獣保護管理計画では、シカの餌資源の確保や生物多様性の確保を目的として、県有林を中心とした人工的環境の質の改善を位置づけることとなった。この計画は、丹沢大山保全計画で重点施策に掲げられたシカ個体群の科学的管理を行なうための実施計画と位置づけられる。これによって、単一樹種による人工林を混交林化あるいは複層林化し、また長伐期施業による巨木林化や本数調整伐による林床植生の回復や広葉樹林化、さらには平坦地を利用した人工林内での越冬地の造成などがすでに開始されている。

今後は、水循環システムの回復まで視野に入れ、三つの方向性を組み合わせたプログラムが必要だ。

そのうえで、人工林管理へ生態系アプローチを導入し、多様な生物の生息地として環境の質の改善を行なうとともに、流域の里地里山や水田地帯などを含めた人工的環境の質の改善に取り組む必要がある。

資金メカニズムと民主的プロセス

自然環境あるいは自然資源は無料のものであると永らく考えられてきた。当然、その保全や管理にたいしても費用負担を考える必然性はなかった。その結果として、自然環境が損なわれ、自然環境問題が発生したのである。

しかし実際には、こうしたコストは膨大なものになると予想され、さらに将来にわたって必要とされることは明らかである。したがって、自然環境問題の解決のために資金メカニズムを整備することはどうしても必要である。

一方、消費者や納税者の立場に立てば、これまで無用であったコストにたいして新たな負担は容認しがたい。そのため、消費者や納税者が自ら出資した資金（あるいは税金）の使途やその効果について監視をし、政策決定に関与してゆくことがもっとも理解を得やすいと考えられる。したがって、自然環境管理における資金メカニズムは民主的政策決定プロセスの導入と不可分のものといえる。

神奈川県が導入を検討している新たな税制措置の場合で考えてみよう。丹沢山地の現状や水資源の確保など、神奈川県における自然環境問題の解決にはこれまで想定されていなかった施策を実施するための資金が必要である。これらは県民生活に深くかかわる問題であり、水道の使用量に応じた負担や県民全体で広く負担することが考えられている。しかし、その使途や政策決定に直接県民がかかわる仕組みがない現状では、容易に新税の導入に納得が得られるとは考えにくい。

また、水資源の確保には水循環や生態系を回復させることが必要であるが、これまでこのような視点での水政策はなく、横断的なプロジェクトも存在しなかった。こうした状況を考えると、もし新たな税制措置を導入するのであれば、水政策に関して戦略的な計画にもとづく新たな仕組みを構築する必要があるだろう。そこで、神奈川県の生活環境税制専門部会では、県民参加による水源環境の保全・再生を実現するための手法として、エコシステムマネジメントの考え方や仕組みを参考に検討を進めているところだ。

エコシステムマネジメントとは、九〇年代以降に米国の自然環境管理政策で導入が試みられている仕組みで、柿澤（二〇〇〇）によると、「自然資源管理思想のパラダイム転換をめざしているものであり、生物多様性の保全など今日的な自然資源管理への要求に応えつつ、それを可能とさせる新たな社会と自然との関係を模索しようというもの」である。

当然、エコシステムマネジメントでは自然生態系の持続性が目標となる。自然生態系の持続性を実現するためには科学的データが不可欠であるが、前述したように、これまでこうした分野の科学的調査やその体制が不十分であったため、現状ではデータが決定的に不足している。しかも、不可知性と非定常性という自然のもつ特性によって、実際には自然生態系を十分科学的に解明することは不可能である。そのために自然環境管理の政策では、不確実性を排除することはできない。

従来の行政手法では、こうした不確実性が前提となっていないために政策が硬直化し、行き詰まるケースが出ているのも事実である。また一方で、自然生態系にたいする社会のニーズは多様化し、従来のように一方的に行政側が自然環境管理の政策を決定することはできなくなってきた。

そこで、自然環境管理の政策では、不確実性を前提として、政策の硬直化を回避する仕組みづくりが必要となってきた。エコシステムマネジメントでは、科学的情報の開示と説明責任を行政に義務づけ、さらに政策決定に市民参加を保証することで、つねに政策評価と見なおしを行なう仕組みが提案されている。これを順応的管理と呼ぶ。

じつは、前述の鳥獣保護法における特定鳥獣保護管理計画制度は、我が国ではじめてこの順応的管理が法定計画として位置づけられたものである。しかし、順応的管理には科学的データによる計画策定が不可欠だが、我が国ではこうした費用が従来の自然環境管理ではほとんど計上されてこなかったため、この制度の運用でも予算不足が問題となっている。一方、もっとも早くエコシステムマネジメントを導入した米国国有林では、資源管理部門経費の一割以上が計画策定やモニタリング調査などに充てられていて、その重要性を垣間見ることができる。

現在、丹沢大山保全計画でも二〇〇三年度から順応的管理の導入が検討されているが、モニタリング費用の確保が大きな課題である。また、これまで順応的管理に必要な市民参加による計画の見なおし制度は想定されていなかった。早急に市民参加のあり方などを具体化し、計画制度に反映させる必要がある。

問題解決のための制度設計と自然再生の位置づけ

自然環境問題を解決するために、これまでに指摘した制度的な改善の方向性を整理すると以下のようになる。すなわち、生物多様性の確保や生態系の持続性を原則として、政策の横断的なプロジェクトを市民参加で起こし、保全、再生、人工的環境の質の改善を目的とした個別事業を実行して、科学的モニタリングによる客観的評価をプロジェクトの軌道修正に反映させる新たな制度設計が求められるということだ（図9・1）。

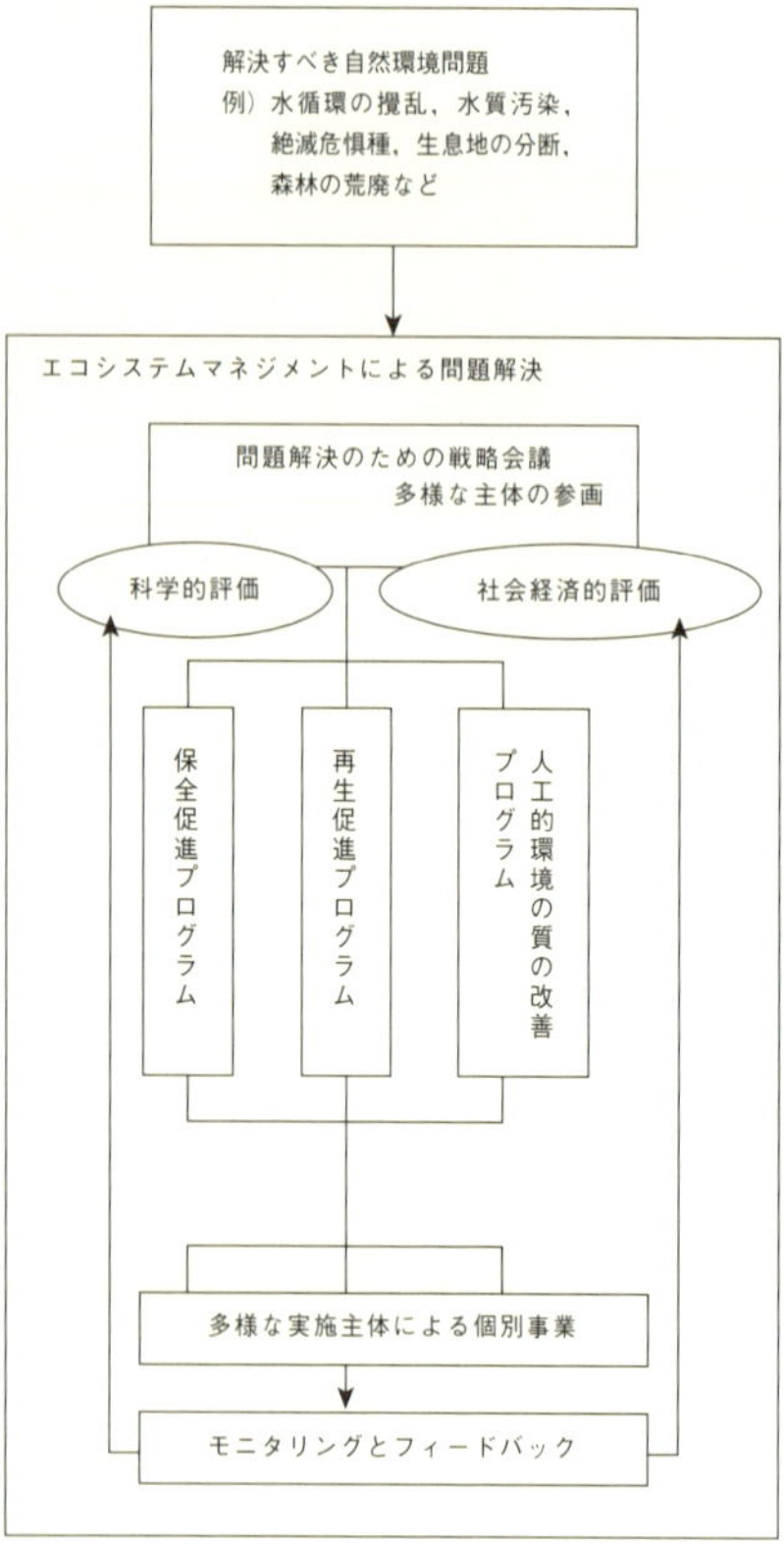

図9・1　自然環境問題を解決するための制度設計

もちろん、これだけが正解というものではなく、地域や自然環境の特性によってもさまざまなバリエーションが必要となるだろう。神奈川県でこれを制度化したものはシカ特定鳥獣保護管理計画にかぎられるが、施策の範囲が限定されているといった問題点がいまだに残る。しかし、もともと自然環境管理の仕組みはフィードバックによって自己発展的に成長させることが前提であり、制度的に未成熟であること自体は問題ではない。要は、予算や住民意識などの現状に即して、この新たな仕組みを動かしつづけることが重要なのである。

ところで、第一五四回通常国会（二〇〇二年）において「自然再生推進法案」が衆議院に上程された。これは与党三党（自民、公明、保守）および民主党による議員立法で、「自然再生事業」が公共事業として明確に位置づけられ、しかもNPOが事業に参画できる道を開くこととなる。しかし、肝心の自然保護NPOや弁護士会など自然再生に理解あると考えられていたセクターから多くの批判を浴び、当初の与党案を一部修正のうえ、通常国会会期末に駆けこみで上程し、審議は次期臨時国会へもち越しという異例の展開となった。

本法案は、最終的にさらなる修正によってようやく二〇〇二年一二月に成立にこぎつけたが、こうした背景には、この法案で位置づけられた「自然再生事業」にたいして、従来の公共土木事業の看板を架け替えたにすぎないという危惧が、自然保護NPOなどに広がったことが挙げられる。この法案が提案されている同じときに、長崎県・諫早湾、沖縄県・泡瀬干潟、熊本県・川辺川などが相変わらずの巨大公共事業によって破壊されようとしていながら、この政策決定に自然保護NPOが参加できない現実は、この法案にたいする信頼感を失墜させた。むしろ、ここで問われたのは自然再生の是非以上に、あらゆる公共事業と民主的な政策決定のあり方であったと思われる（本法案の問題点などは、拙著論文を参考にされたい）。

かりに神奈川県で新たな税制措置とともにエコシステムマネジメントが導入されることになれば、対象流域面積約二〇〇〇㎢に及ぶ自然環境管理に関する公共事業が、市民によってコントロールされる我が国ではじめての試みとなる。まさに「自然再生推進法案」で公共事業のあり方が問われたのとときを同じくして、神奈川県で保全・再生をめざして公共事業を市民がコントロールする制度設計に到達しようとしていることは、歴史の必然なのかもしれない。そしてこの点こそが、自然再生にかかわる制度設計で求められているものであるといえる。

引用文献

柿澤宏昭　二〇〇〇　エコシステムマネジメント　築地書館　二〇六頁
神奈川県環境部　一九九七　丹沢大山自然環境総合調査報告書　六三五頁
神奈川県　一九九九　丹沢大山保全計画　一三八頁
神奈川県地方財政等研究会生活環境税制専門部会　二〇〇二　生活環境税制のありかたに関する報告書　三五頁
環境省総合環境政策局環境影響評価課　二〇〇一　報告書「海外における戦略的アセスメントの技術的手法と事例」環境省ホームページで公開
中澤弌仁　一九九九　カリフォルニアの水資源史　鹿島出版　一四七頁
中村太士　一九九九　流域一貫　築地書館　一三八頁
羽山伸一　二〇〇一　野生動物問題　地人書館　二五〇頁
羽山伸一　二〇〇二　絶滅危惧種の回復事業から自然再生へ　環境と公害31（四）：一七―二三頁

羽山伸一　二〇〇三　自然再生推進法案の形成過程と法案の問題点　環境と公害32（四）：五一―五七頁
鷲谷いづみ　一九九九　生物保全の生態学　共立出版　一八二頁

丹沢大山保全計画の概要

羽山伸一

(1)計画の位置づけ

丹沢山地の衰退している自然環境の保全および再生を図り、かけがえのない自然を次の世代に引き継ぐために、自然環境管理に関する総合的な計画として策定された。この計画は、「かながわ新総合計画二一」ならびに神奈川県環境基本条例にもとづく「神奈川県環境基本計画」および「かながわ新みどり計画」（みどり分野の個別計画）を踏まえて、丹沢大山の自然環境の保全と再生に関する施策を推進していくための実施計画として位置づけられている。

(2)計画の対象地域

丹沢大山国定公園区域および県立丹沢大山自然公園区域とする。なお、大型動物の生息空間の連続性の確保やその他貴重な自然環境の保全の観点から、その周辺地域も視野に入れた保全の取り組みを行なう。

(3)将来展望と施策の方向

①将来像

将来展望の期間：一九九九年度（平成一一）から二一世紀半ばまでとする。

この計画では、丹沢大山の将来像を、「多様な生物を育む身近な大自然」とする。

②計画の目標と施策の基本方向

この計画の目標は、丹沢大山の豊かな自然環境を次の世代に引き継ぐことをねらいとして、「丹沢大山の生物多様性の保全・再生」とする。施策の基本方向およびそれに対応する主要プロジェクトなどの体系は表9・1および9・2に示した。

③施策を推進するにあたっての基本方針

ⅰ　科学的な自然環境の管理

各保全対策の実施後にその結果をモニタリングするなど、丹沢大山の自然環境を科学的に管理することによって、将来の世代との共有財産である「生物多様性」が維持できる空間として保全する。

ⅱ　「生物多様性」の原則による管理

野生生物の生息地、魅力的な自然公園、保水力をもった水源林および木材生産の場としての丹沢大山の役割を踏まえつつ、「生物多様性の維持とその持続的な利用の可能性」という原則にもとづいて、自然環境を管理する。

ⅲ　県民と行政との連携

県民の自然保護意識が高まっていることを考慮し、また、自然環境を科学的に管理していくことについて、広く県民の理解を得るために、丹沢大山の自然環境を保全していくプロセスに多くの県民が参加する場面をつくる。

(4)施策の展開（実行計画）

実行計画の期間：一九九九年度（平成一一）から二〇〇六年度（平成一八）までとする。

＊シカコリドーとは？……種や遺伝子の多様性を維持するため、各地域間での個体の行き来が容易にできるような移動経路を確保しようとするもので、丹沢の代表的な野生動物であるシカにちなんで名づけている。コリドーとは回廊という意味である。なお、「シカコリドー・緑の回廊構想」は、神奈川県の「シカコリドー構想」と環境庁、林野庁、建設省（当時）による「緑の回廊構想」をあわせた言葉である。

湿地の保全と再生

辻　淳夫

まだつづく自然破壊

二〇〇二年一〇月八日、沖縄市中城湾泡瀬干潟の埋立工事着手は、泡瀬干潟（図10・1）の美しさ、海草（うみくさ）藻場のすばらしさを知るものには許せない暴挙であった。二一世紀の今になっても、旧来の自然破壊型の無駄な公共事業が、一方で「自然再生」を唱える国によって理不尽なやり方で強行されていく。そんな政治と社会のありようにも、強い憤りを禁じえない。それはまた、二一世紀の幕開けに起きた「有明海大異変」にたいして、諫早干潟の閉め切りによる生物皆殺しがもたらした事実を認めず、漁民の必死の抗弁と諫早干潟の復元、有明海の復活を願う内外の世論にも応えず、農林水産省が自ら設置した「原因究明第三者委員会」の提言した調査計画さえ無視して、一部縮小した事業の継続を強行しているのと重なる。

小泉内閣が期待されたことのひとつは、「環の国」構想とともに、これまでの自然破壊型公共事業を反省し、「自然再生型公共事業」への転換を打ち出したことにあった。国土交通省はいちはやく「自然

図10・1　泡瀬干潟（撮影　水間八重）

再生」事業に取りかかり、与党三党は、二〇〇二年の臨時国会で「自然再生推進法」案を提出した。NGOからたくさんの批判や危険性の指摘と慎重審議を求める声が出て継続審議になったものの、二〇〇二年一二月四日参院本会議で可決、成立した。

壊された自然環境の復元は、そうした自然破壊の影響を直接受けてきた人びとや、長いあいだ、それと闘ってきた人びとの強い願いであり、自然が損なわれ、その恵みを失ってきたことに気づいている多くの人びとにとっても歓迎されるだろう。「自然再生」という言葉が、そうした期待と好感をもって受け止められ、日本でもそうした議論が行なわれるようになったこと自体が、時代の流れを感じさせるのも事実だ。

しかし、泡瀬の事例は、またひとつ、政府のいう「自然再生」が、いかに私たちの期待する

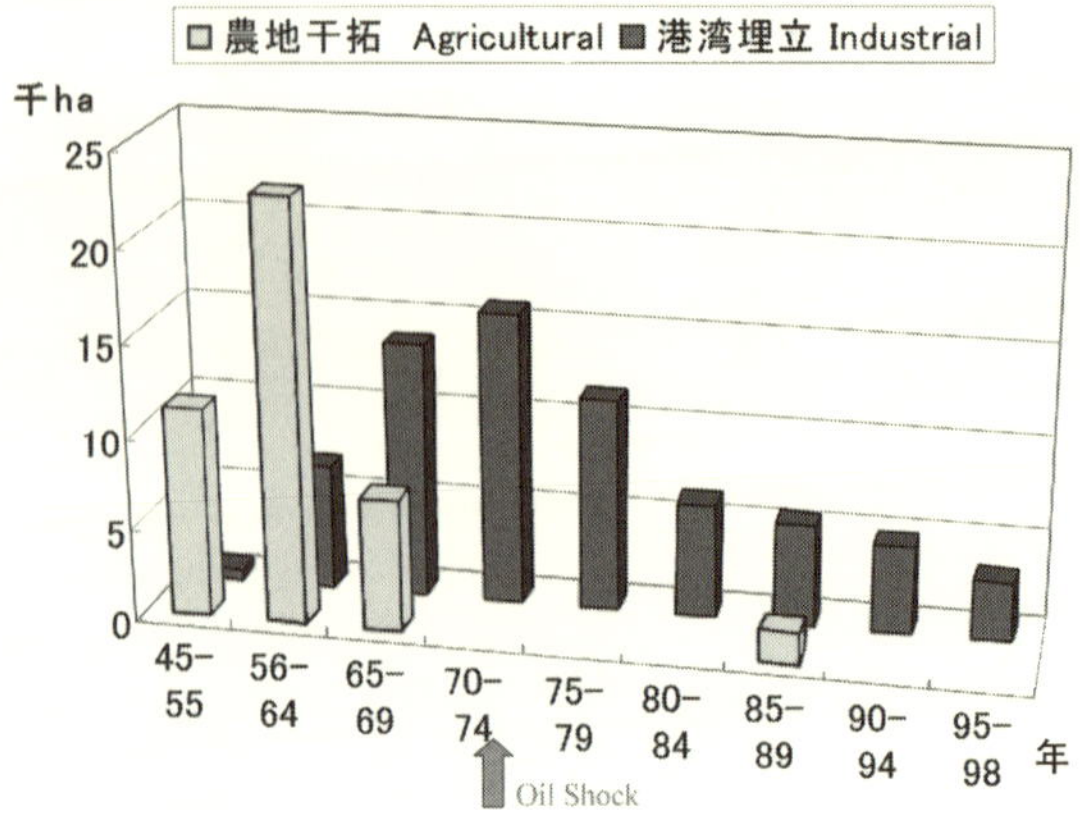

図10・2　公有水面埋め立ての推移

ものから遠いものであるかを明らかにした。有明海で行なわれてきたこと、泡瀬干潟で行なわれようとしていることは、私たちが求める真の「自然再生」への期待をぶち壊し、本質的に「何も変わっていない」政治の現実を、絶望的に突きつけてくるのである。

今なぜ「自然再生」が必要であるのか、ここまで自然破壊が進んだ原因がどこにあったのか、すべての人びと、関係者がそのことを見つめなおし、自然破壊型の開発事業を進めてきた法的、制度的仕組みが、三〇年前と本質的に変わっていないことに気づいてもらわねばならない。まずは、とくに壊滅的に破壊されてきた、干潟・浅海域の状況を見てほしい。

干潟・浅海域を壊してきたもの

二〇〇二年一一月にスペイン・バレンシアで開かれたラムサール条約締約国会議（COP8）のNGO会議テ

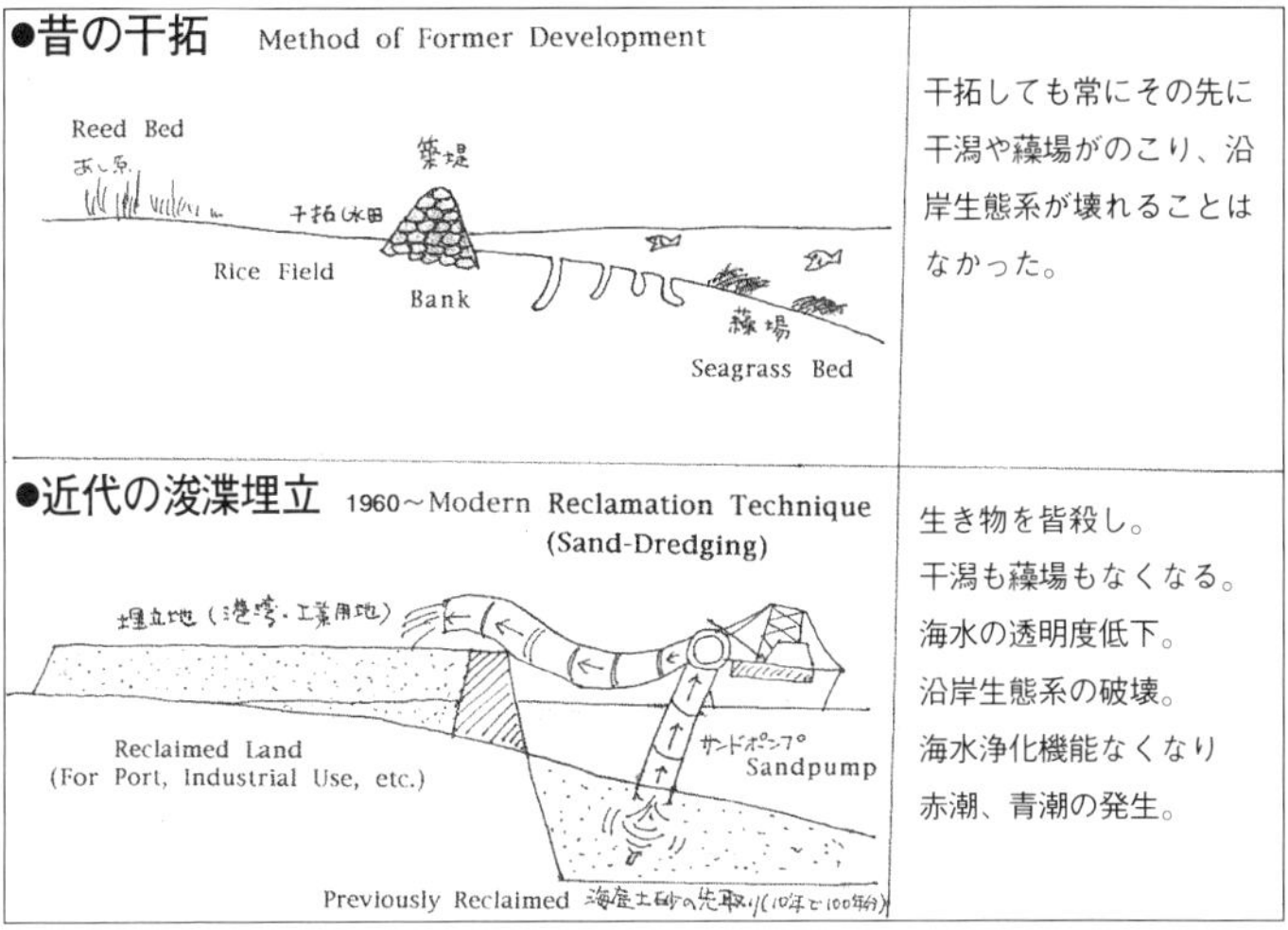

図10・3　埋め立てが壊してきた海の浄化機能

ーマは「ラムサール三〇年、そしてこれから」だ。環境庁（現環境省）が発足したのも同じく今から三〇年前の一九七一年だが、図10・2のように、すでに干潟・浅海域の開発は複式干拓と浚渫埋立が先行し、渡り鳥のめぼしい渡来地はことごとく、開発が進行中か、何らかの開発計画で覆われていた。とくに豊かな内湾であった大阪湾瀬戸内、東京湾、伊勢湾の干潟・浅海域は、浅くて埋め立てやすく、都市圏に近く、港湾施設とセットにして企業立地に適するという理由で、次々と漁業権が買収され、大規模な臨海開発が進行していた。

　生活権をかけた血気ある漁師さえ排除して進めることができた臨海開発の魔力は、開発速度の高い機械力による「浚渫工法」と、私権の及ばぬ海＝公有水面を埋め立てた土地に私権を与える「公有水面埋立法」、この法を最大限に活

図10・4 a 赤潮―青潮の起こる仕組み

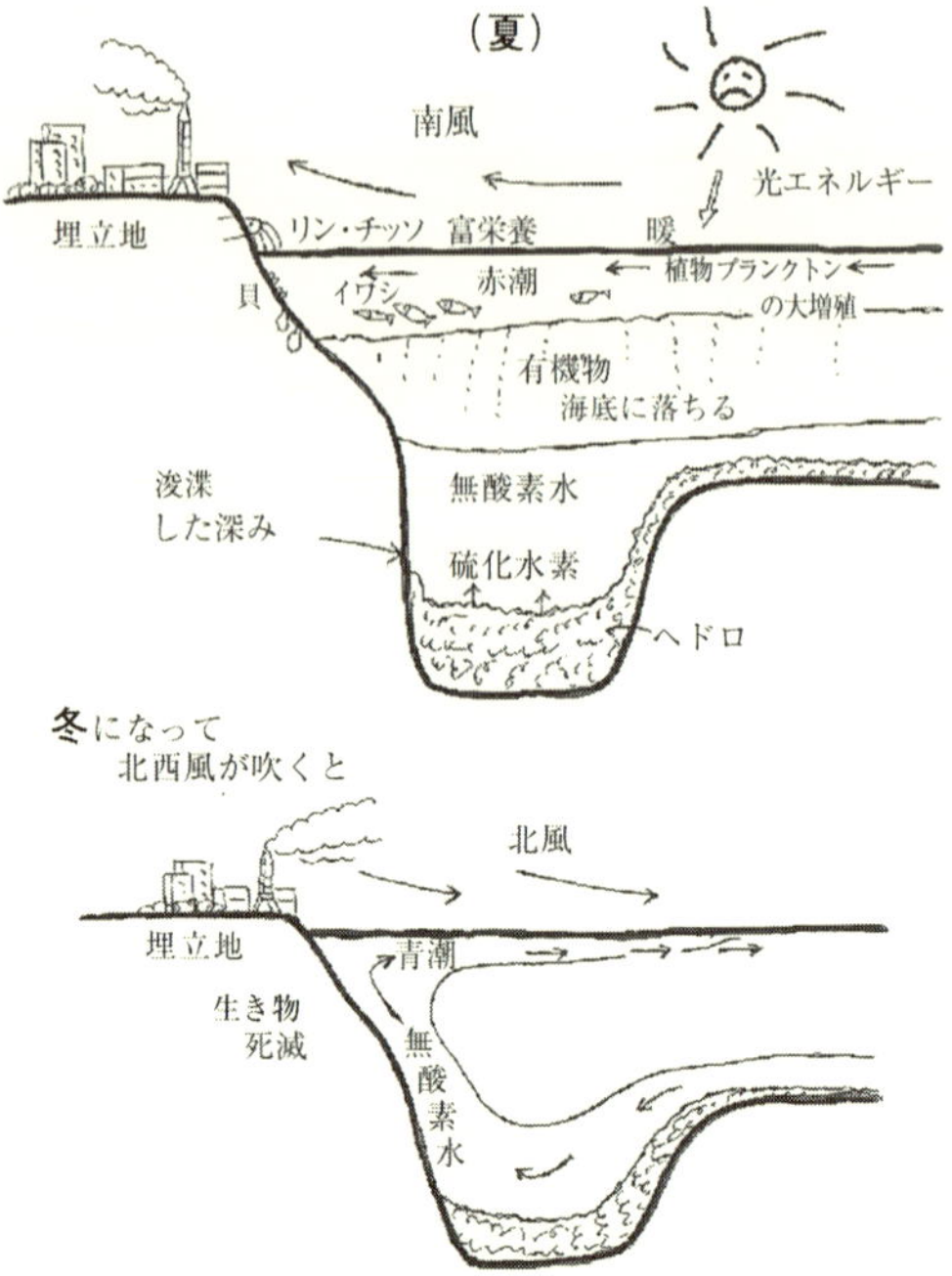

かす「行政主導型」開発方式の三点セットにあった。

浚渫工法とは、図10・3のように、海底の砂泥を液状に掘り出して埋立地に運んで堆積させ、上澄みの水を海に戻す方式で、干拓方式と比べて一〇倍の速度だが、大きな自然破壊をともなう。とくにいったん巻き上げられた五μm以下の浮泥は広く湾内に回流して、その濁りが海水の透明度を落とし、太陽光の届く範囲が水深一〇mから三mになれば、藻場の生育範囲を水深一〇mから三mまで狭めることになって、湾内漁業を衰退させる。干潟の喪失は赤潮の発生につながり、その死骸は浚渫でできた深みに沈

図10・4 b 干潟があれば

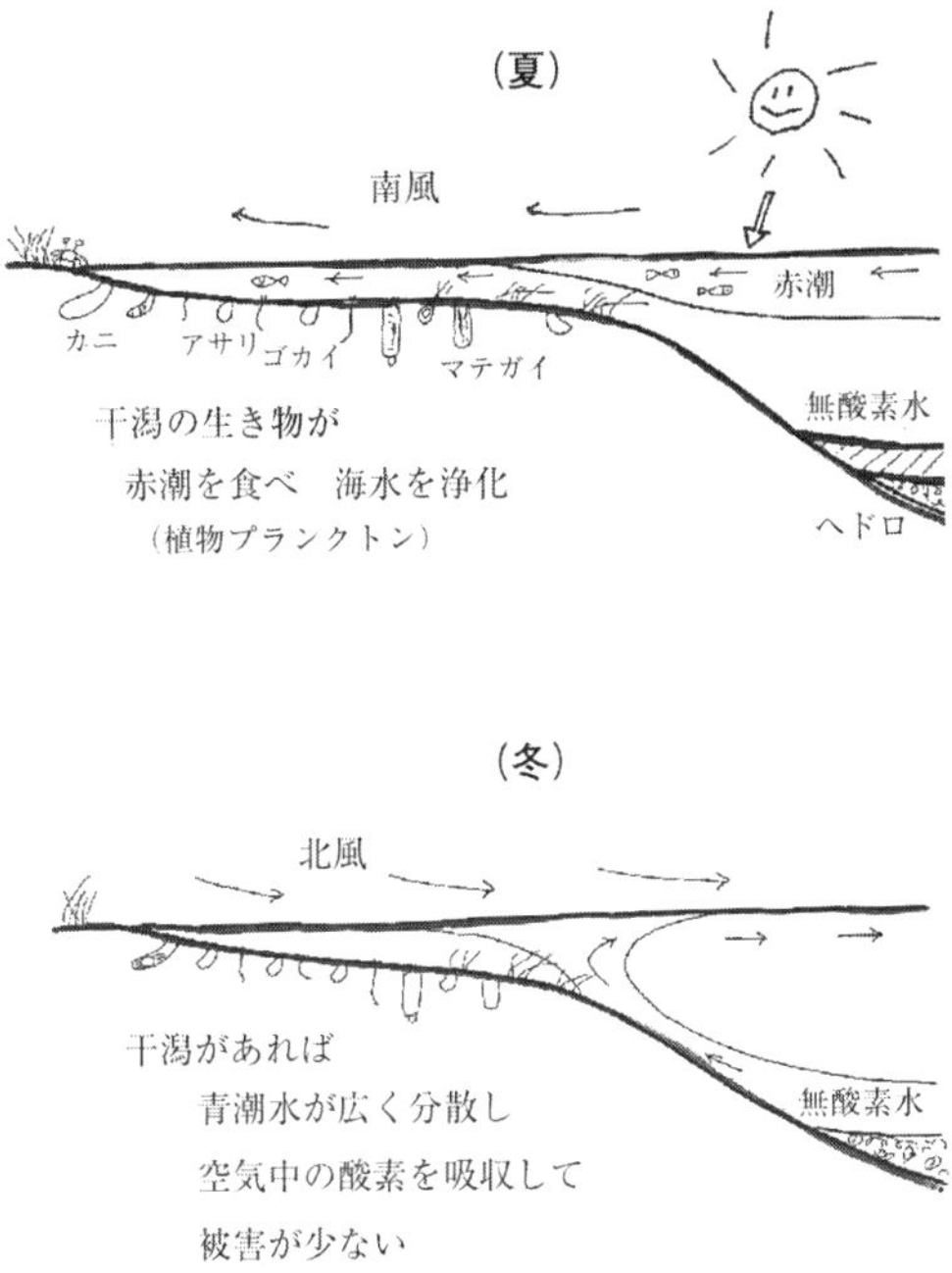

殿し、貧酸素水塊を溜めこんで、苦潮となって魚介類を襲う（図10・4）。

漁業の衰退は、漁民の希望を失わせ、ドミノ式に漁業権の放棄を促すことになる。埋め立てによる工業開発の生産額が漁業などの収益を上回れば、漁民が漁業権を楯に抵抗しても、補償金の裁定までして知事が開発を免許できる「公有水面埋立法」は、開発担当者に「天下の名法」といわしめた。知事が事業主体となれば、アセスメントの場面で明らかだったように、申請者と認可者の二役を演じられるからである（図10・5）。

渡り鳥やものいわぬ生き物たち

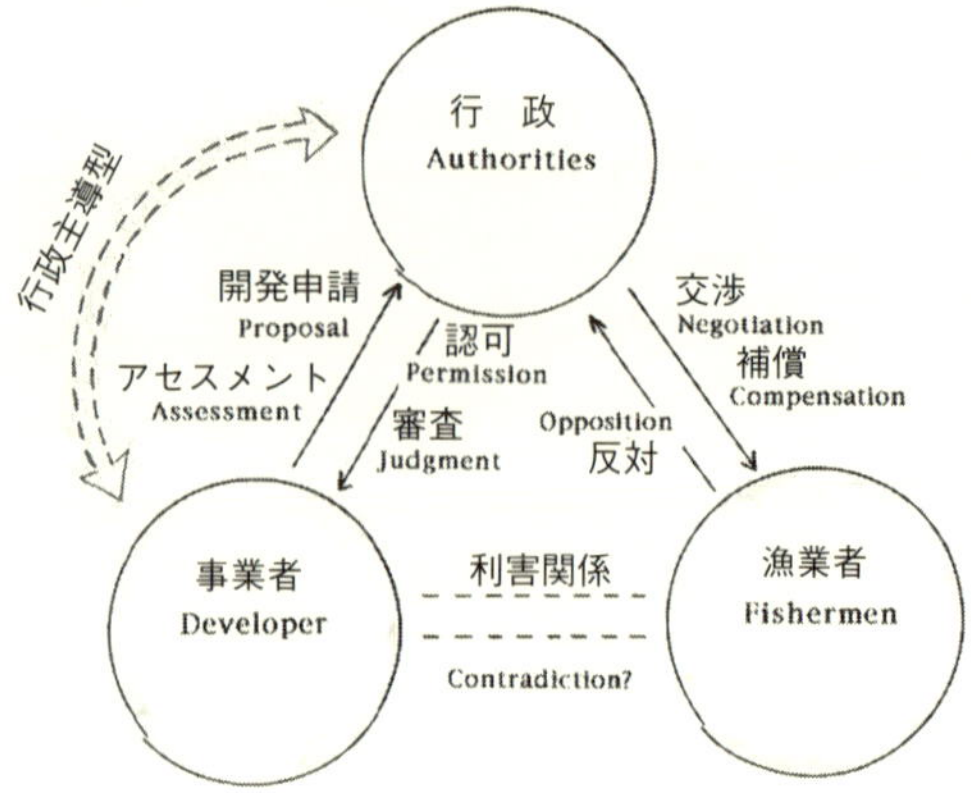

図10・5
「公有水面埋立法」による臨海開発

支えたもの
　高度経済成長政策、
　開発＝善、利益衡量

無視されたもの
　市民の利益、生態系の
　価値、自然の権利

はもとより無権利状態だったが、有形無形に海とつながり、海の幸を糧として暮らす地域住民や都市住民にも、それを補償する考えはなかったし、人びとも失われていく海に自らの権利を主張することはなかった。むしろ人びとは、戦後の経済復興と、それにつづく高度経済成長を歓迎し、「開発＝善」と信じていたのである。追われる渡り鳥のことを思い、人びとが自らの環境権、入浜権といった意識に目覚めたのは、やっと環境庁発足の前後からだったといえよう。

アメリカのサンフランシスコ湾では、一九六二年に起こった市民による湾環境の保全運動から、一九七二年には乱開発への反省から、湾内環境の原則保全と、独立行政機関による、広域的、一元的な沿岸域管理法が定められたりしていたが、日本では個別の問題への必死の抵抗で精一杯で、一九七四年の石油ショックで乱開発が沈静化し、臨海部の埋め立て造成地が売れなくなったときにも、開発と保全の枠組みを見なおす好機は活かされなかった。一九七五年にはじめて全国干潟シンポジウムを汐川で開き、つづいての一九七六年の千葉シンポジウムで、「公有水面埋立法」の廃止と「海浜保全基本法」の制定を求めた私たちの活動も、入浜権運動とつなげた一九七六年神戸宣言までで、その後、具体的に展開する道を開けずにいた。

ラムサール条約釧路会議から

ラムサール条約の発効は一九七五年、日本が釧路湿原と伊豆沼を登録地にして加盟したのは一九八〇年だったが、開発計画が先行していた干潟・浅海域は、なかなかその対象にならず、一般の関心が向くこともなかった。一九九三年、アジア地域ではじめてのラムサール条約締約国会議（COP5＝釧路会議）が開かれることになって、この機会を活かそうと湿地関連のNGOが手を組むことになり、一九八九年藤前での国際湿地シンポジウムから再結集した私たち干潟グループは、一九九一年諫早で日本湿地ネットワーク（JAWAN）を結成し、WWFジャパンや日本野鳥の会、日本自然保護協会らと連帯して釧路に臨んだ。

環境庁（当時）は、ここで谷津干潟を干潟としてはじめて登録地にしたが、「すべきところより、できるところ」の姿勢は変わらず、JAWANとは対立関係にあった。しかし、草の根NGOとして緊急措置が必要な日本の四大湿地、東京湾、藤前、博多湾、諫早をアピールしたのを契機に、アジア―オーストラレーシア水鳥保全戦略や、干潟浅海域＝潮間帯湿地の保全決議などにつながってきた（図10・6）。

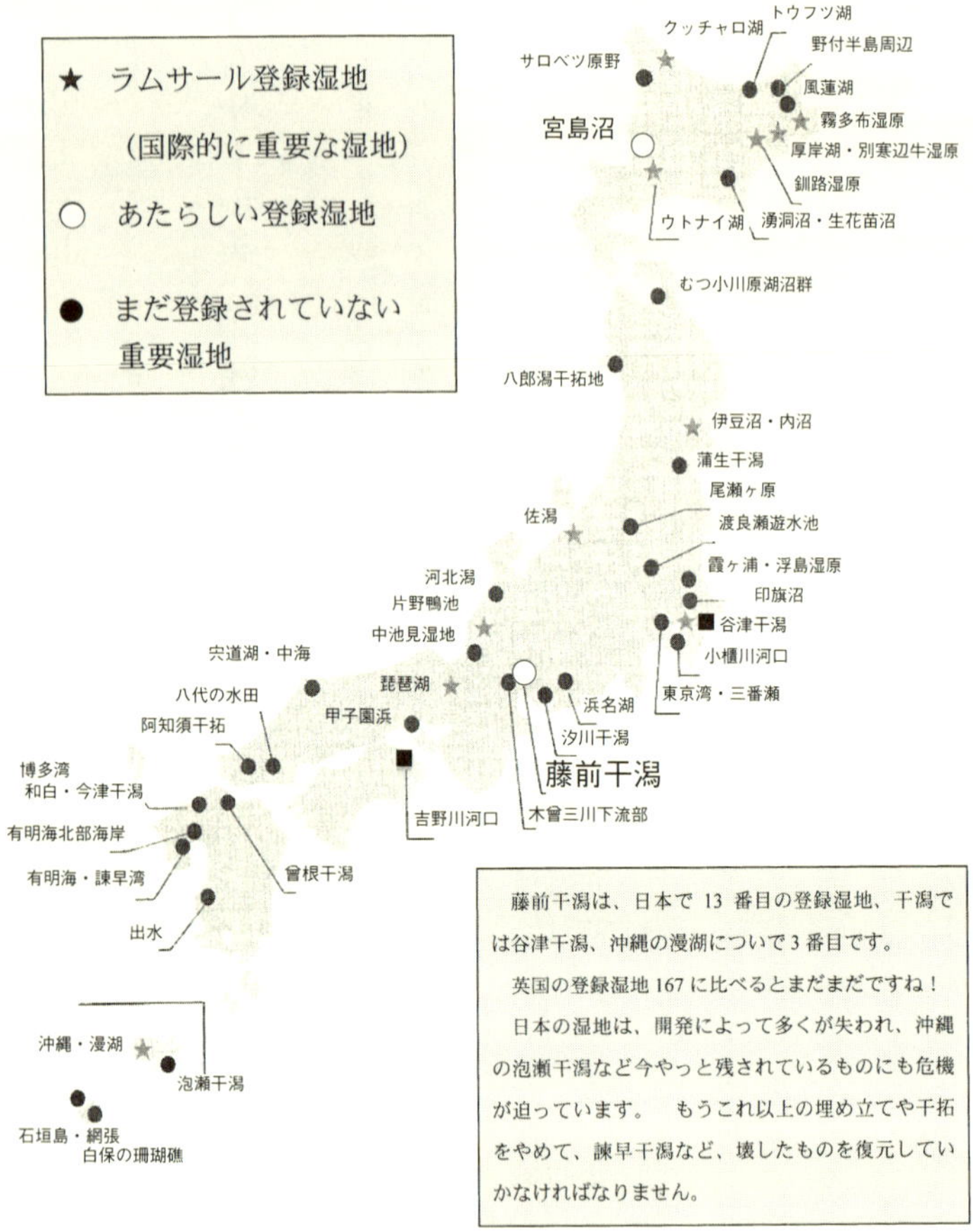
★ ラムサール登録湿地
（国際的に重要な湿地）
○ あたらしい登録湿地
● まだ登録されていない
重要湿地
トウフツ湖
クッチャロ湖
野付半島周辺
サロベツ原野
風蓮湖
霧多布湿原
宮島沼
厚岸湖・別寒辺牛湿原
釧路湿原
ウトナイ湖
湧洞沼・生花苗沼
むつ小川原湖沼群
八郎潟干拓地
伊豆沼・内沼
蒲生干潟
尾瀬ヶ原
佐潟
渡良瀬遊水池
霞ヶ浦・浮島湿原
河北潟
印旛沼
片野鴨池
谷津干潟
中池見湿地
小櫃川河口
宍道湖・中海
琵琶湖
東京湾・三番瀬
八代の水田
浜名湖
甲子園浜
阿知須干拓
汐川干潟
藤前干潟
博多湾
和白・今津干潟
吉野川河口
木曽三川下流部
有明海北部海岸
有明海・諫早湾
曽根干潟
出水
沖縄・漫湖
泡瀬干潟
石垣島・網張
白保の珊瑚礁
藤前干潟は、日本で 13 番目の登録湿地、干潟では谷津干潟、沖縄の漫湖についで 3 番目です。
英国の登録湿地 167 に比べるとまだまだですね！
日本の湿地は、開発によって多くが失われ、沖縄の泡瀬干潟など今やっと残されているものにも危機が迫っています。　もうこれ以上の埋め立てや干拓をやめて、諫早干潟など、壊したものを復元していかなければなりません。

図 10・6　日本の重要な湿地

図10・7
ラムサール条約が定義する湿地のイメージ〜山から海まで〜

ラムサール条約が定義する湿地とは、湖沼、湿原、河川、水田、氾濫原、塩性湿地など、山から海までのあらゆる水系環境を含み、淡水、塩水、汽水かを問わない（図10・7）。とくに干潟、藻場、マングローブ林、珊瑚礁など、水深が最大干潮からマイナス六m以下の浅海域と、それらに囲まれた水域（湖全体や、閉鎖的内湾の全体）を含む。そうした湿地が、その価値を正しく認識されることなく、埋め立てや干拓、乾燥化などの開発にさらされてきたが、じつは地球環境のなかで熱帯雨林と並ぶもっとも高い生物生産力をもつ環境であることがわかってきた。締結には、欧米先進国での開発による湿地破壊の経験を踏まえたIUCN（国際自然保護連合）やIWRB（国際水禽湿地調査局）など国際的なNGOの働きが大きかったし、今もそうしたNGOが条約の遂行に大きな役割を担っている。

その理念は、水鳥の渡来生息に象徴される豊かな湿地生態系の保全と、生態系の特徴を活かした利用（ワイズユース）を図ることだ。――他の保護条約、たとえば絶滅に瀕した野生動植物の保護や、渡り鳥保護条約などが、種の保護を対象にしてい

図10・8　諫早「ギロチン」の衝撃（提供　共同通信社）

ることと比べて、種の生存を支える環境、生態系の丸ごと保全をめざしている。全体で一二条からなる小さな条約だが、一九八〇年以来三年ごとの締約国会議で議論し採択された決議・勧告によって加盟国の湿地保全の実効を上げる枠組みの積み上げを図る。規制して保護をするより、価値を理解させてよりよい保全活用を勧めるのがねらいだ。

先述の緊急アピールの結果、釧路会議は、東アジア渡り鳥航路上の干潟を登録地にすることを関係国に求める特別勧告を採択した。そして、一九九六年のブリスベン会議（COP6）へ向けて、日豪政府の協力で渡り性水鳥保全戦略やシギ・チドリ渡来地ネットワークづくりが進められたが、博多湾和白の人工島計画は釧路会議直後に着工され、諫早干拓事業はとまらず、一九九七年の「ギロチン」（閉め切り）まで進んでしまった（図10・8）。

諫早の「ギロチン」が世界に与えた衝撃は大きく、

次いでゴミで埋め立てられようとしていた藤前の名は世界の関係者に知れ渡り、ラムサール条約の存在意義が問われるまでになった。そうした世界の声もあって、藤前は幸いにも直前にゴミ埋立計画が断念され、一九九九年のサンホセ会議（コスタリカ）COP7でとくに日本政府とNGOから晴れて報告されたのである。

残されたものの保全から、失われたものの復元へ

サンホセ会議では、ブリスベン会議から引き継がれた重要湿地の選定基準を拡大した。従来は「生物地理学的に特徴的な湿地、絶滅の恐れある動植物の保全、水鳥二万羽または種の一％以上が渡来生息、魚介類の生育に必要」としていたが、今後は「グループAは植生、土壌など、生物地理学的な要素や、水資源の保全の観点から選定、それぞれに締約国内の代表的環境を少なくともひとつ。グループBは、魚、水鳥、植物など、湿地に生息する生物に着目して選定」とし、二〇〇五年の会議までに、登録湿地を二倍の二〇〇〇サイトにする目標を立てた。

それ以上に重要なのが、失われた湿地の再生・回復をめざす決議であり、開発によって失われた湿地と損なわれた環境機能の評価をリストアップすること、自然湿地の代償にはならないことを前提にしながら、残る湿地の保護と並行して、失われたものの復元を具体化する実証的プログラムの開発と実践報告を求めていることだ。

日本ではまだほとんどないが、欧米では、干拓堤防を切断して海水を入れたりする湿地の復元事業(Restoration)がかなり実施されている。成功例よりも失敗例が多いのが実状のようだが、失敗例に学びながらの真剣な取り組みが進められているようだ。

ラムサール会議の科学技術委員会は二〇〇二年一一月のバレンシア会議で「湿地復元の原則と指針」決議案を提案し、採択されたが、その座長を務めたビル・ストリーバー博士が、日本湿地ネットワークの招きで同年二月に来日し、各地の干潟を見て回った。湿地復元には、ひとつとして同じ物はないと、いろいろな事例を紹介しながら、一般化できることとして彼が幾度も強調したのは、「良質な湿地を復元湿地で置き換えることはできない」(湿地復元の約束と自然の湿地を取引してはいけない)、「湿地復元の具体案を考える前に、まず、めざすべき目標、具体的な目的、評価のための達成基準を明確にしておくこと」の二点だった。

「人工干潟」は干潟の代償にはならない

藤前干潟では、実証的な「市民アセス」が、渡り鳥にとっての採餌地としての重要性や、干潟のもつ浄化機能に関する事業アセスの誤りを指摘して、影響評価審査委員会の「影響は明らか」とする画期的判断を出させた。しかし、委員会はこの「影響が明らか」な事業について、代替案の検討を示唆するのでなく、「人工干潟」による「代償措置」を示唆し、名古屋市はゴミ埋立計画地の干潟の先をさらに埋め立てる「干潟整備計画」をつけて埋立事業の認可申請を進めたのである。

「干潟の先の浅い海を嵩上げして、埋立部分と同じ干出時間を用意する」という計画は、干潟についての理解が根本的に欠如していることを示している。干潟はゼロメートル以上とか一定のレベルで切られるものではなく、なだらかに浅い海につづき、太陽光が届く範囲には底生生物が住み、藻場があって、全体として豊かな生態系を維持している。

嵩上げ＝埋め立てが、その部分の生物を殺し、生態系を破壊するのだから、その後、新たな生物が住み着くことになるとしてももとの状態になるには相当の時間がかかるし、それが事業埋立の代償となるためには、単純にいって二倍の生物量とならねばならず、常識的にありえないことである。しかも事業者は、これが代償になるかどうかを確かめる「試験施行」の必要性を認めながら、「試験結果を待っていては事業計画が遅れるから、本体工事と同時着工する」とした。

世界の良識は、このあまりの不条理に、心底からの憤りをもって抗議したのだった。

委員会審議過程で、代償措置の成功例として挙げられていた、広島五日市、東京湾葛西、大阪南港の「人工干潟」について、NGOは「人工干潟実態調査委員会」を結成してただちに現場での調査を行ない、もともと干潟がないところに造成しても土砂が流失したりして維持が困難であること、一時的に生物が戻っても安定せず、十数年たっても自然干潟の三分の一程度の能力であることなど、それらが成功例にはなっていないことを示して公開した。

それを受けて、環境庁（当時）も独自に検討委員会を設けて、この「代償措置」について検討させ、

その中間報告として見解を公表した。その要旨は、

①高い価値を有すると考えられる環境の改変をともなうものには、代償措置の前に代替案の検討が必要である

②代償は別のところの環境価値を、失われる環境と同等なものに高めて代償すべきもので、貴重な自然環境を破壊する恐れのあるところで行なうことは許されない

③人工的な代償措置が技術的に確立していない現在、実験は場所を選び慎重に科学的に行なわれるべきで、実験結果を待って代償の可否判断がされる以上、それまでいっさいの着手が差し控えられるべきであった。

至極当然なことばかりだが、これが環境庁の明快な意思表示として、藤前ゴミ埋立計画の断念を促す大きな力になった。

理不尽な公共事業

藤前の事例は、私たちの社会が「道理を通した」といえるだろう。

日本のアセスメント制度は事業者が事業予算のなかで影響を評価する仕組みであるため、公共事業においてはその審査役まで自治体が受けもつことになり客観性を保ちがたい。藤前では、ＮＧＯや研究者、弁護士、メディア、世論、そして政治家や行政も協力してその役割を補完し、行政に道理を通させるこ

図10・9　誤ったアセスの判断　閉め切り後のひび割れた干潟

とで、しかるべき「英断」へ導いたといえる。

しかし、諫早の干拓事業と、その後始末においてどこに道理があるといえるのか？　事業目的の破綻は別にして、事業アセスメントで影響は「近傍にかぎられる」と評価し、それを根拠に事業を進めた以上、そして、今や誰の目にも明らかに、その影響が「近傍」にかぎらず、「有明海全域」に及んでいる以上、農水省がまずなすべきことは、当時のアセスメント審議会を招集し、当時の判断の正否を再検討させることだった。そして、「判断が正しくなかった」ことが確認（図10・9）されれば、事業を中止し、事業が実施される前の状態へ戻す、すなわち原状回復を図ることが「道理」なのである。

この道をとらず、「原因究明」のためとして自ら設置した「第三者委員会」が「短期、中長期の開門調査が必要」としたのに、その答申を無視して一方的に一部縮小して事業の継続を決めているのである。

事業実施に最後まで抵抗しながら、最後は漁業補償に応じた地元の元小長井漁協組合長森文義氏が、諫早湾が受けたことを有明海に繰り返させることはどうしてもできないと、かつての漁業補償の無効訴訟を起こされたが、それこそ、行政に「道理」の遂行を求めているのである。

総合的な湿地保全政策の欠如

湿地を破壊してきたのは乱開発型の公共事業だったとしても、過去三〇年の環境行政を振り返ってみると、総合的な湿地保全へのビジョンがなかったことにも気づく。

はじめに話題にした泡瀬干潟は、バブルの時期にさえ採算が見こめず実現しなかったリゾート型の開発計画が沖縄市の活性化のためと称して進められている。フィリピンに次ぐ多様性のある世界的に重要な海草藻場とアメリカの海草専門家マーク・フォンセカ博士によって絶賛されたすばらしい自然が、なんと、隣接する港湾開発の航路浚渫土砂の捨て場確保のために計画されたという。

沖縄本島中南部の自然海岸は一九八〇年代に始まるリゾート開発や、復興援助による急激な開発が進み、すでに一一八五haが埋め立てられ、さらに五六五haの計画が進行中である。三年前にラムサール登録地になった漫湖を除いて、泡瀬干潟は沖縄本島最後のシギ・チドリ渡来地であり、全国で唯一の一〇〇〇羽を超えるムナグロの越冬地としてもかけがえがない。

この問題は、沖縄の人びとが未来世代へ何を残すかを社会的に選択すべきことではある。しかし、貴重な自然環境がこうした状況になるまで放置されてきたこと、国としての保全の枠組みに入れる努力がなかったことは確かだ。しかも、二〇〇〇年四月の地方分権整備法（一括法）の施行で、国が事業者（ここでは内閣府＋沖縄県）である埋め立て事業は、県知事が国土交通大臣に承認を求める通知が廃止され、所轄大臣が環境大臣の意見を求めるステップが不要になり、環境省が意見をいう機会がなくなってしまった。国際的に重要な湿地の保全には国や国際レベルの視点からチェックされるべきなのに、その機構がなくなった。環境面のチェックは自治体で行なうが、県知事が開発事業者であるとき、どうなるかは明らかだ。泡瀬干潟の埋立事業は新しいシステムの第一号だが、環境省にその危機感があったのか疑われるほど、反応は弱かった。

藤前干潟の保全は、諫早でその存在意義を問われた環境庁（当時）が、全庁を挙げて取り組んだ成果ともいわれた。その快挙はラムサール条約サンホセ会議ＣＯＰ７で、千歳川放水路計画の中止とともに報告され、世界の賞賛を浴びた。そして公共事業見なおしの動きは一気に高まり、二〇〇〇年の吉野川可動堰、中海干拓の事業中止とつづき、二〇〇一年九月には東京湾三番瀬の七〇〇haの埋立計画も全面中止となった。公共事業ではないが大阪ガスは、泥炭湿地として世界的にも貴重との折り紙のついた中池見湿地の開発を二〇〇二年四月に断念した。三〇年以上にわたる人びとの声が、やっと状況を変えはじめた。

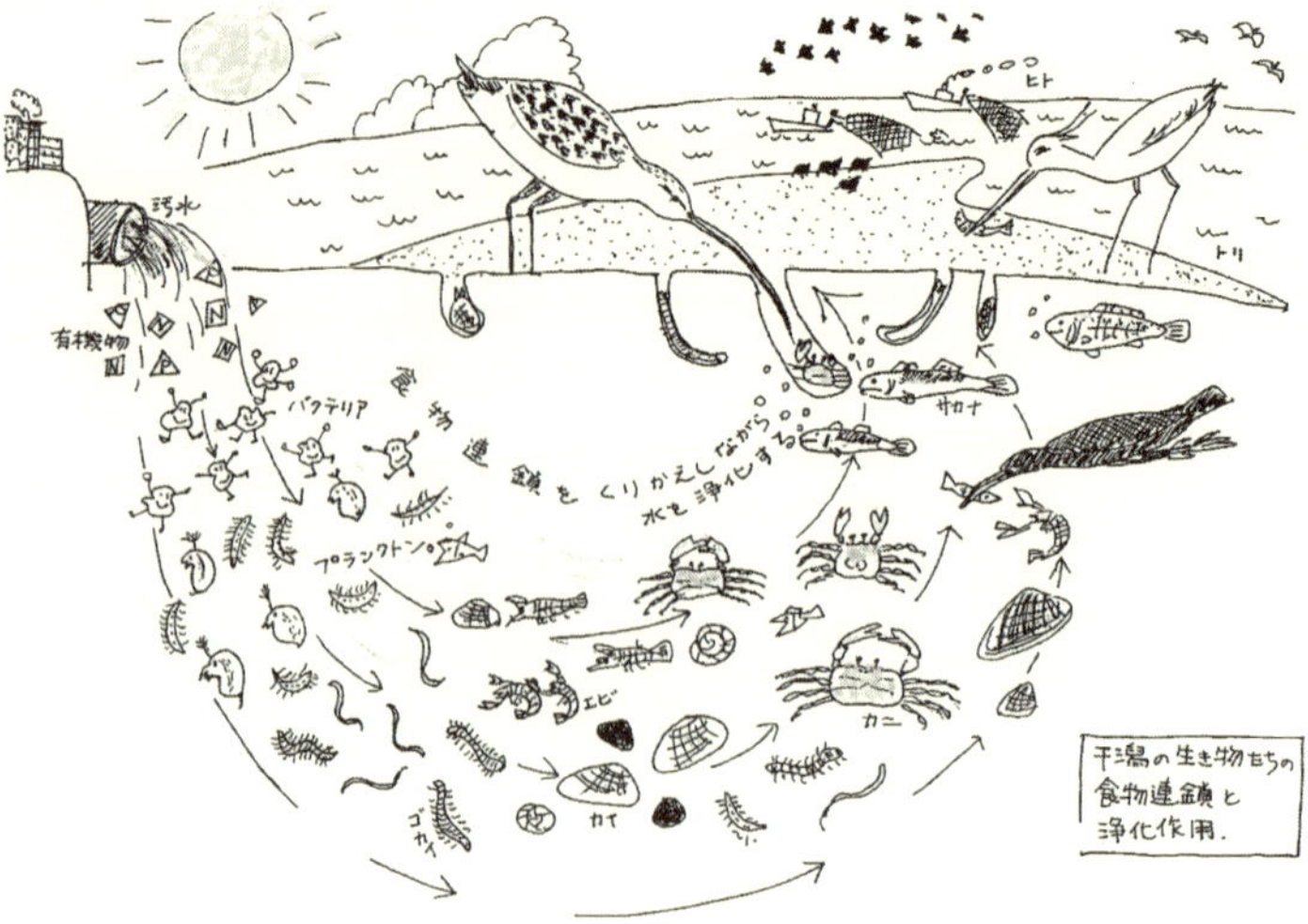

図10・10　干潟の生態系　いのちのつながりとはたらき

こういうと環境行政は順風満帆のようだが、あらためて見なおせば、干潟・浅海域の開発は東京湾、伊勢湾、瀬戸内海の三大都市圏ばかりか、全国津々浦々に及んでいて、日本の内湾、沿岸環境はどこも瀕死の状態である。諫早の「ギロチン」に憤った人びとは、それぞれの身近にあった、同じように理不尽な、自然破壊の公共事業に、全国各地で同じ憤りを感じていたのである。

共通する要因はただひとつ。開発への制度はあっても、保全の制度はなかったのである。太陽の光が届く浅い海が、いかに豊かな海の生命線（図10・10）であるか、それを壊すとどんな結果になるか、多くの経験と知見を得た今も、干潟・浅海域を保全する制度的枠組みがないところは、三〇年前から何も変わっていない。

「開発自由」を「原則保全」へ

環境政策のこれからを考えるとき、環境行政三〇年の総決算が欠かせない。そして諫早や泡瀬に象徴される現状は、「開発自由」の公有水面埋立法とそれを利用した行政主導型開発＝公共事業のあり方に問題があることは明らかだろう。一方、先述したように、ラムサール条約もこの三〇年間に大きく成長してきた。

環境省は今こそ、ラムサール条約に対応する国内法として、「開発自由」の公有水面埋立法を廃止し、湿地保全を原則とする、「湿地保全法」の制定を図るべきである。ラムサール登録地＝「国設鳥獣保護区」としてきたこれまでの狭い枠組みを取り払って、森―川―海とつながった生態系の保全を主眼とする法的枠組みづくりをめざしてほしい。サンホセ会議の決議と生物多様性保全戦略の観点から、環境省が進めている全国重要湿地のリストアップ（二〇〇一年一〇月、五〇〇カ所を中間報告）にその萌芽があると期待しているが、東京湾、伊勢三河湾、瀬戸内海、有明海という内湾環境とその集水域を一帯にとらえるような対象域の設定が望まれる。

二〇〇二年一〇月一〇日の日本弁護士連合会郡山大会でも、日本の湿地の保全と再生をめざす基本法をつくろうとの提言がなされた。日本湿地ネットワークをはじめ、環境NGOの多くが自然再生推進法案の危険な側面を意識して、この機会に、これまで放置されてきた課題である湿地保全と再生の法制度全体を総合的につくり変え、国家の湿地保全政策を自ら考えていこうという気運が高まった。「自然再生推進法」の目玉が、「地域の多様な主体が参画」することにあるのであれば、二一世紀の生き方、私たち社会のあり方を決めていくことこそ、多様な主体=市民の参画で進めるのが筋だろう。

今こそ、政治家も、行政マンも、企業人も、研究者も、ひとりの市民に立ち返って、子や孫のことを見通す視点に立とうではありませんか!

世界の自然復元・回復・再生事例

草刈秀紀

はじめに

アメリカの自然再生事業についてはすでに述べられているので、アメリカを除いた自然再生事業に関する世界の事例を紹介したい。ここでは復元（回復）、修復、再生の三つの用語を含めて、海外の事例を紹介する。海外では、「再生」よりは、回復や修復、復元という用語が一般的に使われている。

まず、用語の意味するところを明記しておくが、復元（restoration）とは、生態系や個体数を当初の状態に戻すことをさし、回復（rehabilitation）とは、低下した生態系や個体数を低下以前の状況に戻すこと（当初の状態とは異なる場合もある）をさす。また再生（regeneration）とは、生命体または生物群集が何らかの理由で失われた部分と同様のものを「自発的」に補うことをさしている。環境省が作成した新・生物多様性国家戦略の英文パンフレットでは、自然再生事業をNature restoration projectsと訳しており、海外の国家戦略では、チェコが自然再生地域（natural restoration area）、スロベニアでは、生息地の再生（restoration of habitats）という用語が使われているので、けっして間違った使い方ではないであろう。

世界各地で自然の復元や回復、再生事業が進んでいてそのすべてを把握することは不可能に近いと思われる。ここで紹介する事例は、その代表的な例として考えていただきたい。

ヨーロッパの例

ヨーロッパで、代表的な自然回復事業のひとつとしてドナウ川の洪水による氾濫原の自然回復事業が挙げられる。ドナウ川は、ドイツ南西部シュバルツヴァルトの東部からオーストリア、ハンガリー、バルカン諸国を流れて黒海に注ぐ大河である。その全長は、二八六〇㎞に及んでいる。WWF（世界自然保護基金）は、一九九〇年初頭より複数国にまたがった、ドナウ川湿地の自然保護と復元プロジェクトを行なってきている。ここでは、現在進んでいるブルガリアにおけるドナウ川氾濫原に点在する島々の自然回復プロジェクトを紹介する。

ドナウ川湿地の自然保護と復元

WWFは、「緑のドナウ・プログラム（Green Danube Programme）」として、残された地域の自然を保護するために、破壊を食い止め、汚染を防ぎ、生き物の失った生息地と種を回復して、持続可能な開発を達成することをめざしてプロジェクトを進めている。

ドナウ川は、上流から支流まで一七カ国にまたがって流れる大河であり、この河川環境を総合的に保全していくには、国を超えた広域な連携が欠かせない。ドナウ川流域におけるWWFの連携、政府の協力、民間団体の協力、学校教育活動、資金調達活動などの成果から相乗効果を上げることが重要である。「緑のドナウ・プログラム」で実現されることは、生息地の保護、復元、普及・啓発と政策の変更、資金の投入、各団体の強化、地に着いた自然保護政策活動、自然保護への資金集めの機会などで、これらが最小限の努力によって達成されることが必要とされている。

オーストリアで行なっている事業は、ドナウ川に沿ったレーゲンスブルンナー氾濫原で、①氾濫原の再生と生息地の回復、②川の河床低下を抑えて氾濫原に堆積した土砂を下流に供給する、などの目的をもっている。事業では、堤防五カ所を掘り下げて、氾濫原に残されている旧河川と本河川をつなぐ工事が実施され、三つあったダムのひとつを撤去した。それによって氾濫原に水が入り、さまざまな魚類の移動経路も確保され、新たな動植物が定着し回復しつつある。再生事業の前には、年間二一日しか本河川に流入しなかった流水が、今では二二一日も氾濫するようになっている。周囲の肥沃な氾濫原の環境を取り戻し、生物の生息環境を回復させると同時に、本河川の流速の減少を図り、適度な流量を確保することにより、船舶の安全な航行が図られることになったのである。洪水防御と自然再生が車の両輪のごとく連携している。

ブルガリアのドナウ川における活動

ブルガリアにおけるドナウ川氾濫原に点在する島々は七五あり、総面積は一〇七一三・四haである。河川は、水質の浄化、洪水防止、多様なエネルギー資源の提供、風の防御、人びとへの食料供給、多種多様な生物の生息地の提供、レクリエーションの場の提供など、さまざまな恵みを与えてくれている。その反面、ダムや森林伐採、宅地化、さまざまな汚染がドナウ川の生態系に大きな影響を及ぼしている。

ブルガリアのドナウ川の島々は、すべて国立林業省によって所有され、管理されている。過去五〇年間、政府は、原生的な自然の森をハイブリッド・ポプラの単一な森に変換してきた。現在のところポプラ農園は、島の六〇から七〇％を占めており、天然林は、約二五％をカバーしているにすぎない。このまま事業が進めば、九〇％がポプラに変わってしまうことになってしまう。

ＷＷＦは、一九九一年から一九九四年にかけて、「緑のドナウ・プログラム」の一環として、氾濫原のバーディム島で森林の復元に成功している。この活動には、ネットワーク・パートナーとして国立林業省や環境省、ＮＧＯが協力しており、ＷＷＦは、二〇〇〇年六月に、ドナウ川下流域の緑の回廊計画の宣言を発表している。つづいて二〇〇一年四月には、ドナウ川氾濫原の島々の森林保護と復元のための戦略を発表している。この戦略の目標は、ドナウ川氾濫原の島々に残っているすべての原生的な森林を保存し、復元活動を通して島の在来種を増加させ、保護地域のネットワークを広げ強化し、貴重な生物の生息地と絶滅危惧種を保護することである。

この戦略実現のための行動計画の目標は、①地元や森林学者の意識の向上およびトレーニングをすること、②復元と保護の実用的な実現を測定すること、③ドナウ川の島々を保護するためにルーマニアとの相互協力を実現すること、である。この戦略を成功させるための鍵となるのは、復元のためのパイロット・プロジェクトの実施、主要なパートナーとのネットワーク、段階的なかかわり合い、ドナウ川下流域の緑の回廊づくりにたいする政治的な約束と補強、そして経済的な約束、とされている。

アジアの例

WWFは、森林の保護と適切な利用へ向けて、世界各地でフィールドプロジェクトを行なっており、国連機関や各国政府等へさまざまな政策提言などをしている。

WWFと世界自然保護モニタリングセンター（WCMC）が調査した結果、世界の自然林は文明が始まった時期とされる八〇〇〇年前に比べ、約三分の二が消滅し、このままでは、五〇年後には自然林が完全に消失してしまう国が出るという結果が出ている。このような状況をなんとか食い止め、森林の実質的な保護へ向かうために、WWFは現在、世界的な森林キャンペーン「WWF Forests for Life（生命《いのち》の森）キャンペーン」を展開している。

このキャンペーンでは、次の三つの具体的目標を設定し、集中的に取り組んでいる。

目標1　森林の保全

二〇一〇年までに、危機的状況にあり、生物学的にもっとも重要な世界の森林地域において、その生態系を代表するような区域を対象とした保護区のネットワークを設立し、維持すること。

目標2　森林の管理

二〇〇五年までに、さまざまな地域に存在する、さまざまな森林タイプ、そして土地所有制度について偏りがないように、FSC（森林認証協議会）によって認証された森林を一億haにまで拡大すること。

目標3　森林の回復（森林景観の復元）

二〇〇五年までに、生態学的な健全さと、人類の福祉を向上させるように、危機的状況にある世界の伐採地、あるいは劣化した森林地域において、少なくとも二〇カ所で、森林景観を回復させる事業を開始すること。

森林景観の回復事業

WWFがたんなる「森林の復元」ではなく、「森林景観の復元」としている理由は、森林が提供するさまざまな有用なサービス（水資源や土地の安定化、生き物の生息地、薬用植物など）を含めて、一部の地域を見るだけではなく景観としてとらえることが解決策につながると考えたからである。

WWFがIUCN（国際自然保護連合）と共同で同意している森林景観の復元のための定義は、「生態系の保全を取り戻す過程のなかで、森林伐採を食い止め森林景観の保全により人類の福祉を向上させる」ことである。

「生命の森キャンペーン」のゴールは、①森林機能を回復するために地元の人びとともに働き、十分に健全な森林が取り戻せることを確実にし、②改良された環境と地方の共同体に、より多くの機会を保証し、永続的なアプローチを提供し、③持続可能な管理された森林と保護地域を結合し、④回復する機能は、人びとにさまざまな機会やサービスを提供することである。これらは、人びとと自然のあいだのバランスを回復することにつながる。

現在、WWFは、さまざまな地域で森林景観復元の事業を進めている。

中国、四川省では、揚子江氾濫原のジャイアントパンダの生息地の森林を復元する事業を行なっている。

東アフリカ、ウガンダ、タンザニア、ケニアおよびエチオピアでは、政府機関や地域共同体、NGOなどの経験を踏まえて、森林景観復元の事業の地方の戦略を開発しつつある。

またニューカレドニアでは、断片化された森林を連続性のある森に回復させる事業を地域共同体とともに行なっている。次に紹介するマレーシアのキナバタンガン森林回復活動は、WWFジャパンが日本企業とともに行なっている事例のひとつである。

キナバタンガン森林回復活動

マレーシアのサバ州キナバタンガン下流域で、WWFマレーシアが調査研究、地域共同体ベースの観光、森林回復事業などさまざまな活動を実施している。森林回復事業は、バッププッ村の村人からなるMESCOT（Model Ecologically Sustainable Community Tourism）と呼ばれるグループが行なっている事業で、地域共同体ベースの観光と森林事業である。地域共同体を観光と経済開発にかかわらせることを目的としている。

一九九七年以来、MESCOT事業は、数多くの共同体ベースの観光活動を開発して成功し、森林保護にかかわってきている。一九九八年には、サバ州森林局がスプ森林保護区で行なった森林火災対策を支援し、一九九九年以後、WWFマレーシアとサバ州森林局が協力して、森林回復活動を行なっている。WWFジャパンは、二〇〇〇年より㈱リコーの資金協力を得て、サバ州森林局を直接支援することで、MESCOTの森林回復事業を進めている。

キナバタンガン氾濫原の森林をはじめ多様な環境を回復することにより、生物多様性とこの地域に生息する野生生物を守ることができる。事業は、地域の技術や知識の開発を促進し、森林の重要さと保護について意識向上を図ることで、直接地域共同体にかかわり、MESCOTを通じて収入をもたらしている。

事業活動のほとんどは、現場準備、植林用苗木の準備、輸送と兵站活動、植林、そののちの維持といった野外活動である。計画地図作製や植林用苗木の確保といった事前活動のほとんどは、MESCOT事業が行なっている。植林計画では、補強のための植林の一環として、一三種六三〇七本の苗木を植えており、選んだ一三種は、この地域に生育している、成長の早いパイオニア種であり、果実をつける四種も含んでいる。

森林回復活動の影響に加えて、バップツ村での共同体観光事業も主要な活動のひとつとして注目されている。村が経営するホームステイに滞在する旅行者は、一日森林回復事業に参加して、森林生態系と森林保護について学び、村への収入や、森林保護活動を来訪者と村人に理解してもらい正しい認識を広めるといった利益をもたらしている。

森林回復と植林活動の実施は、順調に進んでおり、植林事業に有用な技術を提供し、地域で森林保護を進めるメカニズムが準備されている。

島嶼国の例

島嶼地域における自然復元活動の事例としてニュージーランドを挙げておきたい。

ニュージーランドは、地球上で人間が最後まで植民しなかった地域のひとつである。脆弱な島嶼生態系であるため、いったん人間や外来（移入）動植物が入ると在来生物に与える影響は、非常に大きい。一〇〇〇年前にマオリ人が、二〇〇年前にヨーロッパ人が植民を始めてから、カエル類の四二%、鳥類の四〇％以上が絶滅した。広大な森林が切り開かれ、農地に変えられ、湿地は干拓され、外来（移入）種が在来生物を脅かしている。たとえば、総植物数の八四・四％が外来（移入）植物となっている。ニュージーランドは現在、アメリカ合衆国全体と同じ数（六〇〇種以上）の絶滅危惧種を抱えている。自然保護省では、生態系の回復事業を積極的に推し進めている。代表的な鳥であるキウイについては、さまざまな場所に、サンクチュアリを設け、阻害要因となる外来種の撲滅とキウイ回復活動が多くのボランティアや大手銀行からの寄付などにより成功を収めているのである。

ティリティリ・マタンギ島の復元

オークランド近郊、ワンガパラオア半島の海岸から四キロメートルのところに位置するティリティリ・マタンギ島（Tiritiri Matangi）は、島全体が自然保護区として自然保護省が管理し、動物のもちこみはもちろん、キャンプなど島での宿泊も禁止されている。島の野生生物は、自然保護、科学的研究、レクリエーション目的、そして、歴史的な価値として管理（オープン・サンクチュアリとして一般に公開）されている。この島の自然回復活動は、世界一成功している自然保護プロジェクトのひとつである。

二二〇ha の島は元来、固有の樹木で覆われていたが、一八〇〇年代に、マオリ人が移り住み、つづいて一八五〇年代に、ヨーロッパ人が入植し、一九七〇年代まで絶え間なく農作された。そして、元来あった森林は、部分的に残されただけとなった。同時にヨーロッパ人が導入した外来（移入）種の影響で固有の鳥類が次々と姿を消した。

この島では、哺乳類の排除（ニュージーランドには元来、哺乳類は三種のコウモリしかいなかった）が、在来鳥類の復活につながっている。ただし、外来種の駆除も、生態系への加害が少ない外来鳥類にまでは及んでいない。

ティリティリ・マタンギ島の自然回復プログラムは、一九八四年から始まっている。もともと島に生育していた固有の樹種の苗木を島の一角で育て、何千人ものボランティアのサポートにより、島は徐々に蘇ったのである。一九八四年から一九九四年にかけて、多くのボランティアが参加し、二八万本もの木々が移植され、植え付けプログラムは一九九四年に終了した。最初に移植された主要な木は、ポフツカワ（Pohutukawa）という固有種で、他の木と比べると育ちが早く、林床植物が生育しやすい環境を提供した。さまざまな樹種の移植が進むなか、同時に外来種の撲滅作業も進められた。

次に元来生息していた固有な鳥類が自然保護省やニュージーランド野生生物サービスの指導のもとに、回復された森林や沼地に戻され、タカヘTakahe（*Porphyrio mantelli mantelli*）やコカコNorth Island kokako（*Callaeas cinerea wilsoni*）、キウイLittle spotted kiwi（*Apteryx owenii*）など希少な鳥類が安易に観察される環境にまで戻っている。

ニュージーランドの自然復元は、コミュニティーの協力がなければ成り立たなかった。ティリティリ・マタンギ島のボランティア・コミュニティー・サポートグループがこの聖域の自然復元を成功させる鍵となったのである。

各国の生物多様性国家戦略から

各国の生物多様性国家戦略や行動計画には、自然回復や修復、復元に関する記述がある。多くの国々がこの国家戦略によって活動している。生物多様性条約を批准している国々は、一九〇カ国近くあり、そのすべての戦略をチェックすることは、むずかしい。それは、国によっては英訳されていなかったり、インターネットに掲載していなかったりするからである。また、そもそも自然破壊が起こっていない国については、自然回復や修復、復元の計画がないところもあるからである。ここでは、以上のような理由から世界の各地域の一例を紹介することにしたい。

オーストリア

オーストリアの国家戦略では、林業について持続可能な利用と森林生態系の安定を図るために、大気汚染などの外部要因を最小限に食い止めることを必要としている。また、生物多様性条約の趣旨に従って、適切な森林の管理と復元、小規模な林業経営による有益な収益が求められている。さらに、生態学的に貴重な樹種（カエデ、ナナカマド、オーク、ボダイジュ、モミなど）が自然発生的に再生されることを重要視している。このほかに、景観保護のためには河川環境の復元が重要であり、前記したドナウ川の例はそのひとつである。

アイルランド

アイルランドの国家戦略では、湿地と内陸湿地における汚染が淡水魚に大きな影響を与えていることから、自然環境の調査と淡水魚保護のための生息地の復元および改良の事業を進めている。このほかに、外来種の導入によって淡水魚の個体数が危機的状況にあるため、特定の種を保護するための重要地域の指定を必要としている。

ジンバブエ

ジンバブエの国家戦略では、生物多様性への技術効果として、さまざまな研究組織・機構、地方団体が森林の研究をしており、固有の木々を育成するために再生研究、植林研究、植林事業、資源の評価、森林資源の指導力の発揮や生態管理を行なっている。

カナダ

カナダでは、「自然保護と持続可能な利用」として、持続可能な方法による生物多様性の保全と生物学的な資源の利用という目標を立てている。このなかで、「生態系の計画と管理として、個々の種と後退した生態系を復元および回復することは、実用的であり、生物多様性の保護と生物学的資源の持続的利用のためには、復元が重要であり貢献すべきである」と明記している。

具体的な目標を達成するために実行する、生態系管理のアプローチとして、「①野生生物の生息地、生態系、景観、および水域環境における、固有な動植物の実行可能な個体群の維持、②保護地域ネットワークの完成、③個々の種と荒廃した生態系の復元および回復、が生物多様性の保護と生物学的資源の持続的利用のためには、重要であり貢献すべきである」としている。

「生態系の復元と回復」といった項では、複数の生態系復元と回復プロジェクトが現在、進行中である。一九八八年に、連邦政府とケベック州がセントローレンス行動計画を始め、およそ一億七三〇〇万ドルをこの生態系の回復と持続可能な利用のために割りあてている。

一九九一年に、フレーザ川の流域行動計画は、ブリティッシュコロンビアのフレーザ川の生態系の持続可能な開発を促進するために導入された。このパートナーシップ・プロジェクトには、政府、先住民、およびNGOがかかわり、進行中の多数の小規模な生態系復元と回復プロジェクトがある。

多くのプロジェクトは、生物多様性保護のために、地域密着型であり、さまざまな貢献をしている。生態系の復元と回復は、非常に費用がかかる場合があり、つねに生態系を完全に回復するのに成功しているというわけではない。したがって、生態系の後退を防ぐのは、批判的な面がある。それぞれの提案された復元と回復プログラムの費用と科学的で技術的な合意は、批判的に評価されなければならない。「戦略の指示」として、復元と回復のために地域を選択するためには、①客観的基準を使用すること、②絶滅の恐れのある種の生息地要件を含んでいること、とされている。

一九九四年に、連邦政府とケベック州は、セントローレンス行動計画の委任を更新している。その後、新しい「セントローレンス・ビジョン二〇〇〇」が示され、七つの長期的目標が決まった。この事業に、二六〇〇万ドル以上の予算が盛りこまれ、生物多様性の保全もそのひとつの目標として挙げられ、①七〇〇〇haの生息地の保存、②シロイルカの回復、③ボワイエ川でのキュウリウオ個体群の復元、などの活動に割りあてられた。

「生物学的資源の持続可能な利用」の項では、①生物学的資源と生態系の持続可能な利用が、社会の福祉に不可欠であり、生物多様性を保存するのに必要である、②生息地の復元と保護プログラムの実行、③国際的な水資源問題を解決するために他国とともに働きつづけること、が挙げられている。「戦略の指示」として、①提案された主要な政府の水資源保全方針とプログラムが生態学的、経済的、社会的で文化的な目的であるのかを評価して、実行すること、②客観的基準を使用して、復元と回復のための地域を選択すること、③後退している水域生態系を回復するか、または復元すること、④カナダにある水環境や資源の保護と利用に関連する三六の連邦法、二〇の地方自治法、領土の法律、多数の国際協定のなかで一致していることを実施すること、⑤生物学的な生態の目録を作成すること、⑥水域生態系の構造、機能、および構成要素の理解を進め、自然保護と管理の実施を高めること、⑦種、固有種、希少種の産卵できる地域、代表されている生態系の保全、⑧国家的、国際的な保護地域のネットワークに貢献することなど広範囲でさまざまな行動戦略の指示が出されている。

カナダにおける用語の解説は、回復を「健康な機能状態への種、個体群または生態系の復帰」とし、復元を「自然が改変される前の状態への種、個体群または生態系の復帰」としている。

パキスタン

パキスタンの生物多様性行動計画では、生息域外保全の方策としてシードバンク（種子保存事業）や遺伝子バンクの技術を高めて、野生の絶滅危惧種、栽培植物、家畜などの保全を図ることをめざしている。そのために、荒廃する生態系と絶滅危惧種の回復、復元を促進することにしている。絶滅の危機にある種、個体群を回復するために、野生動物の飼育繁殖施設を使用し、残された自然に野生生物を再導入することも考えている。

個体群を増加させて、それらをもとの生息地に再導入するには、固有種に害を及ぼされない、または悪影響されないような方法で実行されるべきである、としている。

ブータン

ブータンは重農主義であり、農業開発が自然に大きな影響を及ぼしている。戦略では、長期的な目標として、農民と田舎の住民を支えるために、重農主義の回復を図り、持続可能な農業を復元し植物遺伝資源を適合させることをめざしている。

野生生物については、主要な保護地域における詳細な調査が必要であり、個体群動態や分布、個体数の変動などの研究を進めることにしている。また、鍵となる種については、その基礎的な生態学情報をモニターし事業を実行することとしている。保護地域では、多くの種がこれまで確認されており、両生爬虫類や魚類、蝶などの生息地タイプと地理的分布を予想し、適切な生態情報を得てモニタープログラムを開始するとしている。これらの行動計画として、地滑りや森林火災などにより荒廃した生息地の小規模復元事業を行なうとしている。モニタリングが適切に機能することにより生息地管理が容易になる。そのために、特別に構造化された監視プログラムを開始するとしている。

ニュージーランド

ニュージーランドでは、さまざまな自然（生息地）・環境が断片化され孤立化が進んでおり、外来種や病害虫や雑草などが侵入し生物の多様性に大きな影響を与えている。対応策として、断片化されている生息地や生態系の機能回復や特定の生息地を広げることが必要である。そのためには、広く一般の認識と理解のうえで、実行することが必要とされている。

また、公共のものと同様、個人の土地が生息地の断片化や孤立化を起こしており、生態系の復元のためのテクニック（たとえば、緑の回廊）に関する知識や情報、実用的なガイドライン、専門的な技術が必要とされている。固有の生物多様性を対象とした研究と情報を継続する必要があり、サポート態勢や意思決定、研究者や生物多様性管理者のあいだを結んだ情報や認識の共有が重要である。一方、生息地の多様性、特殊性、生態系、種を脅かす過程などに、地主や一般の理解が低いことも指摘されている。

生物の保護管理（絶滅危惧種の管理、生息地保護、生息地の復元、および脅威のコントロールを含む）のための優先事項は、生物多様性に責任をもっているさまざまな行政機関の側で、いまだ調整されていない。

行動計画では、①固有の生物多様性を維持するために土地管理プログラムを組み入れること。②持続可能な土地管理戦略のなかに優先事項を位置づけ実行すること。③都会の環境における固有な生物多様性の保護、維持、および復元を奨励して、支持すること。④生物多様性保護における共同体の認識、かかわり合いを高め都市の主導権の重要性を認識すること、としている。陸域生息地の復元のために、固有な生物多様性や荒廃している不十分な生息地と優先事項である生態の領域を回復することが必要である。

行動計画では、①生息地、生態系復元プログラムおよび荒廃している生息地と生態系を健康な機能状態に回復する主導権（陸域や都市部、沖合の島、キウイサンクチュアリゾーン、他のサイトを含む）を広げること（注：ニュージーランドの国家戦略では、行動計画のキープレイヤーを明記している。たとえば、ここでは、自然保護省、調査組織、地主、NGO、共同体などがキープレイヤーとしてかかわることになっている）。②生物の多様性を回復するために優先権のある領域を特定し、回復戦略や地域と地域間との共同の機会を開発すること。③共同体の理解と保護活動をするなかでプロジェクトを通して固有の生物多様性を維持、回復するプログラムをつくり、情報入手、専門的技術および資源を改良すること。④復元プロジェクトとプログラムのために地元の固有種の使用を促進すること、としている。

固有の淡水種は、外来種による捕食や土地利用などのさまざまな影響があり、生息地の保護か復元が必要である。淡水域の生物多様性は、その環境と漁業との関連、文化的、経済的な価値を保持、固有の生物多様性の保護とともに軋轢を補い合っている。マス、サケまたはシラスなどレクリエーションの魚釣りは多くのニュージーランド人（そして、海外の訪問者）によって高く評価されている。したがって、淡水の生物多様性の価値については、公共の理解は一般的に低レベルである。

「淡水生息地の復元」という項目では、回復地域または、荒廃している自然や淡水生息地と生態系を固有の生物多様性のために優先することとしている。行動計画では、①淡水と川岸の生態系を最優先して回復させ維持し、地域や陸水域のあいだで管理・協調できる機会を与え基本的な戦略と行動計画を優先して開発し実行すること。②人工構造物についてその目録を編集して、海洋と固有の淡水種と海洋から移動する重要な魚道や魚類の移動通路を回復すること、としている。

沿岸と海洋の資源利用による悪影響から生物多様性を保護するための行動として、①目的の実現と漁業法（一九九六年）の原則を確実にすること（移入種と関連し依存する種を生態学的に維持できるレベルに支えるか、または回復するためのプログラムを含む）、②海洋の生物多様性保護プライオリティを維持し、漁業使用のためのプログラムと統合する、③海洋の生物多様性では、人間の活動（海運と採掘など）の影響を回避し、緩和させ適切な生息地復元プログラムを開発すること、④侵略的な種、生物学的復元のテクニック、および生物多様性アセスメントの共有された分類群、絶滅危惧種管理、回復、防止、および除去に関する研究に協力すること、などを挙げている。

ミクロネシア

ミクロネシアでは、生態系管理と自然保護地域に関する目的として、「ミクロネシアの全生態系を明確にし、既存の自然保護地域における管理と機能の向上、新たな保護地域の設定」を挙げている。この具体的なアクションのひとつとして、水域、陸域の生態系や固有種、絶滅危惧種の復元プログラム開発とその実行を行なうとしている。具体的には、ポンペイ州のナンマドールを自然と文化遺産の重要な地域として、生物多様性の保護事業を実施する。また、種の管理として、「種の持続可能な利用と管理」として、社会・経済開発のために種の持続可能な利用と管理の実現を挙げている。そのひとつとして、原生林の再生と回復プログラムを開発し実行する。

ニウエ

ニウエは、生物学的資源や自然保護と持続可能な管理をすべてのコミュニティーが支持している環境立国である。生物多様性保護のために、すべての種とそれらの遺伝子の多様性の個体群を保存、十分に残っている生息地と生態系を維持し、既存の生物多様性を高めることを目標としている。この目標は、種の衰退を防ぎ、多くの残っている自然の生息地を維持することが必要となっている。また、いくつかの種の個体数を増加させ、多くの原生林地域の復元を奨励している。

最後に

以上のように、世界各地でさまざまな自然復元・回復・再生事業が繰り広げられている。しかしながらこれまで調べたなかでは、自然復元・回復・再生のために、法制度を必要としている記述は見当たらなかった。カナダやニュージーランドのように、複数の自然環境の保全に関連する立派な法制度が存在する国では、「自然再生推進法」のようなものは、必要ないのかもしれない。たとえば、我が国の「絶滅のおそれのある野生動植物の種の保存に関する法律」を、一部の絶滅の恐れのある種を守るだけではなく、絶滅のランクにいたらないような措置も含めた法制度に衣替えすることが必要ではないだろうか。つまり、「絶滅のおそれのある野生動植物の種の保存および生息地の回復に関する法律（仮称）」として、この法律のもとに、自然の再生や修復、復元を行なうことが望ましいのではないだろうか？

二〇〇二年秋の臨時国会で自然再生推進法案が審議され可決された。WWFジャパンや日本自然保護協会、日本野鳥の会の三団体は、「自然再生推進法案」は急いで可決すべきではなく、広くさまざまなNGOを交えて法案作成段階からあらためて議論したうえで、出なおすべきであると表明した。法案について、さまざまな団体が廃案を要求したり問題点を指摘したが、最終的には、一部修正されて可決した。法案は、五年後に改正されるが、これから五年間、さまざまな自然再生事業が全国で進められると思われる。本書が自然再生にかかわる方々の参考になれば幸いである。

参考文献

Department of Conservation, Ministry for the Environment. 2000. The New Zealand Biodiversity Strategy — Our Chance to Turn the Tide.

Department of Conservation. 2001. July 2000–June 2001. CONSERVATION ACTION, Working with Communities.

Federal Ministry of Environment, Youth and Family, 1998. Austrian.

Government of Ireland. 2002. National Biodiversity Plan.

Government of Niue. 2001. National Biodiversity Strategy and Action Plan of Niue.

Davison G. W. H. 2002. Rehabilitation and Restoration of Habitat Near The Kinabatangan Wildlife Sanctuary. Sabah. Malaysia. WWF Malaysia.

Implementation Strategy for the Convention on Biological Diversity.

IUCN / WWF. 1999. Biodiversity Action Plan, Pakistan.

Ministry of Agriculture and Forests. Ministry of Environment and Water, National Forestry Board, WWF, Bulgarian experts and NGOs. 2001. Strategy for the Protection and Restoration of Floodplain Forests on the Bulgarian Danube Islands. WWF International Danube Carpathian Programme, Vienna.

Minister for Environment and Tourism. Zimbabwe Biodiversity Strategy and Action Plan.

Minister of Supply and Services Canada. 1995. Canadian biodiversity Strategy – Canada's Response to the Convention on Biologcal Diversity.

中村太士　二〇〇二　自然再生事業の現状と課題　環境研究126：五五―六三頁

New Zealand Department of Conservation – Te Papa Atawhai.

Hauser R. 2002. Bulgarian Danube Islands project. WWF Danube–Carpathian Programme.

Thimphu, Bhutan. 1997. Biodiversity Action Plan for Bhutan.

The Federated States of Micronesia. 2002. National Biodiversity Strategy and Action Plan.

ウェブ・サイト

ニュージーランド自然保護局　http://www.doc.govt.nz/index.asp

WWFジャパン　http://www.wwf.or.jp/

3 自然再生事業計画のためのツール

市民と行政との協働による自然再生事業の基礎知識

亀澤玲治

自然再生に向けた政府の取り組み

衰弱しつつある生態系

我が国は、国土が南北に長く、地形の起伏に富むうえ、四季の変化もあいまって、多様で豊かな生態系を有しており、古くから自然と調和した生活の知恵や文化を育んできた。

しかし、ここ数十年のあいだには、高度経済成長期を経て生活水準が向上した一方で、大量生産、大量消費、大量廃棄型の社会経済活動により、環境に大きな負荷を与えてきたことも確かである。

バブル期を経た現在、人工的な構造物のない自然海岸は全国の海岸の六割を切るまでに減少し、干潟も昭和二〇年の六割程度にまで減っている。また、我が国でかつては普通に見られたメダカ、秋の七草のキキョウやフジバカマまでが絶滅危惧種に選定されている。

自然再生の流れの背景には、われわれ日本人の生存と生活の基盤である生態系が、このように衰弱しつつあることがある。

積極的な再生へ

二〇〇一年五月、小泉総理就任のさいの所信表明に「二一世紀に生きる子孫へ、恵み豊かな環境を確実に引き継ぎ、自然との共生が可能となる社会を実現したい」という表現が盛りこまれた。「自然と共生する社会」の実現のためには、残された生態系の保全の強化は当然であるが、それに加え、失われた自然を積極的に再生することにより、衰弱しつつある生態系を健全なものに蘇らせていくことが必要である。

こうした観点から、七月には、総理主宰の「二一世紀『環の国』づくり会議」報告において、「順応的管理の手法を取り入れて積極的に自然を再生する公共事業、すなわち『自然再生型公共事業』の推進が必要」と提言された。一二月の総合規制改革会議による「規制改革の推進に関する第一次答申」でも、「自然の再生、修復の有力な手法のひとつに、地域住民、NPOなど多様な主体の参画による自然再生事業があり、各省間の連携・役割分担の調整や関係省庁による共同事業実施など、省庁の枠を超えて自然再生を効果的・効率的に推進するための条件整備が必要」とされた。

これら一連の流れのなかで、環境省、農林水産省、国土交通省は、二〇〇二年度からの自然再生事業の本格的な実施に向け、各省間の連携事業も含めた予算要求を行なった。

並行して策定作業が進められていた、我が国の自然環境の保全と再生のためのトータルプランとしての生物多様性国家戦略は二〇〇二年三月二七日に決定され、そのなかでも「自然再生」は、今後展開すべき施策の大きな三つの方向のひとつとして、「保全の強化」「持続可能な利用」とともに位置づけられた。

自然再生事業の考え方

自然再生事業とは

生物多様性国家戦略では、「自然再生事業は、人為的改変により損なわれる環境と同種のものをその近くに創出する代償措置としてではなく、過去に失われた自然を積極的に取り戻すことを通じて生態系の健全性を回復することを直接の目的として行なう事業」とされている。

自然再生事業は、欧米諸国を中心に先進的な取り組みがあるが、我が国でも、釧路湿原において、直線化された河川の再蛇行化などにより、乾燥化が進む湿原の再生をめざす事業や、埼玉県・くぬぎ山地区において、産業廃棄物処理施設の集積などにより失われた武蔵野の雑木林の再生を図る事業、霞ヶ浦において、護岸工事が行なわれた岸辺にアサザやヨシなどの湖岸植生を復元する事業などが始まっている。干潟についても、大阪南港野鳥園や大井野鳥公園のように、かつての埋立地を渡り鳥が飛来する干潟に再生した例がある。

順応的な進め方

生態系の健全性の回復には長期間を要することから、一〇年二〇年、さらには一〇〇年二〇〇年単位の長期的な視点のもとに、自然の復元力に委ねる姿勢が欠かせない。自然再生事業は、複雑でたえず変化する生態系を対象とするため、人間が用意した型に自然を押しこめる発想ではなく、自然の推移を踏まえつつ人間側が事業のあり方を変えていくことが求められる。

このため、自然再生事業を行なうさいには、事業着手後も自然環境の復元状況をつねにモニタリングすることが重要である。そのモニタリング結果に科学的な評価を加えたうえで、必要に応じて計画や事業の内容を修正するという柔軟な対応、すなわち順応的・段階的な進め方が、自然再生事業の大きな特徴である。

多様な主体の参画

自然の生態系は、源流域の森林、河川の集水域の湿原や農地、河口部の干潟や海岸、浅海域の藻場などが相互に密接に結びついている。このため、その再生にあたっては、ごく一部の狭い範囲だけを対象とするのではなく、できるだけ広い範囲を対象に総合的に考えることが重要である。

自然再生事業は、このようにある程度広い範囲で考えるべきであり、地域に固有の生態系の再生をめざすものであることから、国、地方公共団体、専門家、地域住民、NPO／NGOなど多様な主体の参画が不可欠である。国も、環境省、農林水産省、国土交通省といった関係各省の横断的な連携が重要となる。そして、こうした地域の多様な主体が、計画段階から事業実施、完了後の維持管理にいたるまで、積極的に参画することが必要となる。とくに、長期間にわたる維持管理が重要な意味をもつ自然再生では、地域の実情に通じ、地域に密着して活動する住民やNPO/NGOなどが重要な役割を担うことになる。

自然再生推進法

制定にいたる経緯

自然再生推進法は議員立法として制定された。その背景としては、先に述べた「二一世紀『環の国』づくり会議」や総合規制改革会議の議論のほか、新たな生物多様性国家戦略の策定作業のなかで自然再生が主要テーマのひとつとなったこと、それらを踏まえ関係各省が自然再生事業の予算を要求していたことが挙げられる。

議員立法の動きは、自民党・公明党・保守党の与党三党に設置されている「環境施策に関するプロジェクトチーム」のなかで、二〇〇一年一〇月、公明党から、自然再生を推進するための法案の検討についての提案が行なわれたことに端を発する。その後、公明党は独自に検討を重ね、同党としての案を二〇〇二年一月下旬にまとめた。

二月には、自民党内に「自然再生プロジェクト推進チーム」が設置され、同党内での検討と与党のプロジェクトチームでの議論が並行して進み、関係各省やNGOからのヒアリングも含め合計十数回の会合を経て、最終的に、五月末に与党としての案が固まった。

自民党案の段階では、三大臣が「共同して」自然再生基本方針の案を作成することとなっていたが、与党内での調整の結果、環境大臣が作成主体とされたほか、これも踏まえて主務大臣の規定の順序として環境大臣を最初に置くことや、関係各省から成る自然再生推進会議の設置が盛りこまれるなど、環境大臣の位置づけ強化と関係各省の連携確保が図られた。

六月から七月にかけては、NGOはじめ各種団体から法案にたいする具体的な意見表明もあり、NPOが主体的にかかわって行なわれている霞ヶ浦のアサザプロジェクトの現地を、民主党が視察するなど各野党でも動きがあった。このうち民主党は与党とのあいだで法案修正に向けた協議を行ない、その結果いくつかの修正が合意された。具体的には、法案の目的・定義・基本理念のそれぞれに「生物多様性の確保」の考え方が明示されたほか、中央に自然再生専門家会議を設置すること、政府の自然再生推進会議や主務大臣が行なう助言のさいにその専門家会議から意見を聴くことなどが盛りこまれるとともに、「五年後の見なおし」が附則に規定された。

修正後の法案は、与党三党および民主党の関係議員により、通常国会（第一五四回国会）会期末が迫った七月二四日、衆議院に提出され継続審議扱いとなった。

一〇月一八日からの臨時国会（第一五五回国会）では、衆議院環境委員会で一一月八日に提案理由説明が行なわれて審議入りし、一二日に法案質疑、一五日に参考人意見陳述が行なわれた。審議の過程で自由党からの要請があり、主務大臣が助言を行なうさいに専門家会議から意見を「聴くことができる」とあるのを「聴くものとする」とすること、施行後五年間は環境影響評価法の施行状況などに配慮すること（附則に追加）、について修正が合意されたほか、施行日（附則）が二〇〇二年一二月一日から二〇〇三年一月一日に修正されて、二〇〇二年一一月一九日に衆議院を通過し参議院に送付された。

参議院では、一一月一九日に環境委員会の現地視察の後、二六日に提案理由説明、二八日に参考人意見陳述が行なわれた。その後、一二月三日には法案質疑ののちに環境委員会で採択され、翌四日、参議院本会議で可決、成立した。

なお、参議院環境委員会では、自然再生事業の趣旨の徹底、客観的かつ科学的知見にもとづく評価の重要性と専門家の参加による調査の必要性、自然再生協議会の組織・運営の適正化、自然再生推進会議と自然再生専門家会議の透明性の確保、ＮＰＯなどの参加の公平性の確保と支援措置、地方公共団体による施策の尊重と支援措置、などについて、政府が自然再生推進法の施行にあたって適切な措置を講ずべき旨の付帯決議が採択されている。

法律の概要

自然再生推進法は議員立法であるが、環境省、農林水産省、国土交通省は法案作成の過程でヒアリング等を受けるなどの対応を行なったほか、成立後は主務大臣として同法律を運用する立場にある。法律

の概要は以下の通りである

自然再生推進法の概要

目的

自然再生を総合的に推進し、もって生物多様性の確保を通じて自然と共生する社会の実現を図り、あわせて地球環境の保全に寄与すること。

定義

「自然再生」を、過去に損なわれた自然環境を取り戻すことを目的として、関係行政機関、地方公共団体、NPOなどの地域の多様な主体が参加して、自然環境の保全、再生、創出などをすることと定義。「自然再生事業」を、自然再生を目的として実施される事業と定義。

基本理念

●地域の多様な主体による連携・透明性の確保・自主的かつ積極的な取り組みによって行なわれるべきこと。

●地域の自然環境の特性、自然の復元力、生態系の微妙な均衡を踏まえ、科学的な知見にもとづいて行なわれるべきこと。
●自然再生事業の着手後においても自然再生の状況を監視し、その結果に科学的な評価を加えて事業に反映させる方法により行なわれるべきこと。

自然再生基本方針の策定

●政府は、自然再生に関する施策を総合的に推進するための基本方針を閣議決定。
●基本方針の案は、環境大臣が、農林水産大臣および国土交通大臣と協議して作成。このさい、広く一般の意見を聴取。
●おおむね五年ごとに見なおし。

自然再生事業の実施

①自然再生事業を実施しようとする者（実施者）は、地域住民、NPOなどの自然再生の参加者ならびに関係地方公共団体および関係行政機関とともに、自然再生協議会を組織。
②協議会は、自然再生全体構想の作成、自然再生事業実施計画の案についての協議、自然再生事業の実施にかかわる連絡調整を実施。
③実施者は、自然再生基本方針および協議会における協議結果にもとづき、自然再生全体構想との整合性をとったうえで、自然再生事業実施計画を作成。
④実施者は、自然再生事業実施計画を主務大臣および都道府県知事に送付。主務大臣は、必要に

応じ助言、そのさい、自然再生専門家会議の意見を聴取。
⑤実施者は、土地所有者などと協定を締結してその維持管理を実施。

国および地方公共団体が講じる措置等

（主務大臣）実施者の相談に応じるための体制整備
（国・地方公共団体）財政上の措置のほか、自然環境学習の振興、情報提供、科学技術の振興など

自然再生推進会議と自然再生専門家会議

●政府は、環境省、農林水産省、国土交通省その他の関係行政機関の職員をもって構成する自然再生推進会議を設け、自然再生の総合的、効果的かつ効率的な推進を図るための連絡調整を実施。
●環境省、農林水産省および国土交通省は、自然再生専門家会議を設け意見聴取。

主務大臣

環境大臣、農林水産大臣および国土交通大臣

ア　目的（第一条）

自然再生についての基本理念を定めること、実施者等の責務を明らかにすること、自然再生基本方針の策定など自然再生を推進するために必要な事項を定めること、などにより自然再生に関する施策を総合的に推進すること、そして、そのことによる生物多様性の確保を通じた自然と共生する社会の実現、地球環境の保全への寄与、が法律の目的として掲げられている。

イ　定義（第二条）

この法律における「自然再生」とは、過去に損なわれた生態系その他の自然環境を取り戻すことを目的として、国の出先機関等の関係行政機関、都道府県や市町村等の関係地方公共団体、地域住民、NPO、専門家など、その地域の多様な主体が参加して、自然環境の保全、再生、創出や維持管理を行なうこと、と定義されており、その自然再生を目的として実施される事業が「自然再生事業」とされている。

このうち「保全」は、自然が完全に失われてしまう前に少し手を加えることなど、自然環境の良好な状態を積極的に維持しようする行為、「維持管理」は、自然再生事業の着手後においても自然再生の状況を監視（モニタリング）することなど、土地の管理も含めた長期間にわたる行為、と解される。また、パリやニューヨークなど欧米の都市に見られる大規模な緑の空間を、東京・大阪など過密化した大都市において新たに「創出」することも、失われた都市の自然生態系を取り戻すという意味で自然再生にあたるとして、定義のなかに加えられている。

なお、自然再生事業が、人為的改変にともなう代償措置を含まないことは、生物多様性国家戦略にも明記されている。

ウ　基本理念（**第三条**）

自然再生の基本理念として、①生物多様性の確保を通じた自然と共生する社会の実現などを旨とすること、②地域の多様な主体による連携・透明性の確保・自主的かつ積極的な取り組みによること、③地域の自然環境の特性、自然の復元力、生態系の微妙な均衡を踏まえ、科学的な知見にもとづくべきこと、④自然再生事業の着手後も自然再生の状況を監視（モニタリング）し、その結果に科学的な評価を加え、これを事業に反映させる方法（順応的管理）により行なわれるべきこと、⑤自然環境学習の場としての活用への配慮が必要なこと、が規定されている。

とくに、科学的な知見にもとづくべきことを規定した③や、モニタリングの結果、必要であれば計画や事業を見なおすという柔軟な進め方を意味する④に、自然再生事業の特徴が現われている。また、②で「地域の」とあるのは、自然再生が、地域に固有の自然を取り戻すものであることから、それぞれの地域における多様な主体が、その自主性を発揮して実施されるべきであるとの趣旨によるものである。

エ　実施者等の責務（**第四・五条**）

国および地方公共団体が、地域住民、NPOなどの民間団体などが行なう自然再生事業について、助言などの必要な協力を行なうこと（第四条）や、自然再生事業を実施しようとする者（実施者）が、事業に主体的に取り組むこと（第五条）についての努力規定である。

この場合、河川法や港湾法などにもとづき対象区域を管理する者から委託を受けて自然再生事業を実施しようとする者も実施者に含まれるとの規定があるが、これは、たとえば、河川敷の一部において、河川管理者から委託を受けたうえで、自然再生事業を行なおうとするNPOなど、自らの意思で自然再生事業を主体的に実施する者が想定される。河川敷の自然再生の工事をたんに請け負う業者については、自らの意思で自然再生事業を実施しようとする者とはいえないことから、実施者には含まれない。

オ　他の公益との調整（**第六条**）

自然再生と、たとえば災害防止など他の公益との調整の必要性を一般的に規定したものであり、自然公園法等に同様の規定がある。具体的にはそのときどきの情勢やその場所ごとの実状などにより個々に判断されるものであり、つねにどちらかが必ず優先するという趣旨ではない。

カ　自然再生基本方針（**第七条**）

政府は、自然再生に関する施策を総合的に推進するための基本方針（自然再生基本方針）を定める。その案は、環境大臣が作成して閣議の決定を求めるが、案の作成にあたって、あらかじめ農林水産大臣と国土交通大臣に協議するとともに、パブリックコメントなどにより広く一般の意見を聴くことになる。

自然再生基本方針には、①自然再生に関する基本的事項、②自然再生協議会に関する事項、③自然再生全体構想および実施計画に関する事項、④自然環境学習の推進に関する事項、などが定められる。①は、基本理念（第三条）をより具体化することや国・地方公共団体が講ずべき措置（第一六条）について基本的な考え方を記述することなどが考えられる。

なお、自然再生基本方針は、自然再生事業の進捗状況などを踏まえて、おおむね五年ごとに見なおすことが規定されている。

キ　自然再生協議会（第八条）

それぞれの地域において自然再生事業を実施しようとする場合、実施しようとする者（実施者）が、地域住民、NPO、専門家、土地所有者など、自然再生事業やそれに関連して行なわれる自然環境学習などに参加しようとする者と行政で構成される自然再生協議会（協議会）を組織することを定めている。自然再生事業を実施しようとする者であれば、地域住民やNPOなども、自ら賛同者を募って協議会を組織することができる。条文中のメンバーは例示であり、NPO法にもとづくNPOだけでなく、NGOも参加が可能である。協議会は、その地域の多様な主体により構成されることが基本であるが、その地域の自然再生に積極的に参加し活動するのであれば、その地域以外からの参加も可能である。なお、地元の都道府県や市町村、国の出先機関などの行政は協議会に必ず加わることとなるが、なかでも環境省は、自然再生事業を行なう立場はもちろん、関係行政機関のひとつとして、各地の協議会への積極的な参加が欠かせない。

協議会が行なう事務としては、①自然再生全体構想（全体構想）の作成、②自然再生事業実施計画（実施計画）の案の協議、③自然再生事業の実施にかかわる連絡調整、が定められている。

このうち①の全体構想では、自然再生基本方針に即して、自然再生の対象区域、自然再生の目標、協議会の参加者とその役割分担、その他自然再生の推進に必要な事項、を定めることになる。全体構想は、個々の実施者がそれぞれの実施計画にもとづいて行なう自然再生事業がばらばらに実施されることのないように、全体的な方向性をもってこれらを束ねるものである。その意味で、個々の事業区域のすべてを包含するある程度まとまった地域全体を対象区域とし、全体としてめざすべき自然再生の目標を定めることになる。この場合の目標は、自然の再生状況のモニタリング結果により事業や計画の内容を柔軟に見なおしていくさいの基準にもなることから、わかりやすい形で定めることが望まれる。

全体構想で定めるべき「その他自然再生の推進に必要な事項」としては、たとえば、目標の達成のために必要と考えられる個々の具体的な自然再生事業の種類や全体的なモニタリングに関する事項、自然再生に関連して行なわれる自然環境学習に関する事項などが想定される。

協議会は、個々の自然再生事業が動き出してからの連絡調整も行なうこととされており、それぞれの実施者が行なう自然再生事業の実施状況を随時フォローし、全体構想に照らして各事業間の調整を総合的に行なう役割も期待される。

協議会の組織および運営は、透明性と公平性が求められることは当然であるが、その具体的な事項は協議会自身が定めることになっており、それぞれの地域の実情に応じた柔軟な対応が可能である。

ク　自然再生事業実施計画（**第九条**）

それぞれの地域で自然再生事業を行なう場合、実施者は、自然再生基本方針にもとづいて自然再生事業実施計画（実施計画）を作成する。実施計画には、実施者名および所属する協議会名、事業対象区域と事業内容、周辺地域との関係や自然環境保全上の意義・効果、その他自然再生事業の実施に必要な事項、が定められる。

実施計画は、全体構想のなかでの位置づけや他の実施者が行なう事業との関係も踏まえて作成すべきものであり、この観点から、全体構想と整合性をとるべきこと、協議会のなかでの十分な協議結果にもとづいて作成すべきこと、が規定されている。

実施計画は、全体構想とともに主務大臣と関係知事に送付され、送付を受けた主務大臣および関係知事は実施計画に関して必要な助言ができる。主務大臣が助言を行なう場合は、自然再生専門家会議（第一七条第二項）の意見を聴くこととされている。

ケ　協定（第一〇条）

自然再生事業の着手後においても自然再生の状況をモニタリングすることや他地域から侵入する移入種を丁寧に取り除くことなど、生態系の健全性の回復のためには、長期間にわたる維持管理がとくに重要であることを踏まえ、こうした維持管理を行なう実施者が土地所有者などとのあいだで協定を結ぶことを想定した規定である。ただし、協定そのものは、維持管理のための一般的なものであり、この法律により特別の効力が与えられるわけではない

コ　体制整備（第一一条）

実施者が自然再生事業を実施しようとする場合に、相談できる窓口などの体制整備を主務大臣に求めた規定である。環境省、農林水産省、国土交通省のそれぞれの出先機関で相談に応じる体制を整えるだけでなく、実施者が同じ内容であちこちに出向く煩雑さを避けるためにも、都道府県・市町村の関係部

局を含めた行政機関相互のネットワークの構築が期待される。

サ　配慮（第一二条）

国または地方公共団体が自然再生事業に関連した許可その他の処分を求められた場合に、個々の自然再生事業の円滑かつ迅速な実施に支障がないよう配慮を求めた規定であり、関係法令にもとづく規制を緩和したり必要な手続を省略するといった趣旨ではない。たとえば、環境影響評価法にもとづく環境アセスメントが必要な規模の自然再生事業であれば、同法にもとづく所要の手つづきが必要なことはいうまでもない。

シ　公表および報告（第一三・一四条）

主務大臣が、自然再生事業の進捗状況を毎年公表すること、送付を受けた実施計画と全体構想を公表することを規定するとともに、公表のために必要な範囲で個々の実施者にたいしそれぞれの実施計画の進捗状況について報告を求めることができる旨規定している。

ス　必要な措置（第一五・一六条）

国および地方公共団体に、自然再生の推進のために必要な財政上の措置、自然環境学習の振興および広報活動の充実のために必要な措置、自然再生に関する情報提供、自然再生に関する科学技術の振興、地域の環境と調和のとれた農林水産業の推進、を求めた規定である。第一五条（財政上の措置等）は一般的な規定であって、補助率のかさ上げなど特定の財政措置の根拠となるものではないため、この法律の成立によって自動的に自然再生事業の予算が増えるということにはならない。実態として考えられるのは、個々の事業予算について、関係各省がそれぞれのかぎられた予算の範囲内で配分の重点化を図ることなどであろう。

「地域の環境と調和のとれた農林水産業の推進」とは、農林水産業が自然の物質循環機能を活用した持続的な生産活動であることを踏まえた規定である。具体的には、自然再生事業の対象区域周辺で行なわれる農林水産業が、農薬や化学肥料などの使用の節減、抜き伐りや伐期の長期化などによる森林機能の増進、漁場環境の再生状況に応じた漁期の設定などを図ることなどが考えられる。

セ　自然再生推進会議および自然再生専門家会議（第一七条）

政府は、環境省、農林水産省、国土交通省など関係行政機関で構成する自然再生推進会議を設けることとされている。自然再生の総合的、効果的かつ効率的な推進を図るための実務的な連絡調整の場としての同推進会議の設置により、関係各省間の横の連携の強化が期待される。

この法律はボトムアップの考え方にもとづいているため、行政側が事業を選定する仕組みにはなっていないが、NPOが行なう自然再生事業と連携し、国としても基盤的な整備などの事業を分担して実施することや地方公共団体が行なう事業に補助することが想定される。このようなかたちで国が自然再生事業に関与する場合には、かぎられた予算の範囲内での効果的・効率的な自然再生の推進を図るため、推進会議の場を活用して関係各省間の連絡調整を行なうことも考えられる。

また、環境省、農林水産省、国土交通省が、自然環境に関し専門的知識を有する者から成る自然再生専門家会議を設けることも規定されており、推進会議において自然再生の推進を図るための連絡調整を行なうさいには、同専門家会議の意見を聴くこととされている。

ソ　主務大臣（第一八条）

この法律における主務大臣は、環境大臣、農林水産大臣、国土交通大臣と定められている。環境大臣が最初に掲げられているのは、環境大臣が、自然再生基本方針の案を作成し閣議の決定を求める事務を担うなど、三大臣のなかでの相対的な位置づけの違いを踏まえたものといえる。

タ　附則

法律は二〇〇三年一月一日に施行されるが、その後、政府において速やかに基本方針の策定作業に着手し、パブリックコメントなど所要の手つづきを経て、基本方針が閣議決定されてから本格的な施行となる見こみである。

環境影響評価法の施行状況などへの配慮については、同法にもとづくアセスメントを実施した事業は、その時点における科学的評価にもとづき、適切な環境保全措置を講じたうえで実施されていると考えられることから、短期間のうちに、その場所をふたたびもとの自然な状態に戻すことは考えにくい、という国会での議論を踏まえた規定である。自然再生推進法の施行にあたり、環境影響評価法などにもとづく環境保全措置や将来の環境対策などとの矛盾が生じないようにすることは当然であるが、法律施行後しばらくのあいだは、その趣旨を十分周知する必要があるとの観点から、附則に明文化されている。

施行後の検討に関する規定は、自然再生事業が、NPOをはじめとする多様な主体の参画による地域主導の新たなかたちの事業と位置づけられていることも踏まえた規定であり、施行後五年を経過した時点での各地域における自然再生事業の実施状況や地域が抱える課題などを検証し、その結果にもとづいて制度面の見なおしを含めた措置を講ずべきことを定めたものである。

法律制定の意義

自然再生推進法は、新たな規制や直接的な財政措置などを含まないゆるやかな法律である。しかしながら、この法律の成立によって、①地域住民やＮＰＯなどが事業の初期の段階から参画するなど地域の自主性を尊重した仕組み、②地域における協議会や関係各省から成る自然再生推進会議など横の連携を確保する仕組み、③事業の着手後においても自然再生の状況をモニタリングし、その結果を事業にフィードバックするなど息の長い取り組みが必要な仕組み、などの新しい枠組みが制度的に担保されることから、自然再生の取り組みが将来にわたってより着実に進むことが期待される。

法律では、自然再生を、国から都道府県へ、都道府県から市町村へ、というトップダウンではなく、地域の自主性・主体性を尊重したボトムアップの考え方が採用されている。このため、地域がつくる実施計画は、国が許可や認可というかたちでふるいにかけるのではなく、送付しさえすればよく、必要があれば助言を受ける、というように国の関与は極力抑えられている。その分、地域の責任は重く、とくに専門家やＮＰＯ／ＮＧＯの位置づけが重要となる。自然再生は、それぞれの地域に固有の生態系を取り戻すことをめざすものであり、地域の自然にくわしい専門家が責任をもって科学的な客観性の確保に努めることや、地域の自然再生に熱意をもって自ら汗を流すＮＰＯ／ＮＧＯが、行政と地域、あるいは行政機関相互のあいだをつなぐ役割を果たすことなどが求められている。

自然再生事業の実際

①法律にもとづく自然再生事業の流れ（図12・1）

地域の自然を再生しようという場合、それを自然再生事業として具体化する手順としては、協議会の立ち上げ、全体構想の策定、実施計画の作成・主務大臣への送付、再生事業の実施・モニタリング、というのがおおまかな法律上の流れである。

ア　協議会の立ち上げまで

ある地域で自然再生を行なうといっても、当然ながら、ただちに協議会が動き出すわけではない。協議会の立ち上げのためには、地域のなかでの賛同者あるいは理解者を増やす地道な努力がまずは必要になる。

法律でいう自然再生事業には規模要件があるわけではなく、個々の実施者が行なう事業自体は小さいものも含まれるであろうが、地域全体としてめざすべき自然再生は広域的な視点でとらえることが必要である。たとえば、かつての干潟を取り戻そうとする場合、周辺の海域やその海岸に接する陸地部分はもちろんであるが、そこに流れこむ河川からの流入負荷や供給土砂、さらにその河川の流域に存在する森林・農地・市街地との関係、そして、再生する干潟への貝などの幼生の供給源となりうる湾内の他の干潟の保全、湾内の海流の動き、漁業との関係など、じつに多くの要素が複雑に絡み合っている。関係

図12・1　自然再生推進法のフロー図

NPO をはじめとする多様な主体の参画と創意による地域主導の新たなかたちの事業―自然再生事業―を推進

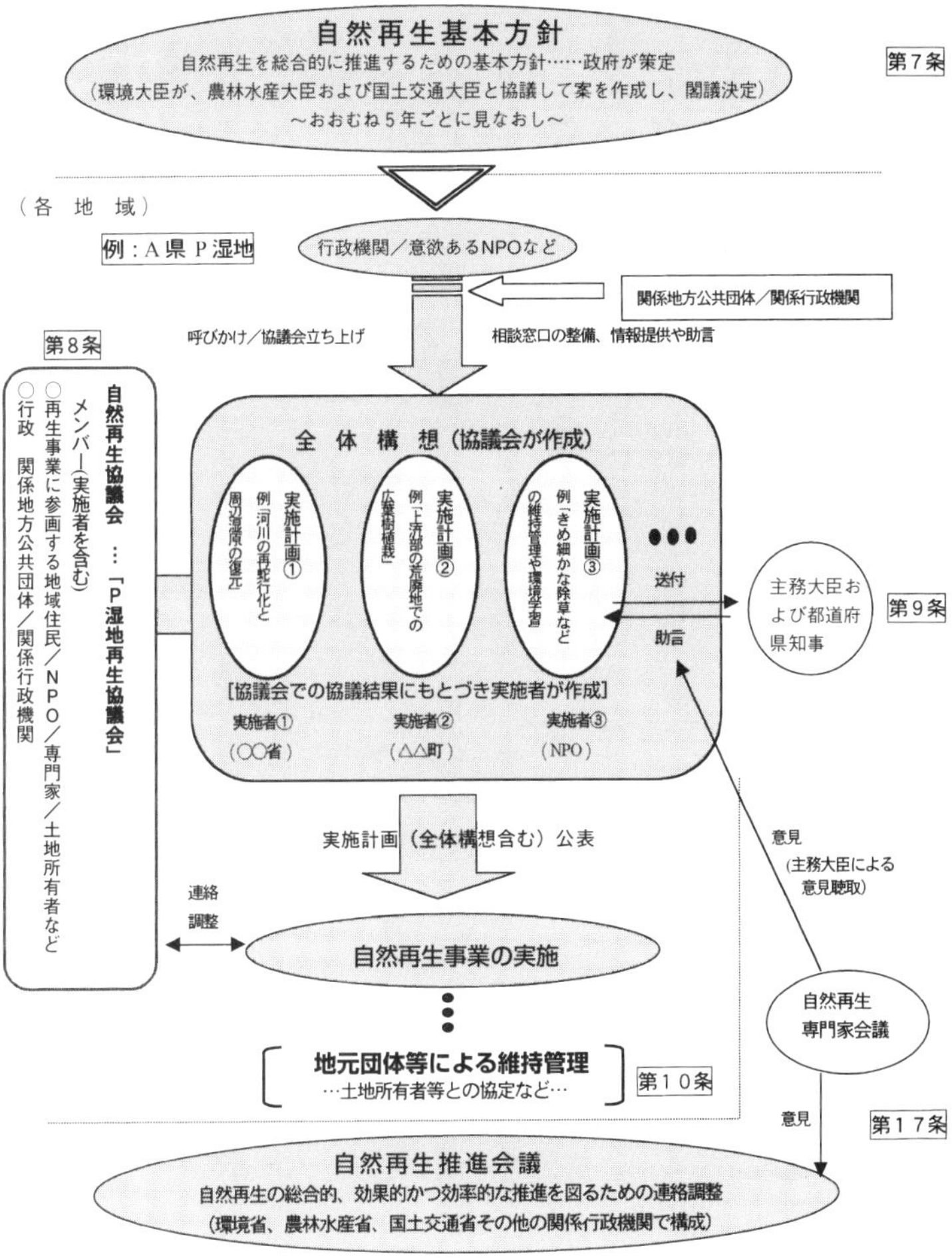

者も、行政だけでも、環境、港湾、水産、河川、農業、都市などの部局にまたがるほか、農協・漁協や森林組合、土地改良組合、さらには、学校や地元企業、市民団体など多岐にわたる。

このため自然再生の範囲を水源地域にまで広げるとか、流域全体で考えることが必要になるが、そこに存在する多くの関係者の賛同をすべて取りつけてからスタートするというのは現実的とはいえない。このような場合には、ある程度の広がりが確保できる一部の地域を対象として自然再生の取り組みにまずは着手したうえで、並行してより広い範囲での理解者を増やす努力を継続し、理解が得られれば協議会に途中から参加してもらうことも考えられる。

協議会の立ち上げにあたっては、市民レベルでの理解者に加え、行政の関与が重要なポイントになる。自然再生の対象としようとする土地は、行政など公的な主体が所有者や管理者であるケースが多いと思われるし、人為により損なわれた自然を取り戻すためには、土木的な手法やそれなりの経費がかかるから、土木部局や農林水産部局の積極的な姿勢が欠かせない。

なお、協議会の組織・運営は地域に委ねられており、メンバーの合意さえあれば、インターネットやメーリングリストの活用など、必ずしもメンバー全員が一堂に会する形式でなくともよく、地域の工夫と創意を活かしたさまざまなかたちが考えられる。

イ　全体構想の策定

全体構想は、ある程度まとまった地域全体を対象として、めざすべき自然再生の目標を定めることになるが、具体的にどのような自然を取り戻すか、どこまで戻すのかといった目標は、自然再生事業を行なう場所を取り巻く地域の条件により異なってくる。このため、協議会に参加する専門家が中心となって、生態系の現況、過去の自然の状況、地域の産業動向といった科学的および社会的な情報を収集し、それを地域住民、NPOなどを含む地域の関係者が共有したうえで、社会的な合意を図りながら目標設定を行なうことが重要である。

全体構想は、実施計画のより上位の構想として、地域の自然再生の全体的な方向性を長期的な観点に立って定めるものであるから、たびたび変更するような性格のものではない。ただし、長期的・継続的なモニタリングの結果によっては、実施計画だけでなく全体構想にまで立ち返って見なおすという柔軟な姿勢は必要であろう。

全体構想の具体的なイメージとしては、釧路湿原において「釧路湿原の河川環境保全に関する検討委員会」から出された「釧路湿原の河川環境保全に関する提言」(二〇〇一年三月)が、ひとつの例として挙げられる。

ウ　実施計画の作成・主務大臣への送付

実施計画は、それぞれの実施者が作成することとなるが、他の実施者による自然再生事業と一体で行なう方が効率的あるいは効果的な場合には、複数の実施者が連名で実施計画を作成することも考えられる。

実施計画で定める事項として「対象区域の周辺地域の自然環境との関係や自然環境保全上の意義・効果」が含まれているのは、実施計画策定にあたり自然環境保全の観点からの科学的評価の必要性を踏まえたものであり、自然再生事業の着手前の十分な調査が重要となる。その意味でも、事業の発案や調査設計という初期の段階から、自然再生協議会に自然環境の専門家が参加することには大きな意義がある。

主務大臣および都道府県知事が全体構想と実施計画の送付を受けたさいには、基本方針との整合性を含めたチェックが行なわれ、必要に応じて助言が行なわれる。主務大臣が助言を行なうさいには、自然再生専門家会議の意見を聴くことになるが、その意見としては、全国的な事例や諸外国における先進的な例を踏まえた大所高所からの意見や技術的なアドバイスが期待される。

なお、実施計画のあて先を三大臣連名とし、事業内容から見てもっとも関係の深いひとつの省に送れば、その省から他の二省にコピーを送るといった実施者を煩わせない措置がとられる見こみである。

エ　自然再生事業の実施・モニタリング

自然再生事業の実施にあたっては、事業に必要な材料、植物の種子・苗、昆虫類などを遠く離れた他の地域からもちこまないことをはじめ、生物多様性の確保に努めることが重要である。また、間伐材や粗朶などの地域の自然資源を活用することや、大型機械より人の力を活用した作業など、きめ細かい丁寧な手法により自然の再生を進めることも必要である。

自然再生事業は、人間がきっかけづくりを行なうにすぎず、自然の回復のプロセスのなかで補助的に人の手を加えるもの、と認識すべきである。したがって、長期間にわたるモニタリングを行ない、その結果に応じて事業を見なおしつつ、息の長い取り組みとして進めていくことになる。具体的には、実施者が行なうモニタリングの結果について、協議会のなかで専門家が中心となって科学的評価を行ない、その評価結果を各実施者が事業に反映していく、という流れになる。このように、自然再生事業を科学的知見にもとづいて適切に実施するためには専門家の参加が不可欠であり、地域の専門家が中心となった分科会や小委員会を協議会のなかに設置し、モニタリング結果を科学的に評価する体制をつくること、また、そのことを通じて協議会が自然再生事業を長期的にフォローしていくことも必要となる。

なお、長期間にわたる取り組みゆえ、協議会のなかで一定の役割を果たしているNPOなどが、何らかの理由で解散するとか協議会から離脱するといった事態が生じる可能性も現実の問題としては想定される。このような場合には、そのNPOなどが担っていた実施計画を継続する必要があるのか、あるとすれば誰がどのように引き継ぐのか、といった点についての検討が必要であり、協議会としての対応が求められる。

今後の方向

自然再生事業は、とくに、関係各省の連携や調査計画段階からの市民参加という点、自然の再生状況を確認し必要に応じてフィードバックを行なう順応的・段階的な手法で進めるという点で、新しいかたちの事業といえる。また、短期間に「完成」をみるものではなく、自然が復元していく「始まり」にすぎない、という点にも留意する必要がある。自然再生事業の定着のためには、このような観点も踏まえ、成果を急がない長期的な視点が不可欠である。

自然再生推進法の施行は二〇〇三年一月一日であるが、その後、政府において、二〇〇二年度末を目途に自然再生基本方針の策定作業が進められ、それを経てはじめて本格的な施行となる。今後、各地域での実績がひとつひとつ積み重ねられることがなにより重要であるが、その積み重ねのなかから、また新たな課題が出てくることも予想される。そのときには、制度面の見なおしも含めた柔軟な対応、すなわち順応的な姿勢が欠かせない。

二〇〇三年四月一日に閣議決定された自然再生基本方針は、自然再生事業が代償措置は対象としないことやモニタリング結果によっては中止も含めて見直すことなどを盛り込んでいる。また、専門家の参加が特に重要なことや公開を原則とすることなど協議会に関する留意点を掲げ、全体構想及び実施計画については、よりよい方法の有無の検証や他地域からの動植物の導入を防ぐ必要性など、幅広く記載している。

基本方針の決定に加え、主務省庁と文部科学省からなる自然再生推進会議と保全生態学や海洋環境学などの分野やNGOを含む12名の専門家からなる自然再生専門家会議が同年十月十六日に発足したことで自然再生推進法の基盤が整った。これと前後して七月五日には荒川中流域で、十一月十五日には釧路湿原で自然再生協議会が発足した。

自然は歴史や文化とともに地域の個性であり、自然再生は地域再生でもある。各地で動き始めたばかりの自然再生は、地域の和、科学の目、自然の力を統合した取り組みとして、それぞれの地域の未来ひいてはわが国の未来づくりにつながっていくはずだ。（二〇〇四年二月追記）

自然再生を総合的に推進するための「自然再生基本方針」とは

草刈秀紀

はじめに

自然再生推進法の第七条にもとづき、自然再生事業を行なってゆくべき基本的な方針「自然再生基本方針（以下、基本方針）」がパブリックコメントにかけられた。この基本方針は、あらかじめ農林水産大臣と国土交通大臣に協議したうえで、パブリックコメントにより広く一般の意見を聴くことになっている。二〇〇三年一月二七日から二月二四日までパブリックコメントが行なわれ、九八の個人・団体から三三〇件の意見が提出され、修正された。

基本方針の項目は、法案に明記されている通り、①自然再生に関する基本的方向、②自然再生協議会に関する基本的事項、③自然再生全体構想および実施計画に関する基本的事項、④自然再生に関して行われる自然環境学習の推進に関する基本的事項、⑤その他自然環境学習の推進に関する基本的事項の五つから成り立っている。

パブリックコメントの結果、若干の改善がみられたが、具体性な記述に欠けているのは否めない。何をめざしているのか、どのような自然環境に回復するべきなのかが読みとれない。また、現在提示されている基本方針には、国土の自然再生に関するグランドデザインのイメージや必然性が書かれていない。

自然再生推進法は、二〇〇二年秋の国会でさまざまな団体から問題点を指摘された。WWFジャパンをはじめ日本自然保護協会や日本野鳥の会ほか六団体は、法案に、国土の自然再生に関するグランドデザイン「自然再生基本計画（以下、基本計画）」の必要性を提言した（図13・1。前項の「市民と行政との協働による自然再生事業の基礎知識」の図12・1も参照）。

自然再生基本計画について

基本計画には、野生生物の生息環境の保全、再生、創出、維持管理、民間団体の支援策、自然環境学習の推進に関する具体的な目標、実施スケジュールなど、国土をどのような自然に再生したいか具体的な青写真（基準）が提示されていなければならない。基本方針と基本計画を照らし合わせながら全国各地で、各地域ごとに地域版「自然再生計画」を協議会で合意のうえ、自然再生事業を進めるべきである。

ここでは、基本方針に欠けている内容をおぎないつつ今後自然再生活動を行なう方々の参考になることをまとめてみた。

図13・1　自然再生推進法へのNGO提言によるフロー図

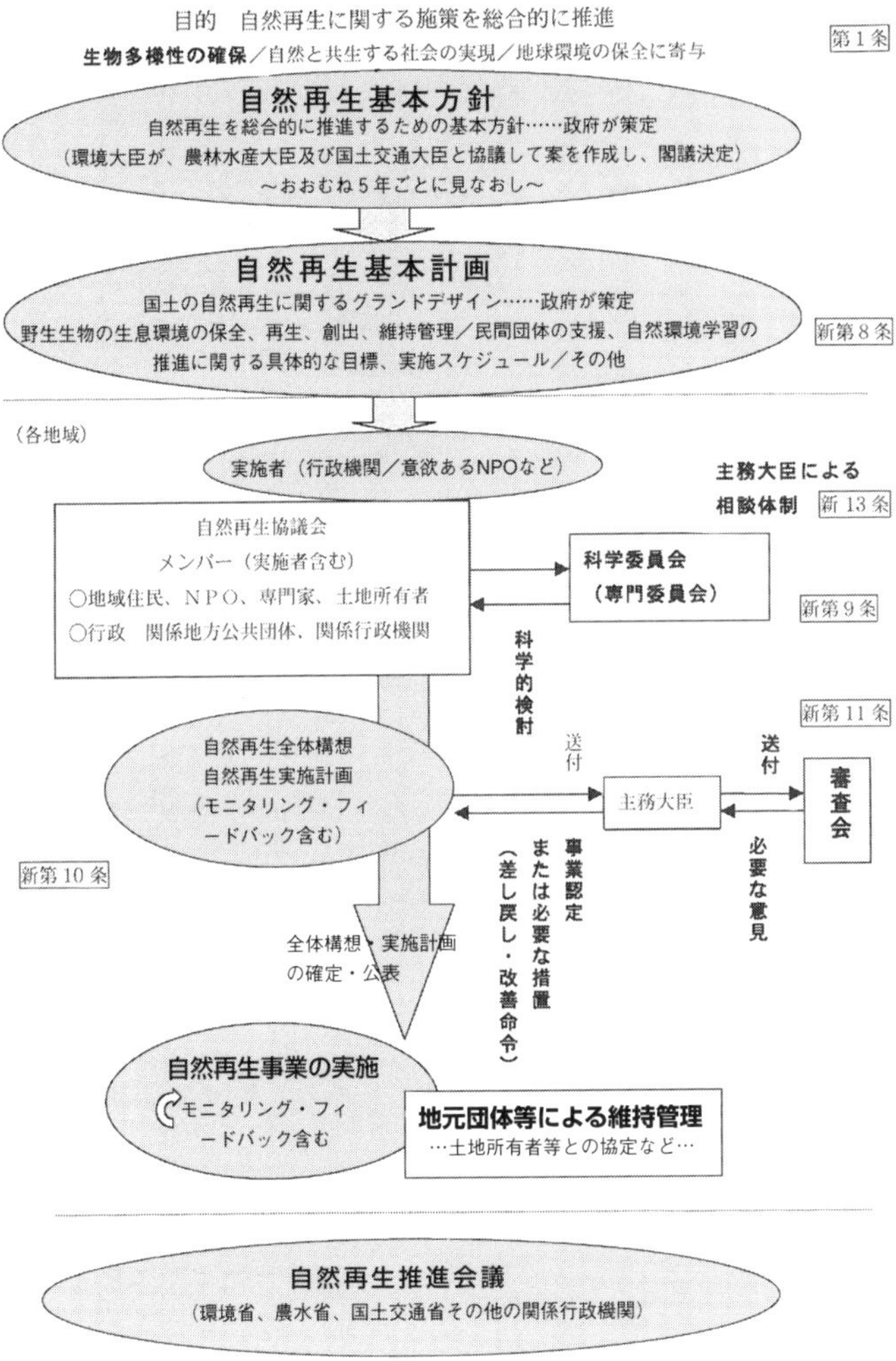
目的　自然再生に関する施策を総合的に推進
生物多様性の確保／自然と共生する社会の実現／地球環境の保全に寄与
第1条
自然再生基本方針
自然再生を総合的に推進するための基本方針……政府が策定
（環境大臣が、農林水産大臣及び国土交通大臣と協議して案を作成し、閣議決定）
～おおむね5年ごとに見なおし～
自然再生基本計画
国土の自然再生に関するグランドデザイン……政府が策定
野生生物の生息環境の保全、再生、創出、維持管理／民間団体の支援、自然環境学習の推進に関する具体的な目標、実施スケジュール／その他
新第8条
（各地域）
実施者（行政機関／意欲あるNPOなど）
主務大臣による相談体制
新13条
自然再生協議会
メンバー（実施者含む）
○地域住民、ＮＰＯ、専門家、土地所有者
○行政　関係地方公共団体、関係行政機関
科学委員会（専門委員会）
新第9条
科学的検討
新第11条
自然再生全体構想
自然再生実施計画
（モニタリング・フィードバック含む）
送付
主務大臣
送付
審査会
必要な意見
事業認定または必要な措置（差し戻し・改善命令）
新第10条
全体構想・実施計画の確定・公表
自然再生事業の実施
モニタリング・フィードバック含む
地元団体等による維持管理
…土地所有者等との協定など…
自然再生推進会議
（環境省、農水省、国土交通省その他の関係行政機関）

自然再生推進に関する基本的方向

日本の自然環境を取り巻く状況と自然再生の方向性（ア　事業の対象、イ　地域の多様な主体の参加と連携、ウ　科学的知見にもとづく実施、エ　順応的な進め方、オ　環境学習の推進、その他）について記述されている。

「自然再生の方向性」では、パブリックコメントの結果『わが国での自然再生を考える際には、地域における自然を取り巻く状況をよく踏まえることが必要です。』の一節に、生態系や水環境、移動性のある野生生物に配慮する注意点が加わり次のように修正された。

『わが国での自然再生を考える際には、地域の自然環境の特性や社会経済活動等、地域における自然を取り巻く状況をよく踏まえるとともに、これらの社会経済活動等と地域における自然再生とが相互に十分な連携を保って進められることが必要です。さらに、森林、農地、都市、河川、海岸等の生態系は、流域の水環境、物質循環等を介して密接な関係を有していることや、広い範囲を移動する野生生物の生態学的特性を踏まえ、地域の自然再生を進めるにあたっては、周辺地域とのつながりや流域単位の視点などの広域性を考慮する必要があります。』

また、行なうべき自然再生の視点として三つ上げられているが、ここは重要なポイントなので解説をつける。

『①過去の社会経済活動等により損なわれた生態系その他の自然環境を取り戻すことを目的とし、健全で恵み豊かな自然が将来世代にわたって維持されるとともに、地域固有の生物の多様性の確保を通じて自然との共生する社会の実現を図り、あわせて地球環境の保全に寄与することを旨とすべきこと。』「その他の自然環境」……曖昧な表現であろう。過去の社会経済活動により損なわれた生態系を取り戻すことがこの事業のねらいだ。また、「地球環境の保全に寄与すること」……この言葉が指していることは、地球温暖化問題や国際的な条約が求めていることを意味している。たとえば、二〇〇二年一一月、スペイン・バレンシアでラムサール条約の締約国会議が開かれ、決議Ⅷ・一六「湿地復元の原則とガイドライン」が採択された。湿地復元の原則は政策に組みこまれることを意図して作られている。

原則は次のとおり。【日本湿地ネットワーク（JAWAN）資料より】

a　湿地復元計画は、復元可能な国内の湿地の目録にもとづくべきこと。
b　湿地復元計画の最終目標、目的および達成基準の明確さが復元成功の鍵であること。
c　周到な計画によって、副次的な好ましくない影響の可能性を抑えることができること。
d　計画の設計にさいしては自然の過程を考慮し、生態工学を技術に優先すべきこと。
e　価値の高い自然の湿地を、復元の約束と取引すべきでないこと。
f　立案を最小限集水域レベルで企画すべきこと。
g　立案は水の配分原則を考慮しなければならないこと。
h　計画の作成には地域共同体を組み入れ、公開の原則で行なわれるべきこと。
i　復元には長期間の世話が必要であること。

あろう。

j　「順応管理」の原則を採用すべきである。

このような国際的に示されている原則を一般にもわかりやすい言葉で基本方針のなかに述べるべきで

『②地域に固有の生態系その他の自然環境の再生をめざす観点から、地域の自主性を尊重し、透明性を確保しつつ、地域の多様な主体の参加・連携により進めていくこと。』

ここで重要なことは、「地域に固有の生態系」ということである。過去に損なわれた生態系を取り戻すのだから、各地で絶滅危惧種が発見される可能性が高いと思われる。見つかった場合は、その生物の回復計画を事業計画に位置づけることが重要だ。

『③複雑でたえず変化する生態系その他の自然環境を対象とすることを十分に認識し、科学的知見にもとづいて、長期的な視点で順応的に取り組むべきこと。』

ここでも「その他の自然環境」という言葉がでてきているが、自然再生事業を行なう対象を選ぶ場合は、十分な科学的・学術的研究がある地域を対象とすべきである。

ア　自然再生事業の対象

『①良好な自然環境が現存している場所においてその状態を積極的に維持する行為としての「保全」、

②自然環境が損なわれた地域において損なわれた自然環境を取り戻す行為としての「再生」、③大都市など自然がほとんど失われた地域において大規模な緑の空間の造成などにより、その地域の自然生態系を取り戻す行為としての「創出」』が挙げられている。③については、とくにその地域が昔は、どのような自然環境であったのか、十分理解したうえでどのような自然生態系を取り戻すのか検討することが必要である。自然再生と称した公共事業になりかねないので気をつけたい。

イ　地域の多様な主体の参加と連携

『どのような自然環境を取り戻すのかという目標やどのように取り戻すのかという手法の検討などについては、それぞれの地域の自主性・主体性が尊重されるべき』としている。前述したように青写真となるべき、国土の自然再生に関するグランドデザインが作成されないので、各地の多様な主体となる方々が一番苦慮されることになると考える。関係者が同じテーブルについて、自然環境の現状について評価し、自然再生の目標設定などを共有したうえで、さまざまな代替案を提示し、将来像を選ぶ合意形成の過程が重要となる。

ウ　科学的知見にもとづく実施

『自然再生事業は、科学的知見にもとづいて実施するべきであり、地域における自然環境の特性や生態系に関する知見を活用し、自然環境が損なわれた原因を科学的に明らかにするなど、科学的知見の十分な集積を基礎としながら、自然再生の必要性の検証を行なうとともに、自然再生の目標や目標の達成に必要な方法を定めることが必要』とある。まさにそのとおりであるが、全国各地で自然再生事業を進めたいと考えている方々にとっては、科学的知見をどのように収集するかが明記されていない。さまざまな学会や博物館、環境省の生物多様性センターなどから情報収集することが必要になる。

エ　順応的な進め方

『自然再生事業は、複雑でたえず変化する生態系その他の自然環境を対象とした事業であることから、地域の自然環境に関し専門的知識を有する者の協力を得て、自然環境に関する事前の十分な調査を行ない』とある。『地域の自然環境に関し専門的知識を有する者』という曖昧な表現だが、本来であれば保全生態学を専門とする研究者が関与することが望ましい。日本生態学会では、自然再生事業に対応する自然再生専門委員会の設立をめざしている。

オ　環境学習の推進

『地域における自然環境の特性を踏まえ、科学的知見にもとづいて実施される自然再生は、自然環境学習の対象として適切であり、自然再生事業を実施している地域を自然の回復過程等自然環境に関する知識を実施に学ぶ場として十分に活用が図られるよう配慮する必要があります』とされている。大変重要な学習の場として活用していただきたいのだが、地域によってはオーバーユースの問題やマナーの問題が生じる。環境学習のためのルールづくりが必要である。

また、パブリックコメントの結果、次の重要なポイントが加わった。

『過剰な利用により自然再生に悪影響が及ばないようなルールづくりも併せて行なうことや、博物館、公民館等の社会教育施設、学校教育機関及び研究機関等の地域の関係機関との協力と連携を図ることも重要です。』

自然再生協議会に関する基本的事項

すでに、全国でさまざまな事業の協議会がつくられている。今回新たに自然再生事業の協議会をつくることになる。国会の議論では、誰でも手を挙げた人が協議会に加わることができるという無責任な発言があったが、協議会に参加するためには、正しい基準づくりが必要である。私は、国会の参考人質疑のときに愛知万博において愛知万博検討会議設立のための合意事項の例を発言した（この議論は、インターネットでも見られる）。愛知万博で合意したルールを自然再生事業に置き換えると次のようになる。

①協議会の名称は、「〇〇〇協議会」とし、地域住民、NPO、学識経験者、土地の所有者、市民参加などによる合意形成を図るものとする。

②協議会の委員については、地元関係者、自然保護団体、有識者などのバランスに配慮しつつ、自然再生のあり方にたいする明確なビジョンをもった人を選ぶ。

③会議の場を自然再生のプロセスにきちんと位置づけ、段階的に合意形成を図る。

④第一段階の会議の場における議論の重点は、科学的知見もとづく事前の十分な調査を検討するものなどとする。

⑤会議の場においては、情報の共有を図りつつ、複数の案について比較検討を行なう。

⑥会議の場および配付資料は、公開とする。このほか、広く意見を聞くなど、コンセンサスの形成を図る。

とくに自然再生事業については、保全生態学を専門とする研究者などの関与が重要になってくる。協議会の組織化について、『協議会において科学的な知見にもとづいた協議等が行なわれることが重要であることを踏まえ、地域の自然環境に関する専門的知識を有する者の協議会への参加を確保することが重要であること』と明記されてる。また、協議会の運営では、『協議会においては、地域の自然環境に関し専門的知識を有する者の協力を得て客観的かつ科学的なデータにもとづいた協議等がなされるよう地域の実状に応じた体制を整えることが重要であること』と明記されている。この点は、パブリックコメントでは、「専門的知識を有するものの確保が望ましい」とされていたが、当会をはじめ同様な意見が多数出され「重要である」と変更された。、現実に即した体制づくりが必要になってくる。

自然再生全体構想および実施計画に関する基本的事項

全体構想と実施計画は、事業を始めるにあたって核となる部分である。自然再生事業の実施にあたって、自然再生全体構想と自然再生事業実施計画を作成することになる。基本方針では、『全体構想は、自然再生の対象となる区域、自然再生の目標、協議会に参加する者の名称または氏名およびその役割分担、その他自然の再生の推進に必要な事項を定め、地域の自然再生の全体的な方向性を定めること。また、実施計画は、個々の自然再生事業の対象となる区域およびその内容、当該区域の周辺地域の自然環境との関係ならびに自然環境の保全上の意義および効果その他自然再生事業の実施に関し必要な事項を定め全体構想のもと、個々の自然再生事業の内容を明らかにすること』になっている。

全体構想は、まさに地域版、自然再生に関するグランドデザインを示すステージである。協議会を立ち上げるステップで全体構想のイメージを十分共有しつつ作業をすすめることが重要になってくる。事前に、地域の自然環境にかかわる客観的かつ科学的なデータを収集し、必要に応じて詳細な現地調査を実施し、その結果をもとに、地域における自然環境の特性に応じたデザインをつくり上げることが必要である。

とくに、科学的な調査およびその評価の方法では、環境影響評価法の精神に則って保全生態学を専門とする研究者や地域の自然環境に関し専門的知識を有する者から事前の調査とその結果の評価を科学的に行なう方法が必要になる。

実施計画では、『自然再生の対象となる区域とその周辺における自然環境および社会状況に関する事前調査の実施ならびに自然再生事業の実施期間中および実施後の自然再生の状況のモニタリングに関して、その時期、頻度等具体的な計画を記載すること』となっている。ここで重要なのは、モニタリングとフィードバックである。モニタリングの結果を科学的に評価したうえで、問題が生じた場合は、実施計画の立てなおしも必要になってくる。また、外来種の問題など、地域の生物多様性に悪影響を与えることのない計画が必要になる。

協議会をはじめ、全体構想および実施計画の作成にあたっては、その作成過程で資料などの内容にかかわる情報を原則公開とすることが重要である。

自然環境学習の推進に関する基本的事項

自然環境学習の推進については、『自然再生の対象となる区域を自然の回復過程など自然環境に関する知識を実地に学ぶ場とすることが有意義であり全体構想の対象区域内において自然環境学習を実施しようとする者は、自然環境学習の推進に関して、①自然環境学習を含めた自然環境の活用について十分検討し、当該計画において、対象となる区域における具体的な自然環境学習プログラムの整備に努めること、②自然環境学習の円滑な推進のため、ボランティアやNPO等との連関を図りつつ、地域毎に自然環境学習を担う人材の育成に努めること、③自然環境学習の場、機会、人材、プログラム等にかかわる情報を地域のなかで広く共有するよう努めること』とされている。とくに対象地域周辺の学校など教育機関にたいしてどのような試みをしてゆくのか検討することが重要である。本書の「公共事業と自然の再生」の章が参考になる。

その他自然再生の推進に関する重要事項

その他の重要事項については、おおよそ六つのポイントが既述されている。重要な部分なので明記しておこう。

『①自然再生推進会議・自然再生専門家会議：環境省、農林水産省、国土交通省は、自然再生を率先して進める観点から、自然再生推進会議での連絡調整を通じて、その他の関係行政機を含めた連携のいっそうの強化を図ること。自然再生推進会議および自然再生専門家会議については、原則公開とし、これらの会議の運営にかかわる透明性を確保すること。②調査研究の推進：国および地方公共団体は、地域の自然環境データの長期的・継続的な把握を行なうとともに、自然再生に関する技術の研究開発に努めること。③情報の収集と提供：国および地方公共団体は、海外または国内における自然再生に関する事業や活動の実例など、自然再生に関する情報の収集および提供を行なうこと。その際、国は、全国における多様な実施者により実施されている自然再生事業について、その概要と進捗状況を網羅的に紹介するホームページの作成など、効率的かつ効果的な情報の収集と提供がなされるよう手法の検討と体制整備を努めること。④普及啓発：国および地方公共団体は、自然環境の現状やその保全・再生の重要性について、地域住民、NPO等の理解を促進し、自覚を高めるための普及啓発活動を行なうこと。⑤広域的な連携：大都市圏等、一つの地方公共団体の範図を越えるような広範囲の地域において自然環境が減少または劣化している場合には、国及び地方公共団体は、当該地域の多様な主体の参加を得て、広域的な観点からの共通の認識を形成し、計画的に自然再生に取り組むことが重要であること。』

この重要事項のなかに欠けていることがある。それは、法律の条文に、財政上の措置として「国および地方公共団体は、自然再生を推進するために必要な財政上の措置その他の措置を講ずるよう努めるものとする」とあるが、十分な予算と人材が確保できないかぎり自然再生事業は進まない。財政上の措置が必要なことを認識していただきたいと思う。

最後に

基本方針は、きわめて曖昧な表現になっているが、その言葉が何を指すのか、十分熟読したうえで取り組んでいただきたい。また、自然再生事業の三つ視点として①生物の多様性確保を通じた自然との共生、②地域の多様な主体の参加・連携、③科学的知見に基づいた長期的視点からの順応的取り組み、があげられている。特に①の「生物の多様性確保」とは、何を指すのか、生物多様性に関連した文献や生物多様性センターのホームページから最新の情報を収集することが肝要である。

国土の自然再生に関するグランドデザインが示されないまま、スタートした自然再生推進法だが、五年後には見なおすことになっている。当面は、今残された自然を最大限保護しつつ、自然再生事業は、十分な科学的・学術的研究がある地域のみ対象とすることが望ましいと考えている。二〇〇三年十月、第一回自然再生専門家会議が開かれ、現在の自然再生推進法に対する取組状況として「荒川中流域における自然再生の取り組み」と「釧路湿原の再生」が紹介された。今後、さまざまな形の自然再生事業が全国各地で起こってくると思われる。

本書が、自然再生に関心を寄せる読者に、持続可能性への確かなメッセージと何らかの有益な情報を提供できれば幸いである。

資料　参考になる本とウェブ・サイト

●書籍

鷲谷いづみ・飯島博　1999　よみがえれアサザ咲く水辺―霞ヶ浦からの挑戦　文一総合出版
鷲谷いづみ・埴沙萠　2002　タネはどこからきたか　山と溪谷社
鷲谷いづみ　2001　生態系を蘇らせる　日本放送出版協会
羽山伸一　2003　自然再生推進法案の形成過程と法案の問題点　環境と公害32(3)　岩波書店
飯島博　2001　自然保護のための市民型公共事業　環境と公害29(4)　岩波書店
羽山伸一　2002　絶滅危惧種の回復事業から自然再生へ　環境と公害31(4)　岩波書店
柿澤宏昭　2000　エコシステムマネジメント　築地書館
中村太士　1999　流域一貫　築地書館
南フロリダ水管理局　桜井善雄訳・編　1999　エバーグレーズよ永遠に―広域水環境回復をめざす南フロリダの挑戦―　信山社サイテック
大熊 孝　1994　川を制した近代技術　叢書近代日本の技術と社会　平凡社
公共事業チェック機構を実現する議員の会編　1996　アメリカはなぜダム開発をやめたのか　築地書館
季刊　環境研究125(5)　2002　環境保全事業の新たな取り組み　日立環境財団
季刊　環境研究126(9)　2002　特集・生物多様性　日立環境財団
草刈秀紀　2002　自然再生事業と自然再生推進法案　水情報22(9)　月刊水情報
杉山恵一　2002　自然環境復元の展望　信山社サイテック
杉山恵一　2000　改訂自然環境復元入門　信山社出版
杉山恵一　1992　自然環境復元入門　信山社出版
小澤祥司　2000　メダカが消える日―自然の再生をめざして　岩波書店
重松敏則　1999　新しい里山再生法―市民参加型の提案　林業改良普及双書130　全国林業改良普及協会

Jordan W.R.III, Gilpin M.E., Aber J.D.（eds.）1987 “restoration ecology” Cambridge University Press, Cambridge
Gobster P.H., Hull R.B. 2000 “Restoring nature” Island Press, Washington, D.C.
Lee, K. 1993 “Compass and gyroscope” Island Press, Washington, D.C.
Gunderson L., Holling, C.S., Light, S.S.（eds.）1995 “Barriers and bridges in the renewal of ecosystems and institutions” Columbia University Press, New York.
Holling C.S.（ed.）1978 Adaptive environmental assessment and management. John Wiley & Sons, London.

Leopold A. 1949 "A sand county almanac" Oxford University Press.（和訳は　新島義昭　訳　1997『野生のうたが聞こえる』 講談社）
Oglethorpe J.（ed.）2002 "Adaptive management: from theory to practice" SUI Technical Series Vol. 3. IUCN Publications Services Unit, Cambridge.
Whisenant S.G. 1999 "Repairing damaged wildlands: a process-oriented, landscape-scale approach（biological conservation, restoration, and sustainability）" Cambridge University Press

●ウェブサイト

〈日本の自然再生事業について知る〉

NPO法人アサザ基金　http://www.kasumigaura.net/asaza/
霞ヶ浦の自然再生事業に取り組むアサザプロジェクトの概要、目標、活動を紹介。基金の会報のバックナンバーも読める。

松浦川アザメの瀬地区自然再生事業
http://www.qsr.mlit.go.jp/takeo/azame/index.html
同事業を実施する国土交通省武雄工事事務所の中のサイト。アザメの瀬における自然再生事業の背景や進捗を報告。月に一度開催される同事業の検討会の様子や、今までの取り組みを伝える広報誌「あざめ新聞」のバックナンバーも読める。

WWFジャパン　http://www.wwf.or.jp/
日本湿地ネットワーク（Japan Wetlands Action Network）
http://homepage1.nifty.com/wetland/jawanj/index.html
藤前干潟　http://www2s.biglobe.ne.jp/~fujimae/japanese/index.htm
国土交通省の自然再生事業　http://www.mlit.go.jp/sogoseisaku/shizen_saisei/shizen_saisei.html
田んぼの学校　http://www.acres.or.jp/tanbo/

生物多様性センター　http://www.biodic.go.jp/
生物多様性条約（http://www.biodic.go.jp/biolaw/jo_hon.html）の邦訳全文や、生物多様性国家戦略（http://www.biodic.go.jp/nbsap.html）について。

〈自然再生推進法について〉

自然再生推進法　http://www.env.go.jp/nature/saisei/law-saisei/index.html
環境省のホームページ内の自然再生推進法を紹介するページ。推進法の全文がダウンロードできるほか、法律が成立するまでの経緯などを知ることができる。

自然再生推進法国会審議経過については、
会議録は、国会会議録検索システムhttp://kokkai.ndl.go.jp/で、検索条件入力画面で検索語として「自然再生推進法」と入力することで検索できる。

付帯決議（参議院環境委員会）は、http://www.env.go.jp/nature/saisei/law-saisei/ketsugi.htmlで。

野生生物保護法制定をめざす全国ネットワーク
http://www.asahi-net.or.jp/~zb4h-kskr/wildlife/
自然再生法にたいするNGOの意見や法案が変わってきた経緯が掲載されている。

〈世界の自然再生〉
WWF　http://www.wwf.org/
WWFによるLIVING PLANET REPORT 2002
http://www.panda.org/news_facts/publications/general/livingplanet/index.cfm
エコロジカル・フットプリントはここで読める。

国際自然保護連盟（IUCN）の生態系管理委員会
http://www.iucn.org/themes/cem/index.html
五大湖の自然再生　http://www.great-lakes.net/envt/air-land/ecomanag.html
オーストラリアの草原生態系管理　http://savanna.ntu.edu.au/index.html

〈アメリカ合衆国の自然再生〉
EMRPRホームページ　http://www.wes.army.mil/el/emrrp/index.html
EMRRPは、“Ecosystem management and restoration research program”の略称で、アメリカ工兵隊（U.S. Army Corps）が実施してきた水資源開発事業の生態系への影響を評価し、必要なミティゲーションを行なうさいの意思決定に資する目的で行なわれているプログラム。このプログラムによって実施されてきた生態系管理と再生/復元に関する個別の研究を紹介し、研究者へのコンタクトがとれるようにリンクがある。

北西部森林計画　http://www.reo.gov/
エバーグレイズ総合開発計画　http://www.evergladesplan.org/
グランドキャニオン監視研究センター　http://www.gcmrc.gov/
シカゴ・ウィルダネス・プロジェクト　http://www.chicagowilderness.org/
ウィスコンシン大学植物園　http://wiscinfo.doit.wisc.edu/arboretum/
アメリカ環境保護局US EPA　http://www.epa.gov/
国家環境政策法特別委員会　http://ceq.eh.doe.gov/ntf/
農業省自然資源保全局　http://www.nrcs.usda.gov/programs/whip/
水質清浄法に基づく行動計画　http://www.cleanwater.gov/action/toc.html
ミシガン大学生態系管理イニシアティブ
http://www.snre.umich.edu/ecomgt/index.htm

著者紹介

鷲谷いづみ（わしたに　いづみ）

一九五〇年東京生まれ。七八年、東京大学大学院理学系研究科修了。博士（理学）。筑波大学講師、助教授を経て、東京大学教授（大学院農学生命科学研究科）。生態学・保全生態学（植物の生活史の進化、植物と昆虫の生物間相互作用、生物多様性保全および生態系修復のための生態学的研究など）。著書として、『日本の帰化生物』『保全生態学入門―遺伝子から景観まで』『オオブタクサ、闘う―競争と適応の生態学』『マルハナバチハンドブック』（共著）『サクラソウの目―保全生態学とはなにか』『生物保全の生態学』『よみがえれアサザ咲く水辺―霞ヶ浦からの挑戦』（共編著）『生態系を蘇らせる』『里山の環境学』（共編著）『タネはどこからきたか』『外来種ハンドブック』（監修）がある。

草刈秀紀（くさかり　ひでのり）

一九五八年熊本県生まれ。八一年、日本大学農獣医学部拓殖学科卒業。日本自然保護協会の嘱託職員を経て、八六年より財団法人世界自然保護基金ジャパン（WWFジャパン）に勤務。八三年から八五年までWWFインターナショナルの南太平洋プログラム事務局（当時シドニー）に赴任。現在、自然保護室次長。

安島美穂（あじま　みほ）

一九七二年神奈川県生まれ。二〇〇〇年、岐阜大学大学院連合農学研究科博士課程修了。博士（農学）。湿地や半自然草原のシードバンク。二〇〇〇年より東京大学大学院農学生命科学研究科保全生態学研究室研究員。

荒木佐智子（あらき　さちこ）

一九七二年静岡県生まれ。二〇〇〇年、筑波大学大学院生物科学研究科博士課程修了。博士（理学）。種子発芽と土壌シードバンク。

飯島　博（いいじま　ひろし）

一九五六年長野県生まれ。中学生時代に水俣病を知り、自然と人間の共存について考えはじめる。NPO法人アサザ基金代表理事、霞ヶ浦・北浦をよくする市民連絡会議事務局長、ヒシクイ保護基金代表、わたらせ未来基金代表。共著書に、『よみがえれアサザ咲く水辺—霞ヶ浦からの挑戦』『エコロジカル・デザイン』など。

宇根　豊（うね　ゆたか）

一九五〇年長崎県生まれ。七三年から福岡県農業改良普及員。七八年から百姓とともに「減農薬」運動を開始。八五年から二丈町で就農。二〇〇〇年福岡県を退職。同年5月、特定非営利活動法人「農と自然の研究所」代表理事に選任。著書『百姓仕事が自然をつくる』『田んぼの学校・入学編』『田の虫図鑑』など。

亀澤玲治（かめざわ　れいじ）

一九五九年大阪府生まれ。八二年、東京大学農学部林学科卒業。環境省自然環境局勤務。

後藤　章（ごとう　あきら）

一九七三年青森県生まれ。九九年、筑波大学大学院環境科学研究科修士課程終了。水生昆虫の群集生態と保全教育。二〇〇〇年より東京大学大学院農学生命科学研究科保全生態学研究室研究員。

辻　淳夫（つじ　あつお）

一九三八年大阪府生まれ。六七年、名城大学数学科卒。七〇年、渡り鳥にひかれて鳥と干潟の世界へ。アジアサイチョウ、鷹の渡り、シギ・チドリの調査研究。八四年、藤前干潟をゴミ埋立から守る運動へ。九九年、計画断念、名古屋市ゴミ行政の画期的転換をもたらした。二〇〇〇年、守る会、第一回「明日への環境賞」受賞。藤前干潟を守る会代表、日本湿地ネットワーク代表。

西廣　淳（にしひろ　じゅん）

一九七一年千葉県生まれ。九九年、筑波大学大学院生物科学研究科博士課程修了。博士（理学）。植物生態学・保全生態学。建設省土木研究所研究員、国土交通省国土技術政策総合研究所研究員を経て、二〇〇一年より東京大学農学生命科学研究科助手。

波田善夫（はだ　よしお）

一九四八年広島県生まれ。七二年、広島大学理学部生物学科卒業。博士（理学）。岡山理科大学総合情報学部生物地球システム学科・教授。植物生態学。著書に『日本の植生図鑑Ⅱ』『生態学からみた身近な植物群落の保護』など。

羽山伸一（はやま　しんいち）

一九六〇年神奈川県生まれ。八五年、帯広畜産大学大学院修士課程修了。博士（獣医学）、獣医師。二〇〇三年より日本獣医畜産大学獣医学部野生動物学教室・助教授。日本産大型野生動物の保護管理。著書に『野生動物問題』など。

日鷹一雅（ひだか　かずまさ）

一九五九年東京都生まれ。八五年、東京農工大学大学院農学研究科修士課程修了。八九年、広島大学大学院生物圏科学研究科博士課程（後期）修了。水田と焼畑の農業生態学にもとづく持続的管理。愛媛大学農学部生物環境保全学講座助手を経て、九六年より愛媛大学農学部附属農場（生物生産システム学コース）助教授として現在に至る。共著書に『減農薬のための田の虫図鑑』『農山漁村と生物多様性』『自然と結ぶ：「農」にみる多様性』など。

渡辺敦子（わたなべ　あつこ）

一九七三年千葉県生まれ。九八年、筑波大学大学院環境科学研究科修士課程終了。海外建設コンサルタントを経て、二〇〇二年より東京大学大学院農学生命科学研究科（保全生態学研究室）の博士後期課程に在学。国内外の自然再生事業における協働。

自然再生事業――生物多様性の回復をめざして

二〇〇三年三月二〇日初版発行
二〇〇六年六月二〇日三刷発行

編者――鷲谷いづみ＋草刈秀紀
発行者――土井二郎
発行所――築地書館株式会社
東京都中央区築地七-四-四-二〇一　〒一〇四-〇〇四五
電話〇三-三五四二-三七三一　FAX〇三-三五四一-五七九九
振替〇〇一一〇-五-一九〇五七
ホームページ=http://www.tsukiji-shokan.co.jp/
印刷・製本――株式会社シナノ
装丁――小島トシノブ

 ISBN 4-8067-1261-2 C0040

くわしい内容はホームページで。URL=http://www.tsukiji-shokan.co.jp/

●関連書籍

有明海の自然と再生

宇野木早苗［著］　二五〇〇円

豊饒の海と謳われた有明海の自然は、諫早湾潮受堤防の締め切りによって、どう変化したのか？　海洋学者が、潮の減衰、環境の崩壊、漁業の衰退の実態と原因を、これまでに蓄積されたデータをもとに明らかにし、有明海再生の道をさぐる。

アメリカの国立公園

自然保護運動と公園政策

上岡克己［著］　二八〇〇円

アメリカの国立公園の成立・発展過程を詳細にたどりながら、アメリカにおける自然観や環境意識の変遷を、自然保護運動を担った活動家、思想家、作家達の群像を通して問い直す。ユニークなアメリカ近現代史。

エコシステムマネジメント

柿澤宏昭［著］　二八〇〇円

生物多様性の保全を可能にする社会と自然の関係とは？　経済・社会開発と生態系保全を両立させるエコシステムマネジメントという新しい手法を、日本で初めて本格的に紹介する。アメリカでの行政・企業・市民・専門家の協働による実践事例をもとに冷静に評価・分析する。

自然エネルギー市場

新しいエネルギー社会のすがた

飯田哲也［編］　二八〇〇円

自然エネルギーに携わる編者を含む15名の第一線の専門家や研究者が書き下ろした。今後、日本でも「本流化」していく自然エネルギーの全貌と、最前線がわかる。

くわしい内容はホームページで。URL=http://www.tsukiji-shokan.co.jp/

●バイオマス産業社会を考える本

アマゾンの畑で採れるメルセデス・ベンツ

［環境ビジネス＋社会開発］最前線

泊みゆき＋原後雄太［著］　◉3刷　一五〇〇円

企業戦略と持続可能な社会開発・熱帯林再生の幸福な両立……「ポエマ計画」と呼ばれ、現在37の自治体が参加している社会開発プロジェクトの成功例を、ドイツ・ブラジルでの取材をとおして克明に描き出す。

バイオマス産業社会

「生物資源（バイオマス）」利用の基礎知識

原後雄太＋泊みゆき［著］　◉2刷　二八〇〇円

これまでの公共事業に替わる農林産地の活性化・雇用創出と、国内で生産できる再生可能なエネルギー資源として期待されるバイオマス（＝生物資源）。「バイオマス」利用についての包括的なガイドブック。

森林ビジネス革命

環境認証がひらく持続可能な未来

ジェンキンス＋スミス［著］

大田伊久雄＋梶原晃＋白石則彦［編訳］　四八〇〇円

森林／木材認証制度に取り組み、市場のなかで利潤を上げている先進的なビジネス・ケーススタディを紹介。林業再生への示唆に富むリポート。

樹木学

ピーター・トーマス［著］　熊崎実＋浅川澄彦＋須藤彰司［訳］

◉4刷　三六〇〇円

木々たちの秘められた生活のすべて。生物学、生態学がこれまで蓄積してきた樹木についてのあらゆる側面を、わかりやすく、魅惑的な洞察とともに紹介した、樹木の自然誌。